国家级精品资源共享课配套教材
高等职业教育工程管理类专业系列教材

建筑工程项目管理

第2版

主　编　银　花
副主编　斯　庆　侯文婷
参　编　刘兴宇　孙　杰　白　静
主　审　汤万龙

机械工业出版社

本书依据《建设工程项目管理规范》（GB/T 50326—2017）的内容，结合建筑工程项目管理岗位的任职要求，以建筑工程项目为载体，基于建筑工程项目管理过程，系统介绍了建筑工程项目管理的主要内容。全书分为九个学习情境，分别为建筑工程项目管理基础知识与组织、建筑工程项目质量管理、建筑工程项目进度管理、建筑工程项目成本管理、建筑工程项目安全生产、绿色建造和环境管理、建筑工程项目风险管理、建筑工程项目合同管理、建筑工程项目信息管理、建筑工程项目收尾管理及项目管理绩效评价。

本书紧紧围绕高职高专土建类专业的人才培养方案，注重理论知识适度、够用，强化实践动手能力的思路，系统设计了教材的内容结构。为了更好地引导学生，明确学习目标，引入典型案例，在编写中还涉及了知识链接，提供了大量的练习与思考题、实训题。

本教材可作为高职高专建设工程管理、工程造价等土建类相关专业的教材。

图书在版编目（CIP）数据

建筑工程项目管理 / 银花主编. —2 版. —北京：机械工业出版社，2021.3（2025.1 重印）
国家级精品资源共享课配套教材 高等职业教育工程管理类专业系列教材
ISBN 978-7-111-69082-5

Ⅰ. ①建… Ⅱ. ①银… Ⅲ. ①建筑工程—工程项目管理—高等职业教育—教材 Ⅳ. ① TU712.1

中国版本图书馆 CIP 数据核字（2021）第 184339 号

机械工业出版社（北京市百万庄大街 22 号 邮政编码 100037）
策划编辑：王靖辉 责任编辑：王靖辉
责任校对：肖 琳 李 婷 封面设计：张 静
责任印制：张 博
天津嘉恒印务有限公司印刷
2025 年 1 月第 2 版第 8 次印刷
184mm×260mm · 18 印张 · 398 千字
标准书号：ISBN 978-7-111-69082-5
定价：55.00 元

电话服务 网络服务
客服电话：010-88361066 机 工 官 网：www.cmpbook.com
010-88379833 机 工 官 博：weibo.com/cmp1952
010-68326294 金 书 网：www.golden-book.com
封底无防伪标均为盗版 机工教育服务网：www.cmpedu.com

Preface 前言

建筑工程项目管理是建设工程项目管理的一个类型，是使工程项目在投资预算范围内，以最短的工期，高质量地完成项目建设，使投资尽快发挥效益并增值而进行的计划、组织、指挥、协调和控制等工作。

“建筑工程项目管理”是高等职业院校建设工程管理、工程造价等土建类相关专业的核心课程。本课程的主要培养目标，是使学生掌握工程项目管理的基本理论和方法；具备工程进度控制、成本控制、质量控制、安全控制的基本技能；能够收集、整理、处理工程信息；有一定的工程风险分析能力；培养学生的团队合作精神、主动思考问题和解决问题的综合素质。

为了全面贯彻党的教育方针，落实立德树人根本任务，培养德智体美劳全面发展的社会主义建设者和接班人。本书在第1版的基础上，全面落实立德树人根本任务，强化学生综合素养的培养，将“绿色发展”“质量强国”“弘扬劳动精神”等有效融入学生综合素养的教育中，不断提升育人效果。本书根据《建设工程项目管理规范》（GB/T 50326—2017）和相关法律、法规进行了修订，修订后的内容仍以建筑工程项目为载体，基于工程项目管理工作过程，合理设计学习情境和各任务单元内容。本书内容共包括九个学习情境，从建筑工程项目管理基本概念和项目组织入手，突出“四控”（质量控制、进度控制、成本控制、安全控制）、“三管”（风险管理、合同管理、信息管理），介绍项目收尾管理，每个情境均以典型案例引入，凸现高等职业教育课程开发新思路和成果，具有实用性、可操作性等鲜明特点。

为有效引导学生学习，本教材在每个学习情境前设置了“学习目标”“引例”，提示学生通过学习要达到的目标，基本了解学习的内容框架；情境后设置了“情境小结”“习题”，归纳本情境的重点和难点，为学生巩固学习本情境内容提供参考。

内蒙古建筑职业技术学院“建筑工程项目管理”国家级精品资源共享课建设核心团队成员结合课程开发实际成果，在编写之前通过问卷调查、召开座谈会等形式，对建设工程监理企业、建筑工程施工企业、工程造价事务公司等50多家企业开展广泛的调研，对建筑工程项目管理岗位的业务要求进行详细的研究和分析，多次同国内高等职业教育课程开发知名专家咨询请教，明确了编写内容的基本框架。本教材由内蒙古建筑职业技术学院银花编写情境一并完成整本教材统稿工作，斯庆编写情境三，侯文婷编写情境四、九，孙杰编写情境五、六，刘兴宇编写情境七、八，白静编写情境二。全书由新疆建设职业学院汤万龙教授主审。

本书配套丰富的信息化教学资源，具体参见微课视频清单。

本书在修订前广泛征求了建筑类院校专业教师的意见和建议，同时深入建筑企业广泛调研。但限于编者的水平和经验，仍难免有不妥之处，请广大读者指正。

编　者

微课视频清单

情　　境	名　　称
情境一	项目的基本概念
	常见的建筑工程项目管理组织机构
	建筑工程项目经理的职责、权力
情境二	分层法
	因果分析图法
	直方图分析
	质量事故分类
情境三	进度管理的原理
	进度管理的方法和措施
	进度计划表达方式——横道图
	进度计划表达方式——网络图
	流水施工参数——工艺参数
	双代号网络图时间参数判读
	单代号网络图的绘制
	横道图法
	香蕉曲线法
	前锋线法
	进度计划调整的方法
情境四	施工成本计划编制的方法
	赢得值法
	偏差分析表达方法——表格法
	成本控制——偏差原因分析
情境五	建筑工程职业健康安全与环境管理概述
	施工安全技术措施——应急措施
	安全事故分类
	建筑工程项目环境管理
	噪声污染治理
情境六	风险的属性
	风险的类型
	风险因素、风险事件、损失与风险之间的关系
	风险评估
	风险规避
	风险转移——非保险转移
	风险转移——保险转移
情境七	建筑工程合同管理组织
	合同实施监督
	合同跟踪
	合同诊断和调整措施
	施工索赔的意义
	索赔与合同管理的关系
情境九	回访保修
	保修义务的责任落实与损失赔偿责任的承担
	建筑工程质量保证金
	建筑工程竣工价款的结算

目录 Contents

情境一 建筑工程项目管理基础知识与组织

学习目标

1. 了解：项目、建设项目、项目管理的含义及特征，建筑工程项目管理内、外部环境，建筑工程项目组织，建筑工程项目团队建设的概念。

2. 熟悉：建筑工程项目的含义及特征，建筑工程项目管理组织设置的原则、依据，常见的建筑工程项目管理组织结构，建筑工程项目经理部的含义、性质，建筑工程项目团队建设的过程和要求；建筑工程项目经理的工作性质。

3. 掌握：建筑工程项目管理的含义及特征，建筑工程项目管理各阶段的主要工作，建筑工程项目管理的主要内容，建筑工程项目管理组织设置程序，建筑工程项目经理部的建立、工作内容、解体；建筑工程项目经理的含义、素质要求、任务、职责、选用与培养。

引例

背景资料：

某建筑施工企业通过投标获得了一项建筑工程项目的施工任务，并与建设单位签订了施工总承包合同。签订合同之后，项目经理分析了项目的规模和特点，拟按照建筑施工企业的组织结构设计、确定项目管理层次、确定项目经理部工作内容、确定项目目标和制订项目实施流程等步骤，建立本工程项目的组织机构。

问题：

1. 建筑工程项目组织机构设置步骤有何不妥？应该如何改正？

2. 常见的项目组织机构的形式有哪几种？若想建立具有机构简单、权力集中、命令统一、职责分明、隶属关系明确的建筑工程项目组织机构，应该选择哪一种组织形式？

任务一 建筑工程项目管理基础知识

项目的基本概念

一、项目

1. 项目的含义

项目是指在一定的约束条件下（主要是限定资源、限定时间），具有特定目标的一次性任务。项目包括许多内容：可以是建设一项工程，如建造一座酒店、一座工厂、一座电站；也可以是完成某项科研课题或研制一台设备，甚至写一篇论文。这些都是一个项目，都有一定的时间、质量要求，也都是一次性的任务。

2. 项目的特征

（1）项目实施的一次性。这是项目最基本、最主要的特征。没有完全相同的两个项目，有些项目从表面上看比较类似、地理位置比较接近或建设时间相同，但从任务本身的性质与最终成果上分析都有自己的特征。只有认识到项目不可重复的一次性特点，才能有针对性地根据项目的特殊性进行管理。

（2）项目有明确的目标。项目的目标有成果性目标和约束性目标。成果性目标是指项目的功能要求，即设计规定的生产产品的规格、品种、生产能力等目标；约束性目标是指限制条件，如工程质量、工期、成本目标、效益指标等。

（3）项目作为管理对象的整体性。一个项目是一个整体，在按其需要配置生产要素时，必须追求高费用效益，做到数量、质量、结构的总体优化。

（4）项目与环境之间的相互制约性。项目总是在一定的环境下立项、实施、交付使用，要受环境的制约；项目在其寿命全过程中又对环境造成正、负两方面的影响，从而对周围的环境造成制约。

对任何项目进行项目定位，必须看是否具备了以上四个基本特征，缺一不可。重复的大批量的生产活动及其成果，不能称为“项目”。

二、建筑工程项目

1. 建设工程项目的含义

建设工程项目是为完成依法立项的新建、扩建、改建工程（建筑工程、装饰工程、安装工程、市政工程、园林绿化工程、矿山工程等）而进行的、有起止日期的、达到规定要求的一组相互关联的受控活动，包括策划、勘察、设计、采购、施工、试运行、竣工验收和考核评价等阶段。建设工程项目的含义从以下几点进行理解：

（1）建设工程项目是项目的一类。它和科研项目、IT项目、投资项目、开发项目、航

天项目等是同等地位的项目，其中包括了新建、扩建、改建等各类工程项目。

1）新建项目是指以技术、经济和社会发展为目的，从无到有、“平地起家”的项目。现有企业、事业单位和行政单位一般不应有新建项目。有的单位如果原有基础薄弱需要再兴建的项目，其新增加的固定资产价值超过原有全部资产价值（原值）3倍以上时，才可以算新建项目。

2）扩建项目是指企业为扩大生产能力或新增效益而增建的生产车间或工程项目，以及事业单位和行政单位增建业务用房等。

3）改建项目是指建设资金用于对企、事业原有设施进行技术改造或固定资产更新，以及相应配套的辅助性生产、生活福利等工程和有关工作。其目的是在技术进步的前提下，通过采用新技术、新工艺、新设备、新材料来提高产品的质量，增加品种，促进升级换代，降低能源或原材料消耗，加强资源的综合利用和污染治理，提高社会综合经济效益的工程项目。

（2）建设工程项目运用了项目的概念。项目是由一组有起止日期的、相互协调的受控活动组成的独特过程，该过程除要实现产品本身的目标以外还要达到时间、成本和资源约束条件规定要求的目标。

（3）建设工程项目强调项目是过程。该过程有起止时间，是由相互协调的受控活动组成的。过程是一组将输入转化为输出的相互关联或相互作用的活动。策划、勘察、设计、采购、施工、试运行、竣工验收和考核评价，都是建设工程项目相互关联的受控活动。

2. 建筑工程项目的含义

建筑工程项目是建设工程项目的一个专业类型，本书主要指把建设项目中的建筑安装施工任务独立出来形成的一种项目，又称为建筑施工项目。具体来说，在一个建设项目当中，在特定的环境和约束条件下，具有特定目标的、一次性的建筑施工任务。

本书中介绍的建筑工程项目是建筑施工企业完成一个建筑产品的施工过程及成果，也就是建筑施工企业的生产对象。它可能是一个建设项目的施工任务，也可能是其中的一个单项工程或单位工程的施工任务。

3. 建筑工程项目的特征

（1）建设周期长。建筑工程项目需要大量的资金完成价值较大的产品，工艺和生产的特点导致需要较长时期的建设才能完工投产、回收资金。

（2）受环境制约性强。建筑工程项目的环境包括自然环境和社会环境。一般在露天作业，受水文、气象等因素影响较大；建设地点的选择受地形、地质等多种因素的影响；建设过程中所使用的建筑材料、施工机具等的价格受物价因素的影响。所以说，建筑工程项目受环境因素的影响比较突出。

（3）生产要素具有流动性。单个工程项目生产地点的固定性和不同施工项目生产地点的变动性，必然带来工程项目生产要素的流动性，工程生产要素随着建设地点移动。施工项目的生产是产品固定不能移动，生产要素在不同工程的建造地点和一个工程的不同部位之间流动。

三、建筑工程项目管理

1．建筑工程项目管理的含义

项目管理是为使项目取得成功（实现所要求的质量、所规定的时限、所批准的费用预算）所进行的全过程、全方位的规划、组织、控制与协调。项目管理的对象是项目。项目管理是知识、智力、技术密集型的管理，具备管理的计划、组织、指挥、协调、控制等基本职能。

建筑工程项目管理属于建设项目管理范畴，是指项目管理者运用系统的观点、理论和方法，对建筑工程项目进行的策划、组织、实施、监督、控制、协调等全过程或若干过程的管理。

2．建筑工程项目管理的特征

建筑工程项目是建筑施工企业从建筑市场上通过投标竞争与业主或总承包方签订工程承包合同获得，建筑工程项目管理具有以下特征：

1）建筑工程项目管理的复杂性和艰难性较大。建筑工程项目管理的对象是建筑施工项目，项目管理的全过程是工程项目的寿命周期。该过程包括从投标开始，经过签订工程承包合同、施工准备、施工以及交工验收等阶段。由于建筑产品具有的多样性、固定性、单件性等特点，决定了施工项目管理的特殊性，建筑产品一旦完成就不可逆转，买卖双方都投入生产管理，所以施工项目管理是特殊的商品、特殊的生产活动，在特殊的市场上，进行特殊的交易活动的管理，其复杂性和艰难性较大。

2）建筑工程项目管理的内容在不同阶段有较大差异。施工项目在工程投标、签订工程承包合同、施工准备、施工以及交工验收等各阶段管理的内容差异较大，要求管理者必须进行有计划、有针对性的动态管理，并对进入项目的生产要素给予优化配置，以提高施工效率和施工效益。

3）建筑工程项目管理要求强化组织协调工作。由于施工项目生产活动的单件性，生产要素流动，项目内部和外部环境复杂、多变，因此，必须加大组织协调力度，建立动态的目标控制系统，才能保证施工项目的顺利完成。

3．建筑工程项目管理的主要内容

建筑工程项目管理的主体是以施工项目经理为首的项目经理部，管理的客体是具体的施工对象、施工活动及相关的生产要素。

（1）建筑工程项目管理的任务。建筑施工企业作为项目建设的一个参与方，其项目管理主要服务于项目的整体利益和企业本身的利益。建筑工程项目管理的目标包括建筑工程施工成本目标、建筑工程施工进度目标和建筑工程施工质量目标。建筑工程项目管理的任务包括：①施工安全控制；②施工成本控制；③施工进度控制；④施工质量控制；⑤施工合同管理；⑥施工信息管理；⑦与施工有关的组织和协调。

（2）建筑工程项目管理各阶段的主要工作。建筑工程项目管理程序包括投标签约阶段、

施工准备阶段、施工阶段、验收交工与结算阶段和回访保修阶段。各阶段的主要工作如下。

1）投标签约阶段：按企业的经营战略，对工程项目做出是否投标及争取承包的决策；决定投标后，收集企业本身、相关单位、市场及诸方面信息；编制《施工项目管理规划大纲》；编制既能使企业盈利又有竞争力的投标书，按规定参与投标活动；若中标，则与招标方谈判，依法签订承包合同。

2）施工准备阶段：企业正式委派资质合格的项目经理，组建项目经理部，并根据工程管理需要建立机构、配备管理人员、划分职责；企业法定代表人与项目经理签订《施工项目管理目标责任书》；编制《施工项目管理实施规划》；做好各项施工准备工作，达到开工要求；编写开工申请报告，待批开工。

3）施工阶段：进行施工；做好动态控制工作，保证质量、进度、成本、安全等目标的全面实现；管理施工现场，实施文明施工；严格履行合同，协调好与建设单位、监理单位、设计单位及相关单位的关系；处理好合同变更及索赔；做好记录、检查、分析和改进工作。

4）验收交工与结算阶段：工程收尾；试运行；组织正式验收；整理移交竣工资料、文件，进行竣工结算；总结工作，编制竣工报告；办理工程交接手续，签订《工程质量保修书》；项目经理部解体。

5）回访保修阶段：根据《工程质量保修书》的约定做好保修工作；为保证正常使用提供必要的技术咨询和服务；按规定进行工程回访，听取用户意见，总结经验教训，发现问题及时修复；按规范要求进行沉降、抗震性能观测。

6）项目绩效管理评价阶段：项目实施过程及项目全部完成后的评价。

（3）建筑工程项目管理的主要内容。

1）建立建筑工程项目管理组织。企业法定代表人采用适当的方式选聘称职的施工项目经理；根据施工项目管理组织原则，结合工程规模、特点，选择合适的组织形式，建立施工项目管理组织机构，明确各部门、各岗位的责任、权限和利益；在符合企业规章制度的前提下，根据施工项目管理的需要，制订施工项目经理部各类管理制度。

2）编制建筑工程项目管理规划。在工程投标前，由企业管理层编制“施工项目管理规划大纲”（或以“施工组织总设计”代替），对施工项目的管理自投标到保修期满进行全面的纲领性规划；在工程开工前，由项目经理组织编制“施工项目管理实施规划”（或以“施工组织设计”代替），对施工项目的管理从开工到交工验收进行全面的指导性规划。

3）进行建筑工程项目的目标控制。在施工项目实施的全过程中，应对项目的质量、进度、成本和安全等目标进行控制，以实现项目的各项约束性目标。控制的基本过程是：①确定各项目标控制计划；②在实施过程中，通过检查、对比，衡量目标的完成情况；③将衡量结果与计划进行比较，若有偏差，分析原因，采取相应的措施以保证目标的实现。

4）对建筑工程项目的生产要素实行动态管理。施工项目生产要素主要包括：劳动力、材料、设备、技术和资金，生产要素管理的内容有：①分析各生产要素的特点；②按一定的原则、方法，对施工项目生产要素进行优化配置并评价；③对施工项目各生产要素进行动态管理。

5）建筑工程项目合同管理。合同管理的水平直接涉及项目管理及工程施工的技术组织效果和目标的实现。因此，要从工程投标开始，加强工程承包合同的策划、签订、履行和管理。同时，还必须注意搞好索赔，讲究索赔方法和技巧，提供充分的索赔证据。

6）建筑工程项目的信息管理。进行施工项目管理和施工项目目标控制、动态管理，必须在项目实施的全过程中，充分利用计算机做好与项目有关的各类信息的收集、整理、储存和使用，提高项目管理的科学性和有效性。

7）建筑工程项目风险管理。在一定环境和一定限期内客观存在的、影响组织目标实现的各种不确定性事件就是风险。在建筑工程项目施工过程中，一定做好项目风险的识别、分析、应对和监控活动。

8）建筑工程项目现场管理。应对施工现场进行科学有效的管理，以达到文明施工、保护环境、塑造良好企业形象、提高施工管理水平的目的。

9）建筑工程项目组织协调。在施工项目实施过程中，应进行组织协调，沟通和处理好内部及外部的各种关系，排除各种干扰和障碍，保证计划目标的实现。

四、建筑工程项目管理的内、外部环境

项目与项目管理所处的环境是多种因素构成的复杂环境，项目管理者必须对项目所处的环境有足够的认识，保证项目的顺利进行。影响建筑工程项目管理的内、外部环境主要包括：

1．政策、法律法规

工程项目的建设过程中每一个环节都必须严格遵守政策、法律法规的各项规定。政策，主要有国家和地方的经济建设、项目管理等方面的政策；与项目建设有关的法律主要有《建筑法》《招投标法》《合同法》《城市规划法》《城市房地产管理法》《安全生产法》《税法》《保险法》等；与项目建设有关的法规主要有《建设工程质量管理条例》《房屋建筑工程质量保修办法》《工程建设重大事故报告和调查程序规定》《房屋建筑工程和市政基础工程竣工验收暂行规定》等。项目管理者不仅要熟练掌握项目建设技术知识，还必须具备法律、经济、管理类知识。尤其对项目建设有关的法律、法规知识要有足够的认识。

2．社会经济、文化

社会经济及文化的影响包括直接的影响和间接的影响。项目管理者必须有足够的信息量和分析能力，及时了解社会经济的动态，对管理目标可能发生的影响做好充分的预测，充分利用社会经济及文化因素的有利条件，防止不利因素可能导致的影响。

3．标准和规则

标准是“对重复性事物和概念所做的统一规定。它以科学、技术和实践经验的综合成果为基础，经有关方面协商一致，由主管机构批准，以特定形式发布，作为共同遵守的准则

和依据”。

规则是一个“规定产品、过程或服务特征的文件，包括适用的行政规定，其遵守具有强制性”。

项目管理过程中，标准和规则已经被熟知，这些标准和规则的影响可能未知，所以项目的风险分析中对这些未知因素应该给予足够的重视。

任务二　建筑工程项目管理组织机构

一、建筑工程项目组织

1．组织

组织包含两层含义。第一层含义是指各生产要素相结合的形式和制度。通常，前者表现为组织结构，后者表现为组织的工作规则。组织结构一般又称为组织形式，反映了生产要素相结合的结构形式，即管理活动中各种职能的横向分工和层次划分。组织结构运行的规则和各种管理职能分工的规则即是工作制度。第二层含义是指管理的一种重要职能，即通过一定权力体系或影响力，为达到某种工作的目标，对所需要的一切资源（生产要素）进行合理配置的过程。它实质上是一种管理行为。

2．建筑工程项目组织

建筑工程项目组织是指建筑工程项目的参加者、合作者按照一定的规则或规律构成的整体，是建筑工程项目的行为主体构成的协作系统。建筑工程项目投资大、建设周期长、参与项目的单位众多、社会性强，项目的实施模式具有复杂性。建筑工程项目的实施组织方式是通过研究工程项目的承发包模式，根据工程的合同结构和参与工程项目各方的工作内容来确定。建筑市场的市场体系主要由三方面构成，即以发包人为主体的发包体系；以设计、施工、供货方为主体的承建体系；以工程咨询、评估、监理方为主体的咨询体系。市场主体三方的不同关系就会形成不同的建筑工程项目组织系统。目前，我国建筑工程项目组织的结构如图 1-1 所示。与此相对应的参加者、合作者大致有以下几类：

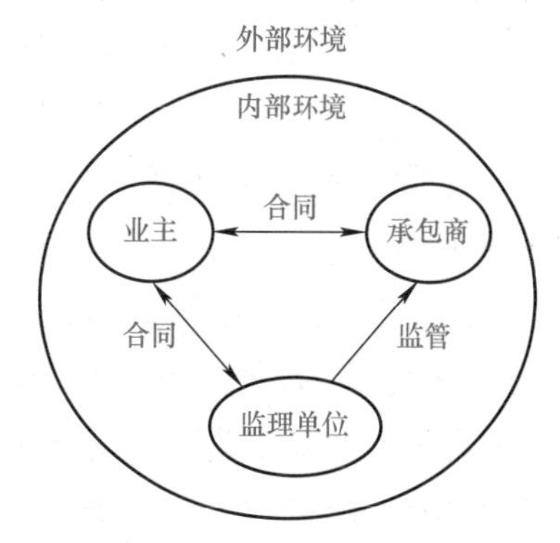

图 1-1　工程项目组织

（1）项目所有者，通常又称为业主。业主居于项目组织的最高层，对整个项目负责。业主最关心的是项目整体经济效益，业主在项目实施全过程的主要责任和任务，是作项目宏观控制。

（2）项目管理者（主要指监理单位）。项目管理者由业主选定，为业主提供有效、独立的管理服务，负责项目实施中的具体事务性管理工作。项目管理者的主要责任是实现业主的投资意图，保护业主利益，达到项目的整体目标。

（3）项目专业承包商。项目专业承包商包括专业设计单位、施工单位和供应商等。项目专业承包商构成项目的实施层。

（4）政府机构。政府机构包括政府的土地、规划、建设、水、电、通信、环保、消防、公安等部门，政府机构的协作和监督决定项目的成败。其中最重要的是建设部门的质量监督。

二、建筑工程项目管理组织

建筑工程项目管理组织是指在建筑工程项目组织内，由完成各种项目管理工作的人、单位、部门按照一定的规则或规律组织起来的临时性组织机构。通常建筑工程项目管理组织的核心是项目经理部或项目管理小组。

一般来说，建筑工程项目管理组织主要有下述工作：建立严格的项目管理组织结构，明确各参加人、单位、部门的组织关系，明确工作联系的组织途径；明确任务分工和管理职能分工；明确项目建设的各项工作的工作流程，即各项工作在时间上和空间上的开展顺序；健全组织工作条例。

1. 建筑工程项目管理组织设置的原则

（1）目的性原则。从“一切为了确保建筑工程项目目标实现”这一根本目的出发，因目标而设事，因事而设人、设机构、分层次，因事而定岗定责，因责而授权。如果离开项目目标，或者颠倒了这种客观规律，组织机构设置就会走偏方向。

（2）管理跨度原则。适当的管理跨度，加上适当的层次划分和适当的授权，是建立高效率组织的基本条件。因为领导是以良好的沟通为前提的。只有命令而没有良好的双向沟通便不可能实施有效的领导，而良好的双向沟通只能在有限的范围内进行。因此，对于建筑工程项目管理组织来说，一要限制管理跨度，二要适当划分层次，即限制纵向领导深度，这样使每一级领导都保持适当领导幅度，以便集中精力在职责范围内实施有效的领导。

（3）系统化管理原则。这是由项目自身的系统性决定的。项目是个由众多子系统组成的有机整体，这就要求项目管理组织也必须是个完整的组织结构系统，否则就会出现组织和项目之间不匹配、不协调。因此，建筑工程项目管理组织设置伊始，就应根据项目管理的需要把职责划分、授权范围、人员配备加以统筹考虑。

（4）精简原则。建筑工程项目管理组织在保证履行必要职能的前提下，应尽量简化机构。“不用多余的人”“一专多能”是建筑工程项目管理组织人员配备的原则，特别是要从严控制二、三线人员，以便提高效率、降低人工费用。

（5）类型适应原则。建筑工程项目管理组织有多种类型，分别适应于规模、地域、工艺技术等各不相同的工程项目，应当在正确分析工程特点的基础上选择适当的类型，设置相应的项目管理组织。

2．建筑工程项目管理组织设置的依据

建筑工程项目管理组织设置的依据是指在特定的环境下建立项目管理组织的要求和条件。具体有以下三个方面：

（1）项目内在联系。这种联系是指项目的组成要素之间的相互依赖关系及由此引起的项目管理组织和人员之间的内在联系。它包括技术联系、组织联系和个人之间的联系。

（2）人员配备要求。人员配备要求以各部门任务为前提，指对完成任务的人员的专业技能、合作精神等综合素质及需要的时间安排等方面的要求。

（3）制约和限制。制约和限制是指项目管理组织内外存在的、影响项目管理组织采用某些机构模式及获得某些资源的因素。

3．建筑工程项目管理组织设置的程序

建筑工程项目管理组织应尽早成立或尽早委托，尽早投入。在建筑工程项目建设过程中它应有一定的连续性和稳定性。建筑工程项目管理组织设置的一般程序为：

（1）确定建筑工程项目的管理目标。为了使建筑工程项目顺利实施和实现项目的整体效益，建筑工程项目管理目标由建筑工程项目目标确定，主要体现在工期、质量和成本三大目标之中。

（2）划分项目管理的责任、义务、权利。企业承接项目后，要聘任项目经理，并对项目经理授权，要明确项目管理责任、义务和权利。但企业也可以限定项目经理的部分权利，例如投资控制的权利、合同管理的权利等可以由企业和项目经理共同承担。

（3）制作工作任务分配表。项目经理需要对建筑工程项目建设过程中项目管理小组所完成的工作进行详细分析，确定详细的工作任务，并按工作任务设立人员或部门，建立管理组织结构，将各种管理工作任务作为目标落实。项目经理向各职能人员、部门授权，并制作管理工作任务和任务分配表。

（4）确定建筑工程项目管理流程。确定建筑工程项目管理流程就是确定工程项目建设过程中各种管理的工作流程。通过管理流程分析，可以构成一个动态的管理过程。管理流程的设计是一个重要环节，它对管理系统的有序运行以及管理信息系统的设计有很大的影响。

（5）建立规章制度。建立各职能部门的管理行为规范和沟通准则，形成管理工作准则，也就是项目管理组织内部的规章制度。

（6）设计管理信息系统。按照管理工作流程和管理职责，确定工作过程中各个部门之间的信息流通、处理过程，包括信息流程设计、信息（报表、文件、文档）设计以及信息处理过程设计等。

4．常见的建筑工程项目管理组织结构

建筑工程项目管理组织结构一般以组织结构图的形式来表达。组织结构图是指组织的基本框架，是描述组织中所有部门以及部门之间关系的框图。

常见的建筑工程项目管理组织机构

（1）职能式组织形式。这种组织形式在不打乱企业现行建制的条件下，把项目委托给企业下属某一部门或专业分包单位，单独组织项目实施。这种项目管理组织形式适用于小型简单项目，如简单的管道工程、土方开挖工程等。这种项目管理组织形式具有职责单一、明确、关系简单、便于协调等优点。缺点在于每一个工作部门可能有多个矛盾的指令源。图 1-2 中 A 可以对 B1、B2、B3 下达指令；B1、B2、B3 可以对 C5、C6 下达指令，C5、C6 有多个指令源。

（2）直线式组织形式。这种组织形式是以承包项目为对象来组织项目承包队伍，企业职能部门和下属施工单位或专业承包队伍处在服从地位。首先由公司聘任项目经理，在公司的支持下由项目经理负责从公司有关部门抽调或招聘得力的人员组成项目管理班子，然后按建筑工程项目需要分割施工“单元”，任命施工“单元”的负责人，由施工“单元”的负责人抽调施工队伍或专业承包商，相对“独立”的完成项目的“单元”目标，它是一个相对“独立”的经济实体。

直线式组织形式，适用于大中型项目和工期紧迫的项目，或者要求多部门密切配合的项目。这种组织形式优点在于系统中每一个工作部门只有一个指令源，避免了由于矛盾的指令而影响组织系统的运行。缺点是系统中由于指令路径过长，会造成组织系统运行的困难。图 1-3 中 A 可以对 B1、B2、B3 下达指令；B2 可以对 C7、C8、C9 下达指令；虽然 B1 和 B3 比 C7、C8、C9 高一个组织层次，但是，B1 和 B3 并不是 C7、C8、C9 的直接上级，它们不允许对 C7、C8、C9 下达指令。在该组织结构中，每一个工作部门的指令源是唯一的。

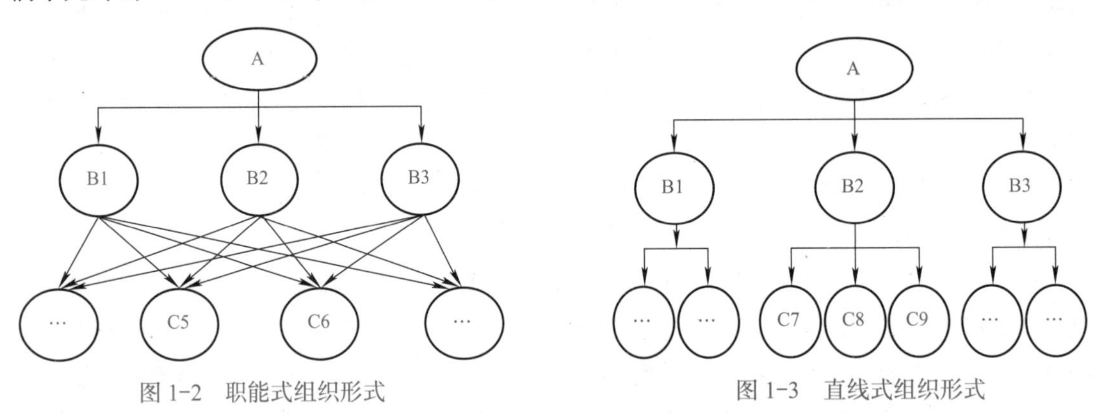

图 1-2　职能式组织形式　　　　图 1-3　直线式组织形式

（3）矩阵式组织形式。矩阵式组织形式把企业职能原则和项目对象原则结合起来，形成了一种纵向企业职能机构和横向项目机构相互交叉的“矩阵”型组织形式，解决了以实现企业目标为宗旨的长期稳定的企业组织专业分工与具有较强综合性和临时性的一次性项目组织的矛盾。

在矩阵组织中，企业的永久性专业职能部门和临时性项目管理组织交互起作用。图 1-4 中，纵向（X），职能部门负责人对各项目中的本专业人员下达指令；横向（Y），项目经理对参加本项目的各种专业人员下达指令，并按项目实施的要求把他们有效地组织协调起来，为实现项目目标共同配合工作。因此，其指令源有两个。矩阵制项目组织适用于同时承担多个项目的企业，大型复杂项目和对人工利用率要求高的项目。

组织结构形式反映了一个组织系统中各子系统之间或各元素（各工作部门）之间的指令关系。组织分工反映了一个组织系统中各子系统或各元素的工作任务分工和管理职能分工。组织结构形式和组织分工都是一种相对静态的组织关系。而工作流程组织则可以反映一个组织系统中各项工作之间的逻辑关系，是一种动态关系。在建筑工程项目实施过程中，其管理工作的流程、信息处理的流程，以及设计工作、物资采购和施工的流程组织都属于工作流程组织的范畴。组织工具是组织基本理论应用的手段，基本的组织工具有组织结构图、任务分工表和工作流程图等。

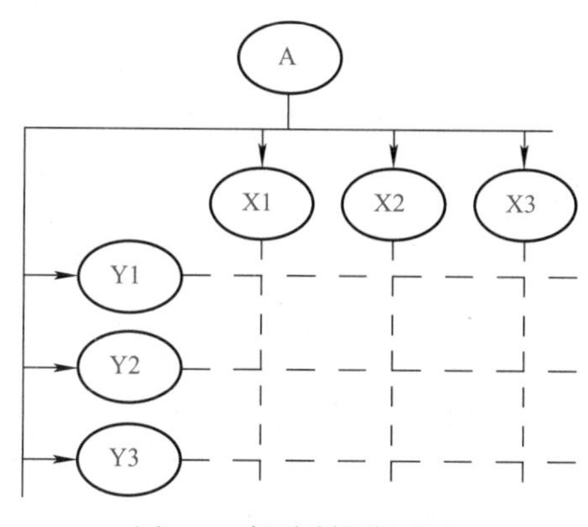

图 1-4　矩阵制组织形式

三、建筑工程项目经理部

1. 项目经理部的含义

建筑工程项目经理部（以下简称项目经理部）是项目管理组织必备的项目管理层，对现场资源进行合理使用和动态管理，由项目经理领导，接受企业组织职能部门的指导、监督、检查、服务和考核。项目经理部自项目启动前建立，在项目竣工验收、审计完成后解体。项目经理部居于整个项目组织的中心地位，以项目经理为核心，在项目实施过程中起决定作用。建筑工程项目能否顺利进行，取决于项目经理部及项目经理的管理水平。

2. 项目经理部的性质

项目经理部承担现场项目管理的日常工作，其性质有以下几点：

（1）项目经理部的独立性。项目经理部的相对独立性是指项目经理部与企业有着双层关系。一方面，项目经理部要接受企业组织职能部门的领导、监督和检查，要服从组织管理层对项目进行的宏观管理和综合管理；另一方面，它又是一个工程项目机构独立利益的代表，同企业形成一种经济责任关系。

（2）项目经理部的综合性。项目经理部是一个经济组织，主要职责是管理项目实施过程中的各种经济活动，其综合性主要表现在：管理业务是综合性的，从纵向看包括了项目实施全过程的管理；管理职能包括计划、组织、控制、协调、指挥等多方面的综合管理职能。

（3）项目经理部的临时性。项目经理部是一次性组织机构，在项目启动前组建，在项目竣工验收、审计完成后解体。

3. 项目经理部的建立

要根据所设计的项目组织形式、项目的规模及复杂程度等设置项目经理部。建立项目经理部应遵循下列步骤：

1）根据项目管理规划大纲确定项目经理部的管理任务和组织机构。

2）根据项目管理目标责任书进行目标分解与责任划分。

3）确定项目经理部的组织设置。

4）确定人员的职责、分工和权限。

5）制订工作制度、考核制度和奖惩制度。

4. 项目经理部的工作内容

项目经理部的主要工作包括：

1）在项目经理领导下制订“项目管理实施规划”及项目管理的各项规章制度。

2）对进入项目的资源和生产要素进行优化配置和动态管理。

3）有效控制项目工期、质量、成本和安全等目标。

4）协调企业内部、项目内部以及项目与外部各系统之间的关系，增进项目有关各部门之间的沟通，提高工作效率。

5）对项目目标和管理行为进行分析、考核和评价，并对各类责任制度执行结果实施奖罚。

5. 项目经理部的解体

建筑工程项目经理部是一次性并具有弹性的施工现场生产组织机构，工程临近结尾时，业务管理人员乃至项目经理要撤走，项目经理部要解体。具体项目经理部解体的主要条件包括：

1）工程项目已经竣工验收，已被验收单位确认并形成书面材料。

2）与各分包单位已经结算完毕。在项目经理部解体前，做好与分包商、材料供应、劳务、技术转让、科技服务等单位之间的债权债务清算工作，使得项目及时终结，避免出现遗漏问题。

3）已协助组织管理层与发包单位签订了“工程质量保修书”。为了确保发包人的项目利益，由项目经理部代表企业与发包人做好“工程质量保修书”的签订工作。

4）已经履行完成“项目管理目标责任书”，经过审计合格。“项目管理目标责任书”是项目经理部的项目管理责任状，企业管理层对责任书确定的各项目标完成情况和实施效果进行综合评定，尤其对经济效果进行严密的审计后项目经理部才可解体。

5）项目经理部解体前，与各相关部门办理交接手续，例如在各种文件的签字，工程档案资料的封存移交，账目清算，资金、原材料、设备的回收，其他善后工作的处理。

6）项目经理部解体前应做好现场清理工作，主要包括撤回临时设施、清点分类和回收材料、清浇润滑保养设备，遣散人员，移交现场管理手续等。

四、建筑工程项目团队建设

1. 建筑工程项目团队建设的概念

建筑工程项目团队是指项目经理及其领导下的项目经理部和各职能管理部门。

建筑工程项目团队建设就是指将肩负项目管理使命的团队成员按照特定的模式组织起

来，协调一致，以实现项目目标的持续不断的过程。团队建设过程中应创造一种开放和自信的气氛，使全体成员有统一感和使命感。

2. 建筑工程项目团队建设的过程

建筑工程项目团队建设分五个阶段：

（1）形成阶段。项目团队形成阶段主要依靠项目经理来指导和构建。团队形成需要以整个运行的组织为基础，即一个组织构成一个团队的基础框架，团队的目标为组织的目标，团队的成员为组织的全体成员。

（2）磨合阶段。磨合阶段是团队从组建到规范阶段的过渡过程。这一阶段主要指团队成员之间，成员与内外部环境之间，团队与所在组织、上级、客户之间进行的磨合。

（3）规范阶段。经过磨合阶段，团队的工作开始进入有序状态，团队的各项规则经过建立、补充与完善，成员之间经过认识、了解与相互定位，形成了自己的团队文件、新的工作规范，培养了初步的团队精神。

（4）表现阶段。这是团队的最佳状态时期，团队成员彼此高度信任，相互默契，工作效率有大的提高，工作效果明显，这时团队已经比较成熟。

（5）休整阶段。休整阶段包括休止与整顿两个方面的内容。

1）团队休止是指团队经过一段时期的工作，工作任务即将结束，团队面临总结、表彰等工作，团队面临解散的状态，团队成员要为自己的下一步工作进行考虑。

2）团队整顿是指在团队成员原工作任务结束后，团队也可能准备接受新任务。为此团队要进行调整和整顿，包括工作作风、工作规范、人员结构等各方面。

3. 建设工程项目团队建设的要求

项目团队建设应符合下列要求：

1）项目团队应有明确的目标、合理的运行程序和完善的工作制度。

2）项目经理对项目团队建设负责，培育团队精神，定期评估团队运作绩效，有效发挥和调动各成员的工作积极性和责任感。

3）项目经理应通过表彰奖励、学习交流等多种方式营造和谐团队氛围，统一团队思想，树立集体观念，处理管理冲突，提高项目运作效率。

4）项目团队建设应注重管理绩效，有效发挥个体成员的积极性，并充分利用成员集体的协作效果。

任务三 建筑工程项目经理

一、建筑工程项目经理的含义

建筑工程项目经理是指受企业法定代表人委托和授权，直接负责项目施工的组织实施者，对建筑工程项目施工全过程全面负责的项目管理者。项目经理是建筑工程项目的责任主体，是企业法人代表在建筑工程项目上的委托代理人。

在组织结构中，项目经理是协调各方面关系，使之相互紧密协作、配合的桥梁和纽带。他对项目管理目标的实现承担着全部责任，即承担合同责任，履行合同义务，执行合同条款，处理合同纠纷。项目经理的工作受法律的约束和保护，在施工活动中占有举足轻重的地位。

二、建筑工程项目经理的素质要求

（1）政治素质。项目经理是建筑工程施工企业的重要管理者，必须具有思想觉悟高、政策观念强的品质，在建筑工程项目管理中能认真执行党和国家的方针、政策，遵守国家的法律和地方法规，执行上级主管部门的有关决定，自觉维护国家的利益，保护国家的财产，正确处理国家、企业和职工三者的利益关系。

（2）领导素质。项目经理是一名领导者，应具有较高的组织领导能力，应满足下列要求：

1）博学多识，通情达理。即具有现代管理、科学技术、心理学等基础知识，见多识广，眼光开阔。能妥善处理人与人之间的关系。

2）多谋善断，灵活机动。即解决问题办法多，善于选择最佳的办法，能当机立断。当情况发生变化时，能够随机应变地追踪决策，见机处理。

3）知人善任，善与人同。即知人所长，知人所短，用其所长，避其所短，宽容大度，有容人之量，善于与人求同存异。

4）公道正直，以身作则。即要求下属的，自己首先做到，定下的制度、纪律，自己首先遵守。

5）铁面无私，赏罚严明。即对被领导者赏功罚过，不讲情面，以此建立管理权威，提高管理效率。赏要从严，罚要谨慎。

6）在哲学素养方面，项目经理必须有讲求效率的"时间观"，能取得人际关系主动权的"思维观"，有处理问题注意目标和方向、构成因素、相互关系的"系统观"，有根据客观环境和主观可能，适时选择最恰当的管理方法的"权变观"。

（3）专业素质。项目经理既必须是复合型管理人才，又必须是专业性人才。要懂得建筑专业的技术知识，是建筑业的内行，真正的行中人。其应该具有建筑工程专业的管理知识、经营知识、法律知识及相关经济知识，了解建筑市场的运行规律，懂得建筑行业的管理规律。项目经理应当受过项目管理的专门训练，参加过项目管理，具有项目管理的实际经验，对具体的项目管理问题具有处理能力。项目经理应当是具有较强的决策能力、组织能力、指挥能力、应变能力，能够带领项目经理班子成员，团结广大群众一道工作的内行、专家，而不能是一名一般性的行政领导人员。项目经理也不能是一名只知个人苦干，成天忙忙碌碌，只干不管的具体办事人员，而应该是会"点将"、善运筹的"帅才"。

（4）身体健康。项目经理必须有良好的身体素质，这是因为项目管理不但要承担繁重的工作，而且生活条件和工作条件都因现场性强而相当艰苦。因此，项目经理必须有健康的

身体，以便保持充沛的精力和必须的体力。

三、建筑工程项目经理的职责、权力

建筑工程项目经理的职责、权力

1）项目经理在承担工程项目施工管理过程中，履行下列职责：

① 贯彻执行国家和工程所在地政府的有关法律、法规和政策，执行企业的各项管理制度。

②严格财务制度，加强财务管理，正确处理国家、企业与个人的利益关系。

③执行项目承包合同中由项目经理负责履行的各项条款。

④ 对工程项目施工进行有效控制，执行有关技术规范和标准，积极推广应用新技术，确保工程质量和工期，实现安全、文明生产，努力提高经济效益。

2）项目经理在承担工程项目施工的管理过程中，应当按照建筑施工企业与建设单位签订的工程承包合同，与本企业法定代表人签订项目承包合同，并在企业法定代表人授权范围内，行使以下管理权力：

①组织项目管理班子。

② 以企业法定代表人的代表身份处理与所承担的工程项目有关的外部关系，受托签署有关合同。

③指挥工程项目建设的生产经营活动，调配并管理进入工程项目的人力、资金、物资、机械设备等生产要素。

④选择施工作业队伍。

⑤进行合理的经济分配。

⑥企业法定代表人授予的其他管理权力。

3）项目经理的利益。项目经理在项目实施中履行一定职责，享有一定权力，并要获得一定的利益，具体表现在以下几个方面：

①按照组织规定获得基本工资、岗位工资及相应的奖金。

②项目结束后，按照目标责任书中规定的效益分配条款，给予收益或经济处罚。

③ 如果项目的各项指标和整体目标均得以实现，应在项目终审盈余时，按一定比例予以奖励。

④ 根据项目完成的实际情况，项目经理对高质量完成的项目除了获得物质奖励以外，还可获得评优表彰、优秀项目经理荣誉称号等精神奖励。

四、建筑工程项目经理的选用与培养

1. 建筑工程项目经理的选用

项目经理的挑选主要考虑两方面的问题：一是挑选什么样的人担任项目经理；二是通过什么样的方式与程序选拔项目经理。

（1）选用项目经理的原则。选择什么样的人担任项目经理，除了考虑候选人本身的素质特征外，还取决于两个方面：一是项目的特点、性质、技术复杂程度等；二是项目在该企业规划中所占的地位。选用项目经理应遵循如下原则：

1）考虑候选人的能力。候选人最基本的能力主要有两方面，即技术能力和管理能力。对项目经理来说，对其技术能力要求视项目类型不同而不同，他应具备相关技术的沟通能力，能向高层管理人员解释项目中的技术问题，能向项目小组成员解释顾客的技术要求。然而，无论何种类型的项目，对项目经理的管理能力要求都很高，项目经理应该有能力保证项目按时在预算内完成，保证准时、及时的汇报，保证资源能够及时获得，保证项目小组的凝聚力，并能在项目管理过程中充分运用谈判及沟通能力。

2）考虑候选人的敏感性。敏感性具体指三方面，即对企业内部权力的敏感性，对项目小组成员及成员与外界之间冲突的敏感性及对危险的敏感性。对权力的敏感性，使得项目经理能够充分理解项目与企业之间的关系，保证其获得企业领导必要的支持。对冲突的敏感性，能够使得项目经理及时发现问题及解决问题。对危险的敏感性，使得项目经理能够避免不必要的风险，及时规避风险。

3）考虑候选人的领导才能。项目经理应具备领导才能，能知人善任，吸引他人投身于项目，保证项目组成员积极努力地投入项目工作。

4）考虑候选人的应付压力的能力。压力产生的原因有很多，如管理人员缺乏有效的管理方式与技巧，其所在的企业面临变革，或经历连续的挫折而迫切希望成功。由于项目经理在项目实施过程中必然面临各种压力，项目经理应能妥善处理压力，争取在压力中获得成功。

（2）项目经理的选用方式与程序。一般建筑工程施工企业选用项目经理的方式有以下三种：

1）由企业高层领导任命。这种方式的一般程序是：由企业高层领导提出人选或由企业职能部门推荐人选，经企业人事部门听取各方面的意见，进行资质考察，合格则由总经理任命。这种方式的优点是能坚持一定的客观标准和组织程序，听取各方面的评价，有利于选出合格的人选。

2）由企业和用户协商选择。这种方式的一般程序是：分别由企业内部及用户提出项目经理的人选，然后双方在协商的基础上加以确定。这种方式的优点是能集中各方面的意见，形成一定的约束机制。由于用户参与协商，一般对项目经理人选的资质要求较高。

3）竞争上岗的方式。其主要程序是由上级部门（有可能是一个项目管理委员会）提出项目的要求，广泛征集项目经理人选，候选人需提交项目的有关目标文件，由项目管理委员会进行考核与选拔。这种方式的优点是可以充分挖掘各方面的潜力，有利于人才的选拔，有利于发现人才，同时有利于促进项目经理的责任心和进取心。竞争上岗需要一定的程序和客观的考核标准。

对项目经理的选用应在获得充分信息的基础上进行。这些信息包括：执业资格、个人简历、学术成就、成绩评估、心理测试以及员工的职业发展计划。

2．建筑工程项目经理的培养

项目经理的培养主要靠工作实践，这是由项目经理的成长规律决定的。成熟的建筑工程项目经理都是从建筑工程项目管理的实际工作中选拔、培养而成长起来的。

（1）项目经理的培养。取得了实际经验和基本训练之后，对比较理想和有培养前途的对象，应在经验丰富的项目经理的带领下，委任其以助理的身份协助项目经理工作，或者令其独立主持单项专业项目或小项目的项目管理，并给予适时的指导和考察。这是锻炼项目经理才干的重要阶段。对在小项目管理或助理岗位上表现出较强组织管理能力者，可让其挑起大型项目管理的重担，并创造条件让其多参加一些项目管理研讨班和有关学术活动，使其从理论和管理技术上进一步开阔眼界，通过这种方式使其逐渐成长为经验丰富的项目经理。

（2）项目经理的培训。除了实际工作锻炼之外，对有培养前途的项目经理人选还应有针对性地进行项目管理基本理论和方法的培训。作为建筑工程项目经理，要求其知识面要宽广，除了其已具备的建筑工程专业知识以外，还应接受业务知识和管理知识的系统培训，内容涉及管理科学、行为科学、系统工程、价值工程、计算机及项目管理信息系统等。

情境小结

该情境内容是本书的基础知识，为后续知识的内容设计奠定基础，包括建筑工程项目管理概述、建筑工程项目管理组织及建筑工程项目经理三大内容。依据《建设工程项目管理规范》，在介绍项目、建筑工程项目、项目管理、建筑工程项目管理等基本概念的基础上，阐述了建筑工程项目管理的特征、主要内容、内外部环境；建筑工程项目管理组织设置的原则、依据和程序；职能制、直线制、矩阵制三种主要项目管理组织形式的特点、适用条件；建筑工程项目经理部的概念、性质、建立步骤、工作内容、解体；建筑工程项目团队建设步骤和团队建设要求；建筑工程项目经理的素质要求、任务、职责与权力、选聘与培养。

一、单项选择题

1．以下选项中（　　）属于项目，具备项目的基本特征。

A．生产品牌电脑　　B．生产大众材料

C．完成某项单项工程　　D．完成墙体砌筑工程

2．项目最基本、最主要的特征是（　　）。

A. 一次性 B. 目标明确 C. 受环境制约 D. 复杂多变

3. 以技术、经济和社会发展为目的，从无到有的建设项目称为（ ）项目。

A. 迁建 B. 改建 C. 恢复 D. 新建

4. 单位如果原有基础薄弱，需要再兴建项目，其新增加的固定资产价值超过原有全部资产价值（原值）（ ）倍以上时，才可算新建项目。

A. 2 B. 3 C. 5 D. 10

5. 建筑工程施工项目管理的管理主体是（ ）。

A. 建设单位 B. 监理单位 C. 设计单位 D. 施工单位

6. 建筑施工企业正式委派项目经理是（ ）。

A. 投标阶段 B. 施工准备阶段

C. 施工阶段 D. 项目动用阶段

7. 签订《工程质量保修书》是在项目（ ）进行。

A. 施工准备阶段 B. 施工阶段 C. 验收交付阶段 D. 保修阶段

8. （ ）是对施工项目的管理从开工到交工验收进行全面的指导性规划。

A. 施工项目管理规划大纲 B. 项目承包合同

C. 施工项目管理实施规划 D. 项目责任书

9. 建筑工程项目目标控制的正确过程是（ ）。

A. 制订目标—对比分析—检查运行—纠正偏差

B. 制订目标—检查运行—对比分析—纠正偏差

C. 检查运行—制订目标—对比分析—纠正偏差

D. 检查运行—制订目标—纠正偏差—对比分析

10. 建筑工程项目管理组织的核心是（ ）。

A. 企业经理层 B. 工程管理部 C. 项目经理部 D. 成本核算部

11. 限制纵向领导深度，以便集中精力在职责范围内实施有效的领导是建筑工程项目管理组织设置的（ ）。

A. 目的性原则 B. 管理跨度原则 C. 系统化管理原则 D. 精简原则

12. 建筑工程项目管理组织机构设置的正确程序是（ ）。

A. 确定管理目标—分配工作任务—制订管理流程—建立规章制度—设计管理信息系统

B. 确定管理目标—制订管理流程—分配工作任务—建立规章制度—设计管理信息系统

C. 确定管理目标—建立规章制度—分配工作任务—制订管理流程—设计管理信息系统

D. 确定管理目标—分配工作任务—建立规章制度—制订管理流程—设计管理信息系统

13.（　　）对管理系统的有序运行以及管理信息系统的设计有很大的影响。

A. 确定管理目标　　B. 分配工作任务

C. 制订管理流程　　D. 建立规章制度

14.（　　）组织形式对每一个工作部门可能有多个矛盾的指令源。

A. 直线制　　B. 职能制　　C. 矩阵制　　D. 项目管理

15.（　　）组织形式适用于大中型项目和工期紧迫的项目。

A. 直线式　　B. 职能式　　C. 矩阵式　　D. 项目管理

16. 以下各选项中，（　　）不属于项目经理部工作。

A. 制定“项目管理实施规划”

B. 对项目资源进行优化配置和动态管理

C. 有效控制项目工期、质量、成本、和安全目标

D. 做好企业战略研究，开发新市场

17. 建筑工程项目经理是企业法人代表在建筑工程项目上的委托代理人，关于其工作性质的错误说法是（　　）。

A. 代表企业法人代表开展企业经营管理工作

B. 对工程项目施工过程全面负责的项目管理者

C. 项目经理是一个工作岗位的名称

D. 建筑工程项目经理要具备建造师执业资格

18. （　　）方式选拔项目经理有利于促进项目经理的责任心和进取心。

A. 由企业高层领导任命　　B. 由企业和用户协商选择

C. 竞争上岗的方式　　D. 行政管理部门任命

19. 项目经理的培养主要靠（　　）。

A. 学历提升　　B. 进修培训　　C. 考察交流　　D. 工作实践

20. 项目管理绩效评价标准应由（　　）负责确定。

A. 项目管理绩效评价机构

B. 项目管理绩效评价专家

C. 企业法定代表人

D. 项目经理部

二、多项选择题

1. 以下各选项中（　　）属于项目的约束性目标。

A. 产品的规格　　B. 生产能力

C. 进度要求　　D. 质量要求

E. 投资效益

2. 建筑工程项目有（　　）等特点。

A. 建设周期长　　B. 生产要素有流动性

C. 产品有流动性　　D. 受环境影响大

E. 管理模式单一

3. 以下各选项中（　　）不属于建筑工程项目管理任务。

A. 组织协调　　B. 安全控制

C. 项目前期论证　　D. 筹措建设资金

E. 合同管理

4. 与建筑工程项目建设有关的法规包括（　　）。

A. 《建筑法》　　B. 《招投标法》

C. 《建设工程质量管理条例》　　D. 《房屋建筑工程质量保修办法》

E. 《工程建设重大事故报告和调查程序规定》

5. 建筑工程项目管理组织主要完成的工作有（　　）。

A. 建立严格的项目管理组织结构　　B. 明确任务分工和管理职能分工

C. 明确项目建设的各项工作的工作流程　　D. 健全组织工作条例

E. 为项目经理授权

6. 建筑工程项目管理组织机构设置的依据包括（　　）。

A. 项目内在联系　　B. 社会经济状况

C. 人员配备要求　　D. 制约和限制

E. 政策法规

7. 组织工具是组织基本理论应用的手段，基本的组织工具有（　　）。

A. 组织结构图　　B. 任务分工表

C. 工作流程图　　D. 工作标准

E. 工作职责

8. 建筑工程项目团队建设的磨合阶段主要处理好（　　）方面的磨合。

A. 成员与成员之间　　B. 成员与内外部环境的磨合

C. 成员与政府领导的磨合　　D. 项目团队与其所在组织的磨合

E. 项目经理与企业经理的磨合

9. 建筑工程项目经理的权力包括（　　）。

A. 贯彻执行国家和工程所在地政府的有关法律、法规和政策，执行企业的各项管理制度

B. 严格财务制度，加强财务管理，正确处理国家、企业与个人的利益关系

C. 执行项目承包合同中由项目经理负责履行的各项条款

D. 选择施工作业队伍

E. 进行合理的经济分配

10. 选用项目经理应考虑的因素包括（　　）。

A. 候选人的社会活动能力　　B. 候选人的敏感性

C. 候选人的领导才能　　D. 候选人的应付压力的能力

E. 候选人的技术能力和管理能力

三、思考题

1. 建设工程项目和建筑工程项目有什么区别和联系?

2. 如何理解建筑工程项目管理的复杂性和艰难性?

3. 建筑工程项目管理的主要内容包括哪些?

4. 如何理解建筑工程项目组织和建筑工程项目管理组织的区别?

5. 如何建立项目经理部? 其工作内容有哪些?

6. 建筑工程项目团队建设有哪些具体要求?

7. 建筑工程项目经理应具备哪些素质?

8. 如何培养建筑工程项目经理?

四、实训题

目的：在建筑工程项目管理过程中，组织机构的建立是一项重要的工作。通过实训要掌握组织机构建立的基本原则，在实践中正确选择组织形式，能够通过组织活动体验组织中每一个元素的作用。

资料和要求：

1. 根据在施工现场收集的现场资料，判断项目经理部在不同的建筑工程项目中分别采用了哪种项目组织结构形式?

2. 绘制参与过的建筑工程项目的项目管理组织结构图。

3. 分析项目组织机构运行效率如何? 项目经理在项目经理部的各项工作的开展发挥了什么作用? 一个优秀的项目经理应具备哪些素质?

情境二 建筑工程项目质量管理

学习目标

1. 了解：施工企业质量管理工作开展的程序。

2. 熟悉：质量体系的要求，质量控制的统计技术方法，质量事故处理的程序及要求。

3. 掌握：质量管理的基本原则，质量计划的内容及编制方法，质量控制的核心内容及实施过程。

引例

背景资料：

某施工企业按照ISO 9000标准的模式建立了质量管理体系，体系要求公司所有项目的质量管理都必须按标准要求实施。

问题：

1. 作为项目负责人在开工前应如何安排质量管理工作？
2. 试结合某工程相关资料编制一份项目质量计划。

任务一 建筑工程项目质量管理概述

一、基本概念

1. 质量管理

质量管理是指"确定质量方针、目标和职责并在质量体系中通过诸如质量策划、质量控制、质量保证和质量改进使其实施的全部管理职能的所有活动"。质量管理是下述管理职能中的所有活动。

1）确定质量方针和目标。

2）确定岗位职责和权限。

3）建立质量体系并使之有效运行。

2. 质量体系

质量体系是指“为实施质量管理所需的组织结构、程序、过程和资源”。

1）组织结构是一个组织为行使其职能按某种方式建立的职责、权限及其相互关系，通常以组织结构图予以规定。

2）资源包括人员、设备、设施、资金、技术和方法，质量体系应提供适宜的各项资源以确保过程和产品的质量。

3）一个组织所建立的质量体系应既满足本组织管理的需要，又满足顾客对本组织的质量体系要求，但主要目的应是满足本组织管理的需要。顾客仅仅评价组织质量体系中与顾客订购产品有关的部分，而不是组织质量体系的全部。

4）质量体系和质量管理的关系是：质量管理需要通过质量体系来运作，建立质量体系并使之有效运行是质量管理的主要任务。

3. 质量方针

质量方针是“由组织的最高管理者正式发布的、该组织总的质量宗旨和方向”。

1）企业最高管理者主持制订质量方针并形成文件。质量方针是企业的质量宗旨和方向，它体现了企业的经营目标和顾客的期望及需求，是企业质量行为的准则。质量方针的制订应充分体现质量管理七项原则的思想。

2）企业质量方针的内涵是：

①它是企业总的质量宗旨和方向。

②它是以质量管理七项原则为基础的。

③它对满足要求做出承诺。这些要求可能来源于顾客或法律法规或企业内部发展需要所做出的承诺。

④它对持续改进质量管理体系的有效性做出承诺。

3）质量方针为企业制订和评审质量目标提供了框架。质量目标是在质量方针的指引下针对质量管理中的关键性内容制订的。

4）企业的最高管理者应保证质量方针在企业内部得到充分的贯彻，使全体员工对其内涵得到充分的理解，并在实际工作中得到充分的实施。

5）企业的最高管理者应适时对质量方针的适宜性进行评审，必要时进行修订，以适应内部管理和外部环境变化的需要。

4. 质量目标

质量目标是“在质量方面所追求的目的”。

1）企业的最高管理者主持和制订企业的质量目标并形成文件，此外相关的职能部门和基层组织也应建立各自相应的质量目标。

2）企业的质量目标是对质量方针的展开，是企业在质量方面所追求的目标，通常依据企业的质量方针来制订。企业的质量目标要高于现有水平，且经过努力应该是可以达到的。

3）企业的质量目标必须包括满足产品要求所需要的内容。它反映了企业对产品要求的具体追求目标，既要有满足企业内部所追求的质量品质目标，也要不断满足市场、顾客的要求，它是建立在质量方针基础上的。

4）质量目标应是可测量的，因此质量目标应该在相关职能部门和项目上分解展开，建立自己的质量目标，在作业层进行量化，以便于操作。以下级质量目标的完成来确保上级质量目标的实现。

5．质量策划

质量策划是“质量管理中致力于设定质量目标并规定必要的作业过程和相关资源以实现其质量目标的部分”。

最高管理者应对实现质量方针、目标和要求所需的各项活动和资源进行质量策划，并且策划的结果应该用文件的形式表现。

质量策划是质量管理中的策划活动，是组织领导和管理部门的质量职责之一。组织要在市场竞争中处于优胜地位，就必须根据市场信息、用户反馈意见、国内外发展动向等因素，对产品实现等过程进行策划。

6．质量控制

质量控制是指“为达到质量要求所采取的作业技术和活动”。

1）质量控制的对象是过程，控制的结果应能使被控制对象达到规定的质量要求。

2）为了使被控制对象达到规定的质量要求，就必须采取适宜的、有效的措施，包括作业技术和方法。

7．质量保证

质量保证是指“为了提供足够的信任表明实体能够满足质量要求，而在质量体系中实施并根据需要进行证实的全部有计划和有系统的活动”。

1）质量保证不是买到不合格产品以后的保修、保换、保退，质量保证定义的关键是“信任”，对达到预期质量要求的能力提供足够的信任。

2）信任的依据是质量体系的建立和有效运行。因为这样的质量保证体系具有持续稳定地满足规定质量要求的能力，它将所有影响质量的因素都采取了有效的方法进行控制，因此具有减少、消除、预防不合格的机制。

3）供方规定的质量要求，包括产品的、过程的和质量体系的要求，必须完全反映顾客的需求才能使顾客产生足够的信任。

4）质量保证分为外部和内部两个方面，内部质量保证是企业向自己的管理者提供信任。

外部质量保证是供方向顾客或第三方认证机构提供信任。

8. 质量改进

质量改进是指“质量管理中致力于提高有效性和效率的部分”。

质量改进的目的是向组织自身和顾客提供更多的利益，如更低的消耗、更多的收益、更新的产品和服务。质量改进是通过整个组织范围内的活动和过程的效果以及效率的提高来实现的。组织内的任何一个活动和过程的效果以及效率的提高都会导致一定程度的质量改进。质量改进是质量管理的支柱之一。

9. PDCA 循环工作方法

PDCA 循环是指由计划（Plan）、实施（Do）、检查（Check）和处理（Action）四个阶段组成的工作循环，它是一种科学管理程序和方法，其工作过程如图 2-1 所示。

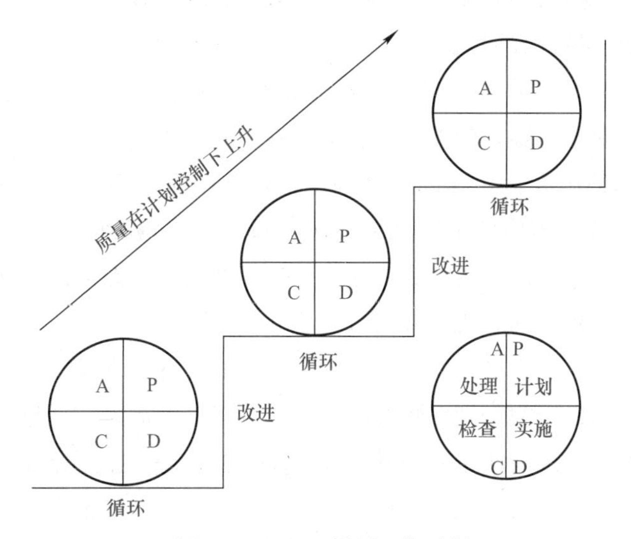

图 2-1　PDCA 循环工作过程

（1）计划阶段（这个阶段包含四个步骤）。

第一步，分析质量现状，找出存在的质量问题。

第二步，分析产生质量问题的原因和影响因素。

第三步，找出影响质量的主要因素。

第四步，制订改善质量的措施，提出行动计划。

（2）实施阶段（这个阶段只有一个步骤）。

第五步，组织对质量计划的实施。为此首先做好计划的交底、落实。落实包括组织落实、技术落实、资源落实。同时计划的落实要依靠质量管理体系。

（3）检查阶段（这个阶段只有一个步骤）。

第六步，检查计划实施后的效果，即检查计划是否实施、有无按照计划执行、是否达到预期目的。

（4）处理阶段（这个阶段包含两个步骤）。

第七步，总结经验，巩固成绩。通过上步检查，把确有效果的措施和在实施中取得的好经验，通过修订相应的工艺文件、作业标准和质量管理规章加以总结，作为后续工作的指导。

第八步，提出本次循环尚未解决的问题转入下一循环。

PDCA 循环是不断进行的，每循环一次，就实现一定的质量目标，解决一些质量问题，使得质量水平有所提高。这样周而复始，不断循环，使质量水平不断提高。

二、质量管理的七项原则

1．七项质量管理原则的内容

（1）以顾客为关注焦点。组织依存于顾客，因此组织应当理解顾客当前的和未来的需求，满足顾客要求并争取超越顾客期望。

顾客是每个企业实现其产品的基础，因此企业的存在依赖于顾客。所以企业应把顾客的要求放在第一位。对于以顾客为关注焦点，企业应从以下两个方面去理解。

首先是企业的最终顾客。企业的最终顾客是企业产品的接受者，因此企业的最终顾客是企业生存的根本，在激烈竞争的市场中，企业只有赢得顾客的信任，提高社会信誉，才能保持和提高企业的市场份额，增加企业收入，使企业处于不败之地。而赢得顾客的信任，必须树立以顾客为关注焦点的思想，并在日常工作中采取各种措施，充分、及时地掌握顾客的需求和期望，包括明示的、隐含的，当前的和长远的，并在产品实现过程中，围绕着顾客的需求和期望，进行质量控制，确保顾客的要求得到充分的满足，通过不断改进的质量和服务，争取超越顾客的期望。为使顾客的满意度处于受控状态，本原则要求，企业各有关部门建立顾客要求和期望的信息沟通渠道，提高服务意识，及时准确地掌握和测量顾客满意度，及时处理好与顾客的关系，确保顾客以及相关方的利益。

其次在日常工作中，要树立以工作服务对象（含中间顾客）为关注焦点的思想，充分掌握并最大限度地满足工作服务对象的合理要求，努力提高工作服务质量，为满足最终顾客要求创造条件。

（2）领导作用。领导者确立组织统一的宗旨和方向，他们应当创造并保持使员工能充分参与并实现组织目标的内部环境，领导作用是企业质量管理体系建立和有效运行的根本保证。

在实际工作中，作为企业的最高管理者在建立、保持并完善质量管理体系的同时，还应做好以下几方面的工作：

1）由企业的最高管理者根据企业的具体情况，确定企业的质量方针和质量目标，并在企业范围内大力宣传质量方针和质量目标的意义，使全体员工充分理解其内涵，激励广大员工积极参与企业质量管理活动。

2）由企业领导规定各级、各部门的工作准则，领导者以身作则，并采取必要措施，责成各部门、各单位严格按标准要求进行管理。

3）由企业领导创造一个宽松、和谐和有序的环境，全体员工能够理解企业的目标并努力实现这些目标。同时及时掌握质量管理体系的运行状况，亲自主持质量管理体系的评审，并为确保其正常运行提供必要的资源。

4）及时准确地提出质量管理体系的改进要求，确保持续改进，并督促其有效实施。

（3）全员积极参与。各级人员是组织之本，只有他们的充分参与，才能使他们的才干为组织带来收益。

企业的质量管理不仅需要最高管理者的正确领导，还有赖于全员的参与。为此必须在全体员工范围内进行质量意识、职业道德、以顾客为关注焦点的意识和敬业精神教育，还要激发他们的积极性和责任感，在实际工作中应注意以下几个方面：

1）应把企业的质量目标分解到职能部门和基层，让员工看到更贴近自己的目标。

2）营造一个良好的员工参与管理、生产的环境，建立员工激励机制，激励员工为实现目标而努力，并及时评价员工的业绩。

3）通过多种途径，采取多种手段，做好员工质量意识、技能和经验方面的培训，提高员工整体素质。

（4）过程方法。将活动和相关的资源作为过程进行管理，可以更高效地得到期望的结果。

对于过程方法应从以下两个方面去理解：

首先 ISO9000 标准对质量管理体系建立了一个过程模式，如图 2-2 所示，这个以过程为基础的质量管理体系模式把管理职责，资源管理，产品实现，测量、分析、改进作为质量管理体系的四大主要过程，描述其相互关系，并以顾客要求为输入，顾客满意为输出，评价质量管理体系的业绩。

其次，本方法要求在质量管理体系运行的每项具体工作中，同样遵循这样一个过程模式，即管理职责→资源管理→产品实现→测量、分析、改进四个过程的循环。要求在具体每项工作开展前和开展过程中，充分识别四个过程的具体内容及其之间的联系，识别输入，掌握分析和确认输出，将质量管理每个环节的每个具体活动，都按过程模式要求进行管理。

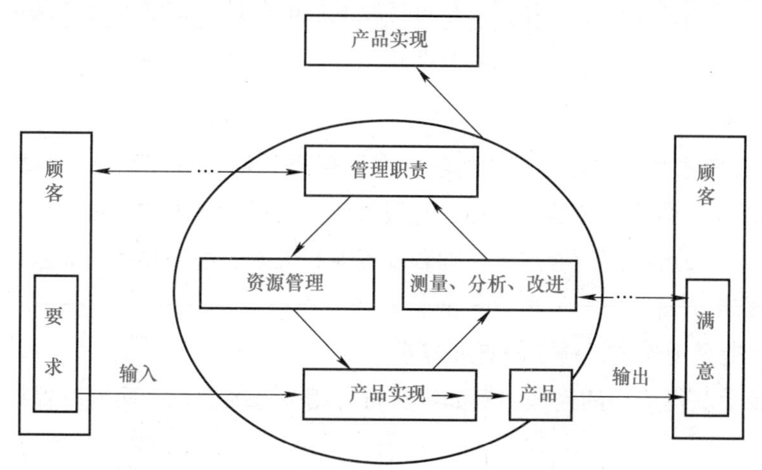

图 2-2　以过程为基础的质量管理体系模式

（5）持续改进。持续改进整体业绩应当是组织的一个永恒目标。

为了改进企业的整体业绩，企业应不断改进其产品质量，提高质量管理体系及过程的有效性和效率，以满足顾客日益增长和不断变化的需求和期望。只有坚持持续改进，企业才能不断进步，才能在激烈的市场竞争中取得更多的市场份额。企业领导者要对持续改进作出承诺，积极推动，全体员工也要积极参与持续改进的活动。持续改进是永无止境的，因此持续改进应成为每一个企业永恒的追求、永恒的目标、永恒的活动。

在企业实现持续改进的过程中，应做好以下几方面的工作：

1）在企业内部使持续改进成为一种制度，始终如一的推行持续改进，并对改进的结果进行测量。

2）对企业内部员工进行持续改进方法和工具应用的培训，努力提高员工工作改进意识和改进能力。

3）通过 PDCA 的循环运作模式实现持续改进。

4）对持续改进进行指导，对改进的结果进行测量，对改进成果进行认可，对改进成果的获得者进行表彰，以激励广大员工。

（6）基于事实的决策方法。有效决策是建立在数据和信息分析的基础上。

基于事实的决策方法强调决策要以事实为依据，为此在日常工作中对信息收集、信息渠道建立、职责分配、信息传递、信息分析判断都要有严格的工作程序，只有上述工作准确无误才能确保决策的正确性。具体操作时通过提高质量职能人员的职业道德、控制质量记录的真实性、采用适当的统计技术、建立畅通的信息系统等方法，确保作为分析判断的数据和信息足够精确可靠，从而实现有效决策。

（7）为了持续成功，组织需要管理与有关各方（比如供方）的关系。组织与供方是相互依存的，互利的关系可增强双方创造价值的能力。

供方向企业提供的产品将对企业向顾客提供的产品产生重要影响，因此处理好与供方的关系，影响到企业能否持续稳定地提供顾客满意产品。过去质量管理中主要强调对供方的控制，但在企业经营活动中，“互利”是可持续发展的条件，把供方看作是企业经营战略中的一个组成部分，它有利于企业之间的专业化协作，形成共同的竞争优势。

2. 七项质量管理原则的作用

七项质量管理原则是国际标准化组织在总结优秀质量管理实践经验的基础上用精练的语言表达的最基本、最通用的质量管理的一般规律，它可以成为企业文化的一个重要组成部分，以指导企业在较长时期内通过关注顾客及其他相关方的需求和期望而达到改进总体业绩的目的。具体作用表现在：

1）指导企业采用先进、科学的管理方式。

2）指出企业获得成功的途径，例如针对所有相关方的需求，实施并保持持续改进其业绩的管理体系。

3）帮助企业获得持久成功。

4）以七项质量管理原则为指导思想，构筑改进业绩的框架。

5）指导企业的管理者建立、实施和改进本企业的质量管理体系。

6）指导企业按照 GB/T 19000 族标准编制质量管理体系文件。

三、质量管理体系的建立、运行及意义

1．质量管理体系的建立

1）企业质量管理体系的建立是在确定市场及顾客需求的前提下，按照七项质量管理原则制订企业的质量方针、质量目标、质量手册、程序文件、质量记录等体系文件，并将质量目标分解落实到相关层次、相关岗位的职能、职责中，形成企业质量管理体系的执行系统。

2）企业质量管理体系的建立要求组织对不同层次的员工进行培训，使体系的运行要求、工作内容为员工所理解，从而为全员参与的质量管理体系运行创造条件。

3）企业质量管理体系的建立需识别并提供实现质量目标和持续改进所需的资源，包括人员、基础设施、环境、信息等。

2．质量管理体系的运行

1）企业质量管理体系的运行是在生产及服务的全过程，按质量管理体系文件所制订的程序、标准、工作要求及目标分解的岗位职责进行运作。

2）在企业质量管理体系运行过程中，按各类体系文件的要求，监视、测量和分析过程的有效性和效率，做好文件规定的质量记录，持续收集、记录并分析过程的数据和信息，全面反映产品质量和过程符合要求，并具有可追溯的效能。

3）按照体系文件规定的办法进行质量管理评审和考核。对过程运行的评审考核工作，应针对发现的主要问题，采取必要的改进措施，使这些过程达到所策划的结果并实现对过程的持续改进。

4）落实质量管理体系的内部审核程序，有组织有计划地开展内部质量审核活动，其主要目的是：

①评价质量管理程序的执行情况及适用性。

②揭露过程中存在的问题，为质量改进提供依据。

③建立质量管理体系运行的信息。

④向外部审核单位提供体系有效的证据。

为确保系统内部审核的效果，企业领导应充分发挥其职能，制订审核政策和计划，组织内审人员，落实内审条件，对审核发现的问题采取纠正措施，逐步完善质量体系。

3．建立和有效运行质量管理体系的意义

ISO9000 标准是一套精心设计、结构严谨、定义明确、内容具体、适用性很强的管理标准。它不受具体行业和企业性质等制约，为质量管理提供指南，为质量保证提供通用的质量要求，具有广泛的应用空间。经过许多企业的应用其作用表现为以下几点：

1）提高供方企业的质量信誉。

2）促进企业完善质量管理体系。

3）增强企业的国际市场竞争能力。

4）有利于保护消费者利益。

任务二 建筑工程项目质量计划

一、建筑工程项目质量计划编制的依据和原则

由于建筑企业的产品具有单件性、生产周期长、空间固定性、露天作业及人为影响因素多等特点，使得工程实施过程繁杂、涉及面广且协作要求多。因此编制项目质量计划时要针对项目的具体特点，要有所侧重。一般的项目质量计划的编制依据和原则可归纳为以下几个方面：

1）项目质量计划应符合国家及地区现行有关法律、法规和标准、规范的要求。

2）项目质量计划应以合同的要求为编制前提。

3）项目质量计划应体现出企业质量目标在项目上的分解。

4）项目质量计划对质量手册、程序文件中已明确规定的内容仅作引用和说明如何使用即可，而不需要整篇搬移。

5）如果已有文件的规定不适合或没有涉及的内容，在质量计划中做出规定或补充。

6）按工程大小、结构特点、技术难易程度、具体质量要求来确定项目质量计划的详略程度。

二、建筑工程系项目质量计划编制的意义及作用

在《质量管理体质要求》（GB/T19001—2016）标准中，对编制质量计划没有做出明确的规定，而且企业根据GB/T19000族标准建立的质量管理体系已为其生产、经营活动提供了科学严密的质量管理方法和手段。然而，对于建筑企业，特别是其具体的项目而言，由于其产品的特殊性，仅有一个总的质量管理体系是远远不够的，还需要制订一个针对性极强的控制和保证质量的文件——项目质量计划。项目质量计划既是项目实施现场质量管理的依据，又是向顾客保证工程质量承诺的输出，因此编制项目质量计划是非常重要的。

项目质量计划的作用可归纳为以下三个方面：

1）为操作者提供了活动指导文件，指导具体操作人员如何工作，完成哪些活动。

2）为检查者提供检查项目，是一种活动控制文件，指导跟踪具体施工，检查具体结果。

3）提供活动结果证据。所有活动的时间、地点、人员、活动项目等均以实记录，得到控制并经验证。

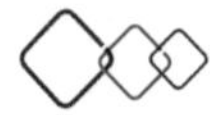

三、建筑工程项目质量计划与施工组织设计的关系

施工组织设计是针对某一特定工程项目，指导工程施工全局、统筹施工过程，在建筑安装施工管理中起中轴作用的重要技术经济文件。它对项目施工中劳动力、机械设备、原材料和技术资源以及工程进度等方面均科学合理地进行统筹，着重解决施工过程中可能遇到的技术难题，其内容包括工程进度、工程质量、工程成本和施工安全等，在施工技术和必要的经济指标方面比较具体，而在实施施工管理方面描述的较为粗浅，不便于指导施工过程。

项目质量计划侧重于对施工现场的管理控制，对某个过程，某个工序，由什么人，如何去操作等做出了明确规定；对项目施工过程影响工程质量的环节进行控制，以合理的组织结构、培训合格的在岗人员和必要的控制手段，保证工程质量达到合同要求。但在经济技术指标方面很少涉及。

但是，二者又有一定的相同点。项目的施工组织设计和项目质量计划都是以具体的工程项目为对象并以文件的形式提出的；编制的依据都是政府的法律法规文件、项目的设计文件、现行的规范和操作规程、工程的施工合同以及有关的技术经济资料、企业的资源配置情况和施工现场的环境条件；编制的目的都是为了强化项目施工管理和对工程施工的控制。但是二者的作用、编制原则、内容等方面有较大的区别。

早在 1994 版 GB/T19000 标准实施过程中，部分建筑企业尝试性地将施工组织设计与项目质量计划融合编制，仍以施工组织设计的名称出现，但效果并不好。主要原因是施工组织设计是建筑企业多年来长期使用、行之有效的方法，融入项目质量计划的内容后，与传统习惯不相宜，建设单位也不接受。但以施工组织设计和项目质量计划独立编制的企业情况来看，二者存在着相当的交叉重复现象，不但增加了编写的工作量，使用起来也不方便。为此，在处理二者关系时，应以施工组织设计为主，项目质量计划作为施工组织设计的补充，对施工组织设计中已明确的内容，在项目质量计划中不再赘述，对施工组织设计中没有或未做详细说明的，在项目质量计划中则应做出详细规定。

此外，项目质量计划与建筑企业现行的各种管理技术文件有着密切关系，对于一个运行有效的企业质量管理体系来讲，其质量手册、程序文件通常都包含了项目质量计划的基本内容。因此在编制项目质量计划前应熟悉企业的质量管理体系文件，看哪些内容能直接引用或采用，需要详细说明的内容或文件有哪些。项目质量计划编制过程中，应将这些通用的程序文件和补充的内容有机地结合起来，以达到所规定的要求。

在编写项目质量计划时还要处理好项目质量计划与质量管理体系、质量体系文件、质量策划、产品实现的策划之间的关系，保持项目质量计划与现行文件之间在要求上的一致性。当项目质量计划中的某些要求，由于顾客要求等因素必须高于质量体系要求时，要注意项目质量计划与其他现行质量文件的协调。项目质量计划的要求可以高于但不能低于通用质量体系文件的要求。

项目质量计划的编写应体现全员参与的质量管理原则，编写时应由本项目部的项目总工程师主持，质量、技术、资料和设备等有关人员参加编制。合同无规定时，由项目经理批准生效。合同有规定时，可按规定的审批程序办理。

项目质量计划的繁简程度与工程项目的复杂性相适应，应尽量简练，便于操作，无关的过程可以删减，但应在项目质量计划的前言中对删减进行说明。

总之，项目质量计划是项目实施过程中的法规性文件，是进行施工管理，保证工程质量的管理性文件。认真编制、严格执行对确保建筑企业的质量方针、质量目标的实现有着重要的意义。

四、建筑工程项目质量计划的内容

1. 质量计划的范围

项目组织应当确定项目质量计划要包含什么内容，避免与组织的质量管理体系文件重复或不相吻合。

2. 质量计划的输入

项目组织在编制质量计划时，应识别编制质量计划所需的输入，以便质量计划的使用者参考输入文件，在质量计划的执行过程中，检查与输入文件的符合性，识别输入文件的更改。

质量计划的输入包括：

1）特定情况的要求。

2）质量计划的要求，包括顾客、法律法规和行业规范的要求。

3）组织的质量管理体系要求。

4）资源要求及其可获得性。

5）着手进行质量计划中所包含的活动所需的信息。

6）使用质量计划的其他相关方所需的信息。

7）其他相关计划。

3. 质量目标

质量计划应该明确特定情况的质量目标以及如何实现该质量目标。

4. 管理职责

质量计划应该规定组织内负责质量目标实现的各岗位工作人员的职责。

5. 文件和资料控制

质量计划应当说明项目组织及相关方如何识别文件和资料，由谁评审、批准文件和资料，由谁分发文件和资料或通报其可用性，如何获得文件和资料。

6. 记录的控制

质量计划应当说明建立什么记录和如何保持记录。记录可以包括检验和试验记录、体

系运行评审记录、过程测量记录、会议记录等。

7．资源

质量计划应该规定顺利执行计划所需的资源类型和数量。这些资源包括材料、人力资源、基础设施和工作环境。

8．与业主的沟通

项目质量计划应当说明，特定情况中谁负责顾客沟通，沟通使用的方法和保持的记录，当收到顾客意见时的后续工作。

9．项目采购

质量计划中针对采购应该规定如下内容：

1）影响项目质量的采购品的关键特性，以及如何将特性传递给供方，以保证供方在项目使用过程中进行适当的控制。

2）评价、选择和控制供方所采用的方法。

3）满足相关质量保证要求所采用的方法。

4）项目组织如何验证采购品是否符合规定的要求。

5）拟外包的项目如何实施。

10．项目实施过程

项目实施、监视和测量过程共同构成质量计划的主要部分。根据项目的特点，所包括的过程会有所不同。质量计划中应当识别项目实施过程所需的输入、实现活动和输出。

11．可追溯性

在有可追溯性要求的场合，质量计划应当规定其范围和内容，包括对受影响的项目过程如何进行标识。

12．业主财产

质量计划应当说明如何识别和控制业主提供产品，验证业主提供产品满足规定要求所使用的方法，对业主提供的产品不合格如何进行控制，对损坏、丢失或不适用的产品如何进行控制。

13．产品防护

质量计划应当说明可交付成果防护，以及交付的具体要求和过程。

14．不合格品的控制

质量计划应当规定如何对不合格品进行识别和控制，以防止在适当处置或让步接收前被误用。并且对返工或返修如何审批实施作出规定。

15．监视和测量过程

1）在哪些阶段对哪些过程和产品的哪些质量特性进行监视和测量。

2）要使用的程序和接收准则。

3）要使用的统计过程控制方法。

4）人员资格的认可。

5）哪些检验或试验在何地必须由法定机构或业主进行见证或实施。

6）组织计划或受顾客、法定机构要求，在何处、何时、以何种方式由第三方机构进行检验或试验。

7）产品放行的准则。

16. 审核

质量计划应当规定需进行的审核、审核的性质和范围，以及如何使用审核结果。

总之，项目质量计划强调的是针对性强，便于操作，因此要求其内容尽可能简单直观，一目了然。

任务三　建筑工程项目质量控制

项目质量控制是指为达到项目质量要求所采取的作业技术和活动。而建筑工程项目的质量要求主要表现为工程合同、设计文件、技术规范所规定的质量标准，因此，建筑工程项目质量控制就是为了确保达到上述要求所规定的标准而采取的一系列措施、手段和方法。

一、建筑工程项目质量控制的阶段和内容

为了加强对建筑工程项目的质量管理，明确各施工阶段质量管理的核心工作内容，可把建筑工程项目质量控制分为事前控制、事中控制和事后控制三个阶段，各阶段划分和主要内容见表2-1。

表2-1　建筑工程项目质量控制的阶段划分和主要内容

阶　段	控制内容
施工准备（事前控制）	1）建立工程项目质量保证体系，落实人员，明确职责，分解目标，按照《质量管理体质　要求》（GB/T 19001—2016）标准的要求编制工程质量计划 2）领取图纸和技术资料，按《质量管理体质　要求》（GB/T 19001—2016）中文件管理的要求，指定专人管理文件，并公布有效文件清单 3）依据设计文件和设计技术交底对工程控制点进行复测。发现问题应与设计方协商处理，并形成记录 4）项目技术负责人主持对施工图的审核，并形成会审记录 5）按质量计划中分包和物资采购的规定，对供方（分包商和供应商）进行选择和评价，并保存评价记录 6）根据需要对工程的全体参与人员进行质量意识和能力的培训，并保存培训记录
施工过程（事中控制）	1）分阶段、分层次在开工前进行技术交底，并保存交底记录 2）材料的采购、验收、保管应符合质量控制的要求，做到在合格供应商名录中按计划招标采购，做好材料的数量、质量的验收，并进行分类标识、保管，保证进场材料符合国家或行业标准。重要材料要做好追溯记录 3）按计划配备施工机械，保证施工机具的能力，使用和维护保养应满足质量控制的要求，对机械操作人员的资格进行确认

（续）

阶　段	控制内容
施工过程 （事中控制）	4）计量器具的使用、保管、维修和周期检定应符合有关规定 5）参与项目的所有人员的资格确认，包括管理人员和施工人员，特别是从事特种作业和特种设备操作的人员，应严格按规定经考核后持证上岗 6）加强工序控制，按标准、规范、规程进行施工和检验，对发现的问题及时进行妥善处理。对关键工序（过程）和特殊工序（过程）必须进行有效控制 7）工程变更和图样修改的审查、确认
竣工验收 （事后控制）	1）工程完工后，应按规范的要求进行功能性试验或试车，确认满足使用要求，并保存最终试验和检验结果 2）对施工中存在的质量缺陷，按不合格控制程序进行处理，确认所有不符合都已得到纠正 3）收集整理施工过程中形成的所有资料、数据和文件，按要求编制竣工图 4）对工程再一次进行自检，确认符合要求后申请建设单位组织验收，并做好移交的准备 5）听取用户意见，实施回访保修

二、建筑工程项目质量控制对策

按照 ISO9000 标准的要求，针对建筑工程项目，应该从以下几个方面入手，作为实施质量控制的对策，以确保质量目标的实现。具体内容见表 2-2。

表 2-2　建筑工程项目质量控制对策

序　号	项　目	内容及说明
1	以人的工作质量确保工程质量	1）对工程质量的控制始终应“以人为本”，狠抓人的工作质量，避免人为失误 2）充分调动人的积极性，发挥人的主导作用，增强人的质量观和责任感，创造优质工程
2	严格控制投入品的质量	对投入品的订货、采购、检查、验收、取样、试验均应进行全面控制
3	全面控制施工过程，重点控制工序质量	1）工程质量是在工序中创造的，为此，要确保工程质量就必须重点控制工序质量 2）对每一道工序质量都必须进行严格检查，当上一道工序质量不符合要求时，决不允许进入下一道工序施工
4	严把分项工程质量检验评定关	1）分项工程质量等级是分部工程、单位工程质量等级评定的基础 2）在进行分项工程质量检验评定时，一定要坚持质量标准，严格检查，一切用数据说话，避免出现第一、第二判断错误
5	贯彻“以预防为主”的方针	1）“预防为主”就是要加强对影响质量因素的控制，对投入品质量的控制 2）要从对质量的事后检查把关，转向对质量的事前控制、事中控制 3）从对产品质量的检查，转向对工作质量的检查、对工序质量的检查、对中间产品质量的检查
6	严防系统性因素的质量变异	1）系统性因素是指如使用不合格的材料、违反操作规程、混凝土达不到设计强度等级、机械设备发生故障等，均必然会造成不合格产品或工程质量事故 2）系统性因素的特点是易于识别，易于消除，是可以避免的 3）工程质量的控制是要把质量变异控制在偶然性因素引起的范围内，要严防或杜绝由系统性因素引起的质量变异，以免造成工程质量事故

三、建筑工程项目的材料质量控制

建筑工程的材料质量对最终产品质量有着至关重要的作用，因此把好材料质量关是建筑工程项目质量控制的重要工作之一。

1．材料质量控制要点

材料质量控制应从材料的采购、供应、使用管理、检验等环节入手，具体控制要点见表2-3。

表2-3　材料质量控制要点

序号	项目	内容及说明
1	掌握材料信息，优选供货厂家	1）掌握材料质量、价格、供货能力的信息，选择好供货厂家 2）材料订货时，要求厂家提供质量保证文件，用以表明提供的货物完全符合质量要求 3）质量保证文件的内容主要包括： ①供货总说明 ②产品合格证及技术说明书 ③质量检验证明 ④检测与试验者的资质证明 ⑤不合格品或质量问题处理的说明及证明 ⑥有关图样及技术资料等
2	合理组织材料供应，确保施工正常进行	合理、科学地组织材料的采购、加工、储备、运输，如期地满足建设需要，确保正常施工
3	合理组织材料使用，减少材料损失	正确按定额计量使用材料，加强材料限额管理和发放工作，健全现场材料管理制度，避免材料损失
4	加强材料检查验收，严把材料质量关	1）对用于工程的主要材料，进场时必须具备出厂合格证和材质化验单。如不具备或对检验证明有怀疑时，应补做检验 2）工程中所有各种构件，必须具有厂家批号和出厂合格证 3）凡标志不清或认为质量有问题的材料；对质量保证资料有怀疑或与合同规定不符的一般材料；由工程重要程度决定，应进行一定比例试验的材料；需要进行追踪检验，以控制和保证其质量的材料等，均应进行抽检 4）材料质量抽样的方法，应符合《建筑材料质量标准与管理规程》 5）在现场配制的材料，如混凝土、砂浆、防水材料、防腐材料、绝缘材料、保温材料等的配合比应先提出试配要求，经试配检验合格后才能使用 6）高压电缆、电压绝缘材料，要进行耐压试验
5	重视材料的使用认证，防止错用或使用不合格的材料	1）凡是用于重要结构、部位的材料，使用时必须仔细地核对、认证，其材料的品种、规格、型号、性能有无错误，是否适合工作特点和满足设计要求 2）新材料应用，必须通过试验和鉴定；代用材料必须通过计算和充分的论证，并要符合结构构造的要求 3）材料认证不合格时，不许用于工程中；有些不合格的材料，如过期、受潮的水泥是否降级使用，也需结合工程的特点予以论证，但决不允许用于重要的工程或部位
6	加强现场材料管理	1）入库材料要分型号、品种、分区堆放，予以标识，分别编号 2）对易燃易爆的物资，要专门存放，有专人负责，并有严格的消防保护措施 3）对有防湿、防潮要求的材料，要有防湿、防潮措施，并要有标识 4）对有保质期的材料要定期检查，防止过期，并做好标识 5）对易损坏的材料、设备，要保护好外包装，防止损坏

2. 材料质量检验方法

材料质量检验方法有书面检验、外观检验、理化检验和无损检验四种，每种检验方法的内容及说明见表 2-4。

表 2-4　材料质量检验方法

序　号	项　目	内容及说明
1	书面检验	通过对所提供的材料质量保证资料、试验报告等进行审核，取得认可方能使用
2	外观检验	对材料从品种、规格、标志、外形尺寸等进行直观检查，看其有无质量问题
3	理化检验	借助试验设备和仪器对材料样品的化学成分、力学性能等进行科学的鉴定
4	无损检验	在不破坏材料样品的前提下，利用超声波、X 射线、表面探伤仪等进行检测

四、建筑工程项目施工工序质量控制

1. 工序质量控制的概念和内容

工序质量又称为过程质量，它体现为产品质量。工程质量是通过一道一道工序逐渐形成的，因此要确保项目质量，就必须对每道工序的质量进行控制，这是施工过程中质量控制的重点。

工序质量控制就是对工序活动条件和工序活动效果实施控制。在进行工序质量控制时着重于以下几方面的工作：

（1）确定工序质量控制的工作计划。一方面，要求对不同的工序活动制订专门的保证质量的技术措施，做出物料投入及活动顺序的专门规定。另一方面，须规定质量控制工作流程、质量检验制度。

（2）主动控制工序活动条件的质量。工序活动条件主要是指影响质量的五大因素，即人、材料、机械设备、施工方法和作业环境。

（3）及时检验工序活动效果的质量。主要是实行班组自检、互检、上下道工序交接检，特别是对隐蔽工程和分项（部）工程的质量检验。

（4）设置工序质量控制点，实行重点控制。工序质量控制点是针对影响质量的关键部位或薄弱环节而确定的重点控制对象。正确设置控制点并严格实施是进行工序质量控制的重点。

2. 工序质量控制点的设置和管理

（1）工序质量控制点的设置原则。

1）重要的、关键性的施工环节和部位。

2）质量不稳定、施工质量没有把握的施工工序和环节。

3）施工难度大、条件困难的部位或环节。

4）质量标准或质量精度要求高的施工内容和项目。

5）对后续施工或后续工序质量及安全有重要影响的施工工序或部位。

6）采用新技术、新工艺、新材料施工的部位或环节。

（2）工序质量控制点的管理。

1）质量控制措施的设计。选择了控制点，就要针对每个控制点进行控制措施设计。如设计控制点施工流程图；进行工序分析，找出主导因素；针对这些因素编制保证质量的作业指导书；明确各控制因素采用什么编号、什么精度的计量仪器等，并将质量控制点及控制措施提交有关人员审核后实施。

2）质量控制点的实施。将控制点的“控制措施设计”向操作班组进行认真交底，必须使工人真正了解操作要点，应明确工人、质量控制人员的职责；质量控制人员在现场进行重点指导、检查、验收；工人按作业指导书认真进行操作，保证每个环节的操作质量；按规定做好检查并认真做好记录，不断改进，直至质量控制点验收合格。

（3）工序质量控制点设置实例。

1）针对某工程项目，其工序质量控制点设置见表2-5。

表2-5　××工程工序质量控制点设置

分类编号	控制点名称	分类编号	控制点名称
基—1	防止深基础塌方	结—5	混合结构内外墙同步砌筑
基—2	钢筋混凝土桩垂直度控制	结—6	混凝土砂浆试块强度
基—3	砂垫层密实度	结—7	试块标准养护
基—4	独立基础钢筋绑扎	装—1	屋面油毡
结—1	高层建筑垂直度控制	装—2	门窗装修
结—2	楼面标高控制	装—3	细石混凝土地面
结—3	大模板施工	装—4	木制品油漆
结—4	墙体混凝土浇捣	装—5	水泥砂浆抹灰

2）针对上述每一个质量控制点，分析其内容和要求见表2-6。

表2-6　针对质量控制点内容分析及要求

工序控制点名称	工作内容	执行人员	标准	检查工具	检查频次
独立基础钢筋绑扎	防止插筋偏位，保护层达到规范要求	施工员 质检员 技术员	钢筋位移控制在±5mm，箍筋间距±10mm，搭接长度不少于35d，用垫块确保保护层20mm厚，混凝土浇捣时不能一次卸料	钢尺线锤目测	逐个检查

3）针对上述质量控制点的分析制订具体的技术要求如下：

①在垫层上先弹线，经技术员复核验收后才能绑扎钢筋。

②先扎底板及基础梁钢筋，最后扎柱头插铁筋。

③插筋露面处，固定环箍不少于 3 个。

④基础面与柱交接处应固定牢，中心线位置正确，控制钢筋位置、垂直度以及保护层和中距位置。

⑤木工施工员、技术员要验收位置及标高。

⑥浇混凝土时，振捣要避开插筋位置。

……

3. 工程质量预控

（1）工程质量预控的概念。工程质量预控就是针对所设置的质量控制点或分项、分部工程，事先分析在施工中可能发生的质量问题和隐患，分析可能的原因，提出相应的预防措施和对策，实现对工程质量的主动控制。

（2）质量预控的表达形式。质量预控的表达形式有：文字表达、表格形式表达和解析图形式表达三种，以下举例说明。

1）钢筋焊接质量的预控——文字表达

①可能产生的质量问题有：焊接接头偏心弯折，焊条型号规格不符合要求，焊缝的长、宽、厚度不符合要求，焊接部位凹陷、焊瘤、裂纹、烧伤、咬边、气孔、夹渣等缺陷。

②质量预控措施是：检查焊接人员有无上岗证，禁止无证上岗；焊工正式施焊前，必须按规定进行焊接工艺试验；每批钢筋焊完后，施工单位自检并按规定取样进行力学性能试验，监理人员抽查焊接质量，必要时需抽样复查其力学性能；在检查焊接质量时，应同时抽检焊条的型号、质量。

2）混凝土灌注桩质量预控——表格形式表达（表 2-7）

表 2-7　混凝土灌注桩质量预控

可能发生的质量问题	质量预控措施
孔斜	督促施工单位在钻孔前对钻机认真调平
混凝土强度达不到要求	随时抽查原材料质量；试配混凝土配合比并经监理工程师认可；严格检定计量器具；做好交底工作
缩颈、堵管	督促施工单位每桩测定混凝土坍落度 2 次，每 30 ～ 50cm 测一次混凝土浇筑高度
断桩	准备足够数量的拌合运输机械，保证连续浇筑
钢筋笼上浮	掌握泥浆密度和灌注速度，灌注前做好钢筋笼的固定

3）混凝土工程质量预控——解析图形式表达（图 2-3）

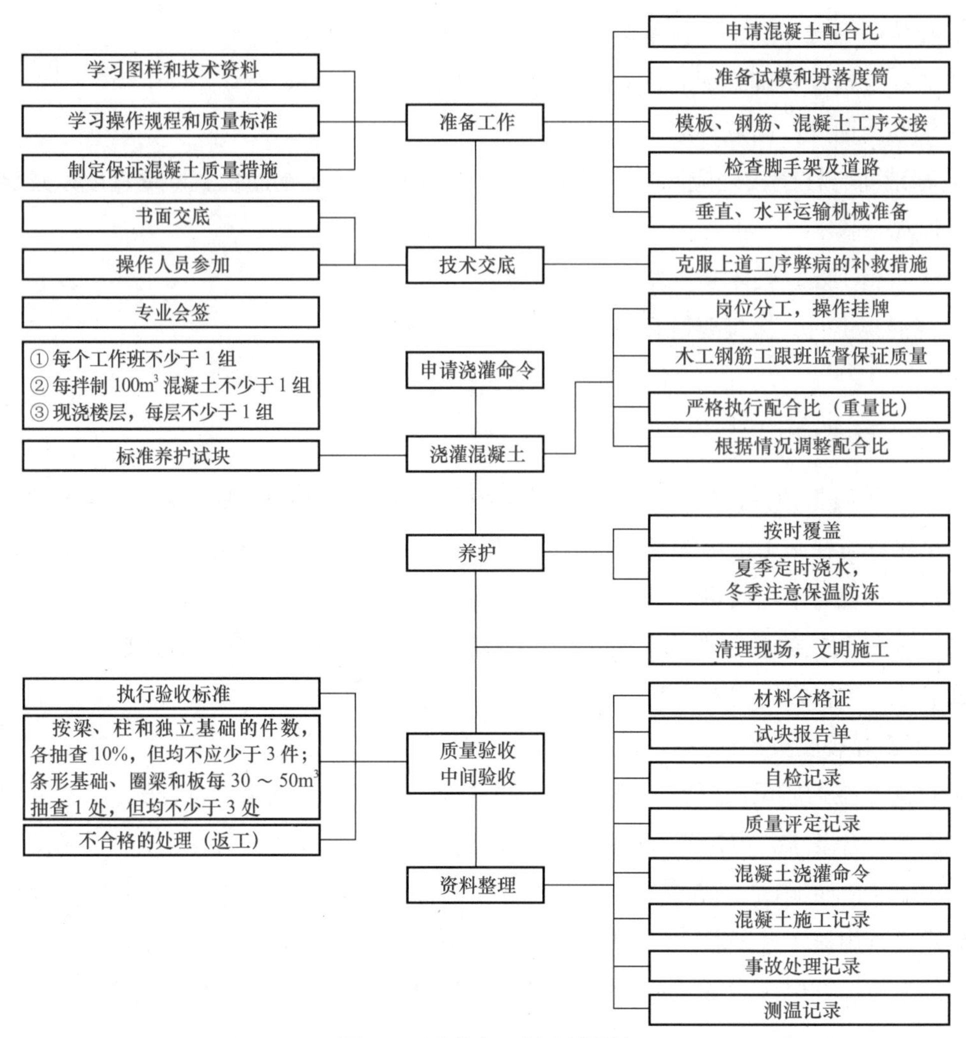

图 2-3　混凝土工程质量预控

五、建筑工程项目成品保护

成品保护是指在施工过程中，某些分项工程已经完成，而其他一些分项工程尚在施工，或者是在其分项工程施工过程中，某些部位已完成，而其他部位正在施工。在这种情况下，施工单位必须负责对已完成部分采取妥善措施予以保护，以免因成品缺乏保护或保护不善而造成损伤或污染，影响工程整体质量。

成品保护可以采取"防护""包裹""覆盖""封闭"或合理安排施工顺序等措施。

任务四　质量控制的统计分析方法

常用的工程质量统计分析方法有统计调查表法、分层法、排列图法、因果分析图法、

直方图法、控制图法和相关图法。

一、统计调查表法

统计调查表法又称为统计调查分析法，它是利用专门设计的统计表对质量数据进行收集、整理和粗略分析质量状态的一种方法。

二、分层法

分层法又称为分类法，是将调查收集的原始数据，根据不同的目的和要求，按某一性质进行分组、整理。分层的结果使数据各层间的差异突出地显示出来，层内的数据差异减少了，在此基础上再进行层间、层内的比较分析，可以更深入地发现和认识质量问题的原因。由于产品质量是多方面因素共同作用的结果，因而对同一批数据，可以按不同性质划分层次，使我们能从不同角度来考虑、分析产品存在的质量问题和影响因素。

分层法

分层法是质量控制统计分析方法中最基本的一种方法。其他统计方法一般都要与分层法配合使用。

三、排列图法

排列图法是利用排列图寻找影响质量主次因素的一种有效方法。排列图又称为帕累托图或主次因素分析图，它由两个纵坐标、一个横坐标、几个连起来的直方形和一条曲线所组成，如图 2-4 所示。左侧的纵坐标表示频数，右侧纵坐标表示累计频率，横坐标表示影响质量的各个因素或项目，按影响程度大小从左至右排列，直方形的高度示意某个因素的影响大小。实际应用中，通常按累计频率划分为（0% ～ 80%）、（80% ～ 90%）、（90% ～ 100%）三部分，与其对应的影响因素分别为 A、B、C 三类。A 类为主要因素，B 类为次要因素，C 类为一般因素。

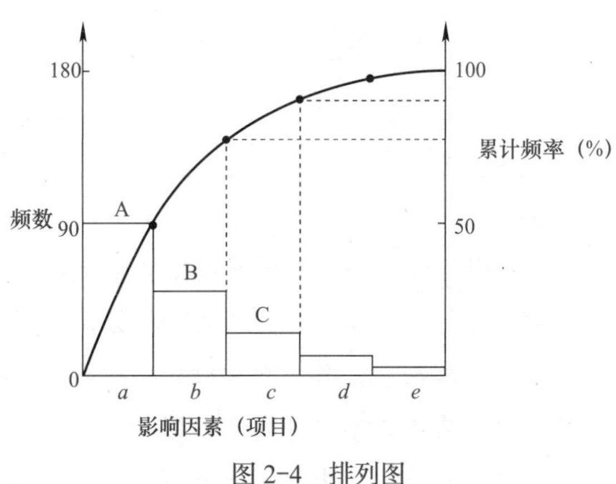

图 2-4　排列图

结合实例说明排列图的绘制过程。

应用案例 2-1

案例概况

某开发商发现施工单位的预制构件存在不同程度的质量问题，所以抽查了400块预制混凝土板，结果表明其中有140块存在不同的质量问题。利用排列图的方法分析影响质量问题的原因。

案例解析

基本步骤如下：

1. 收集整理数据

根据工程项目的实际情况，收集存在质量问题的不合格点数，并汇总到表2-8内。再对统计结果进行整理，计算出各项目的频数和频率，见表2-9。

表2-8　不合格点数统计

序　号	检查项目	不合格点数	序　号	检查项目	不合格点数
1	强度不足	35	4	折断	5
2	表面蜂窝麻面	10	5	端部有裂缝	80
3	局部有露筋	8	6	其他	2

表2-9　不合格点数项目频数频率统计

序　号	项　目	频　数	频率（%）	累计频率（%）
1	端部有裂缝	80	57.14	57.14
2	强度不足	35	25.0	82.14
3	表面蜂窝麻面	10	7.14	89.28
4	局部有露筋	8	5.72	95.0
5	折断	5	3.57	98.57
6	其他	2	1.43	100.0
合　计		140	100	

2. 排列图的绘制（图2-5）

1）画横坐标。将横坐标按项目数等分，并按项目频数由大到小的顺序从左到右排列。

2）画纵坐标。左侧的纵坐标表示项目不合格点数即频数，右侧纵坐标表示累计频率。要求总频数对应累计频率100%。该例中140应与100%在一条水平线上。

3）画频数直方形。以频数为高画出各项目的直方形。

4）画累计频率曲线。从横坐标左端点开始，依次连接各项目直方形右边线及所对应

的累计频率值的交点，所得的曲线即为累计频率曲线。

5）记录必要的事项。如标题、收集数据的方法和时间等。

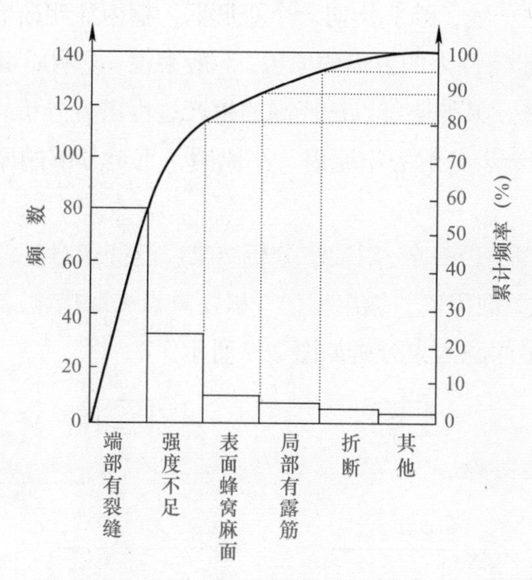

图 2-5　预制构件不合格点排列

3．排列图的观察与分析

观察直方形，大致可看出各项目的影响程度。排列图中的每个直方形都表示一个质量问题或影响因素。影响程度与各直方形的高度成正比。

利用 ABC 分类法，确定主次因素。将累计频率曲线按（0%～80%）、（80%～90%）、（90%～100%）分为三部分，各曲线下面所对应的影响因素分别为 A、B、C 三类因素，该例中 A 类即“端部有裂缝”为主要因素；B 类即“强度不足”“表面蜂窝麻面”为次要因素；C 类即其他因素为一般因素。

四、因果分析图法

因果分析图法

因果分析图法是利用因果分析图，系统地整理分析某个质量问题与其产生原因之间关系的有效工具。因果分析图又可以称为特性要因图，又因其形状常被称为树枝图或鱼刺图。

因果分析图的基本形式如图 2-6 所示。从图中可见，因果分析图由质量特性（即质量结果指某个质量问题）、要因（产生质量问题的主要原因）、枝干（指一系列箭线表示不同层次的原因）、主干（指较粗的直接指向质量结果的水平箭线）等组成。

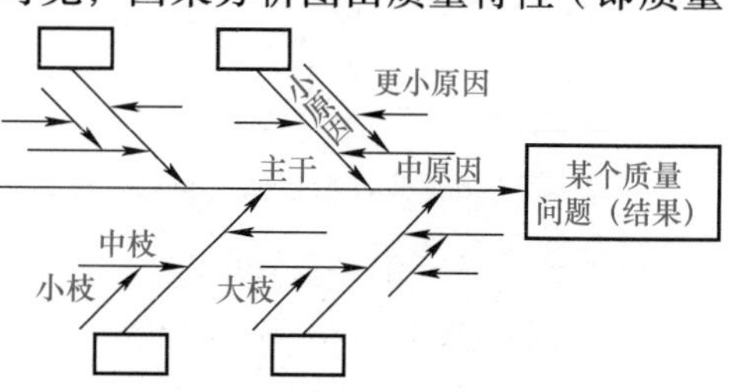

图 2-6　因果分析图的基本形式

因果分析图的绘制步骤与图中箭头方向恰恰相反，是从“结果”开始将原因逐层分解的，具体步骤如下：

1）明确质量问题（结果），该例分析的质量问题是“混凝土强度不足”，作图时首先由左至右画出一条水平主干线，箭头指向一个矩形框，框内注明研究的问题，即结果。

2）分析确定影响质量特性大的方面的原因。一般来说，影响质量因素有五大方面，即人、材料、机械、方法和环境。另外还可以按产品的生产过程进行分析。

3）将每种大原因进一步分解为中原因、小原因，直至分解的原因可以采取具体措施加以解决为止。

4）检查图中所列原因是否齐全，对初步分析结果广泛征求意见，并做必要的补充及修改。

5）选择出影响大的关键因素，做出标记，以便重点采取措施。

最终混凝土强度不足问题因果分析如图2-7所示。

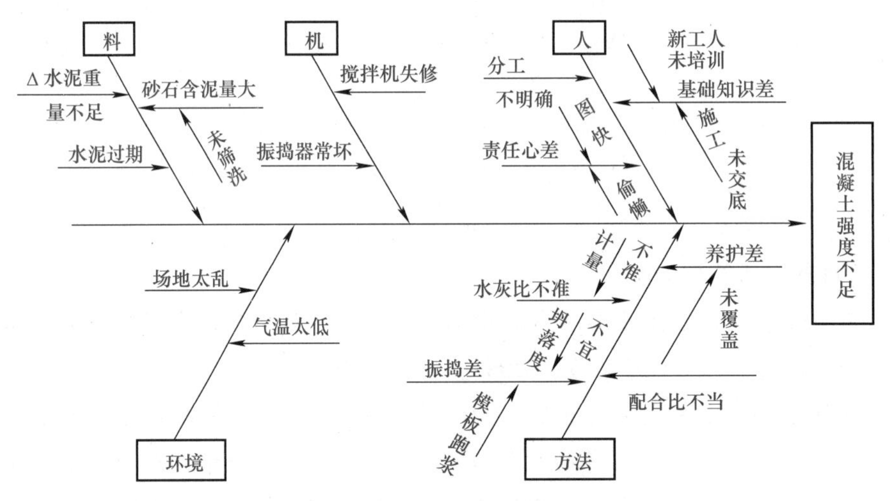

图2-7　混凝土强度不足问题因果分析

五、直方图法

直方图分析

直方图法即频数分布直方图法，它是将收集到的质量数据进行分组整理，绘制成频数直方图，用以描述质量分布状态的一种分析方法，所以又称为质量分布图法。

（1）直方图的绘制方法。结合实例加以说明。

应用案例2-2

案例概况

某建筑施工工地浇筑C30混凝土，为对其抗压强度进行质量分析，共收集了50份抗压强度试验报告单。

案例解析

1）收集整理数据（结果见表2-10）。

表 2-10　数据整理结果

序　号	抗压强度数据 /（N/mm^2）					最大值	最小值
1	31.8	31.7	31.1	31.5	32.7	32.7	31.1
2	32.2	28.7	31.0	29.5	31.6	32.2	28.7
3	31.4	34.1	31.6	33.5	34.0	34.1*	31.4
4	31.5	32.9	32.1	29.4	32.7	32.7	29.4
5	29.2	33.1	33.4	30.4	29.3	33.4	29.2
6	32.3	31.5	29.5	32.1	30.4	32.3	29.5
7	33.9	32.4	31.8	29.3	30.2	33.9	29.3
8	31.2	32.6	28.3	29.7	31.0	32.6	28.3*
9	30.4	32.3	33.4	30.2	31.0	33.4	30.2
10	31.4	32.0	29.9	30.4	29.5	32.0	29.5

2）计算极差 R。极差 R 是数据中最大值和最小值之差，本例中：X_{max}=34.1N/mm²；X_{min}=28.3N/mm²；$R = X_{max} - X_{min}$=（34.1 – 28.3）N/mm²=5.8N/mm²。

3）对数据分组。包括确定组数、组距和组限。

① 确定组数 k。确定组数的原则是分组的结果能正确地反映数据的分布规律。组数应根据数据多少来确定。组数过少，会掩盖数据的分布规律，组数过多，使数据过于零乱分散，也不能显示出质量分布状况。一般可参考表 2-11 的经验数值确定，本例中取 k=7。

表 2-11　数据分组参考值

数据总数 n	分组数 k	数据总数 n	分组数 k	数据总数 n	分组数 k
50 ～ 100	6 ～ 10	100 ～ 250	7 ～ 12	250 以上	10 ～ 20

② 确定组距 h，组距是组与组之间的间隔，即一个组的范围。各组距应相等，通常计算组距的公式为 $h=R/k$。本例中：$h=R/k$=5.8/7 N/mm²≈0.80N/mm²。

③ 确定组限。每组的最大值为上限，最小值为下限，上、下限统称组限。确定组限时应注意使各组之间连续，即较低组上限应为相邻较高组下限，这样才不致使有的数据被遗漏。

首先确定第一组下限：$X_{min} – h/2$=（28.3 – 0.80/2）N/mm²=27.9 N/mm²；第一组上限：27.9 N/mm²+h=28.7 N/mm²；

第二组下限 = 第一组上限 =28.7 N/mm²；第二组上限：28.7 N/mm²+h=29.5 N/mm²；

以下以此类推，确定每组的组限。

4）编制数据频数统计表。统计各组频数，频数总和应等于全部数据个数。本例频数统计结果见表 2-12。

表2-12　频数统计表

组　号	组限 / (N/mm²)	频　数	组　号	组限 / (N/mm²)	频　数
1	27.9 ～ 28.7	1	5	31.1 ～ 31.9	11
2	28.7 ～ 29.5	5	6	31.9 ～ 32.7	8
3	29.5 ～ 30.3	7	7	32.7 ～ 33.5	6
4	30.3 ～ 31.1	8	8	33.5 ～ 34.3	4

5）绘制频数分布直方图。在频数分布直方图中，横坐标表示质量特性值，本例中为混凝土强度，并标出各组的组限值。根据表2-12可以画出以组距为底，以频数为高的 k 个直方形，便得到混凝土强度的频数分布直方图，如图2-8所示。

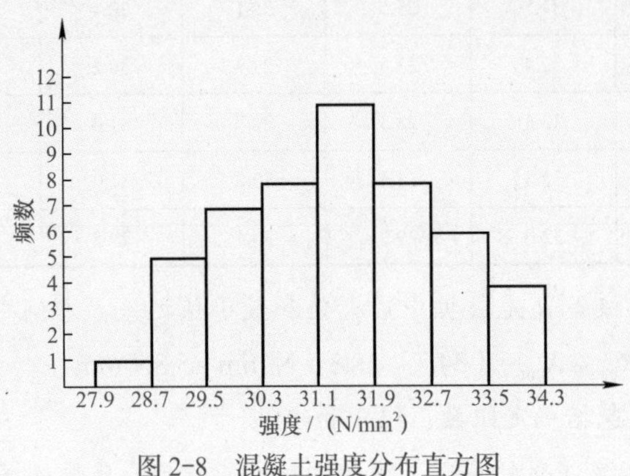

图2-8　混凝土强度分布直方图

（2）直方图的分析。

1）观察直方图的形状，判断质量分布状态。作完直方图后，首先要认真观察直方图的整体形状，看其是否属于正常型直方图。正常型直方图就是中间高，两侧低，左右接近对称的图形，如图2-9a所示。

出现非正常型直方图时，表明生产过程或收集数据作图有问题。这就要求进一步分析判断，找出原因，从而采取措施加以纠正。凡属非正常型直方图，其图形分布有各种不同缺陷，归纳起来一般有五种类型。

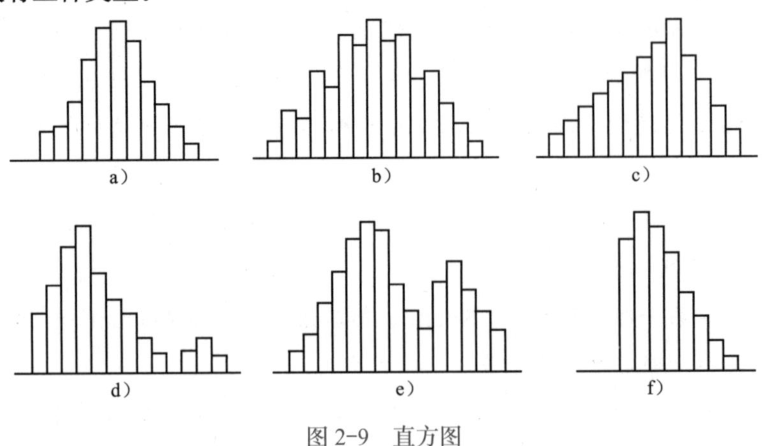

图2-9　直方图

a）正常型　b）折齿型　c）左 / 右缓坡型　d）孤岛型　e）双峰型　f）绝壁型

①折齿型（图 2-9b），是由于分组不当或者组距确定不当出现的直方图。

②左 / 右缓坡型（图 2-9c），主要是由于操作中对上限（或下限）控制太严造成的。

③孤岛型（图 2-9d），是原材料发生变化，或者临时他人顶班作业造成的。

④双峰型（图 2-9e），是由于用两种不同方法或两台设备或两组工人进行生产，然后把两方面数据混在一起整理产生的。

⑤绝壁型（图 2-9f），是由于数据收集不正常，可能有意识地去掉下限以下的数据，或是在检测过程中存在某种人为因素所造成的。

2）将直方图与质量标准比较，判断实际生产过程能力。作出直方图后，除了观察直方图形状，分析质量分布状态外，再将正常型直方图与质量标准比较，从而判断实际生产过程能力。正常型直方图与质量标准相比较，一般有如图 2-10 所示六种情况。图 2-10 中，T 表示质量标准要求界限，B 表示实际质量特性分布范围。

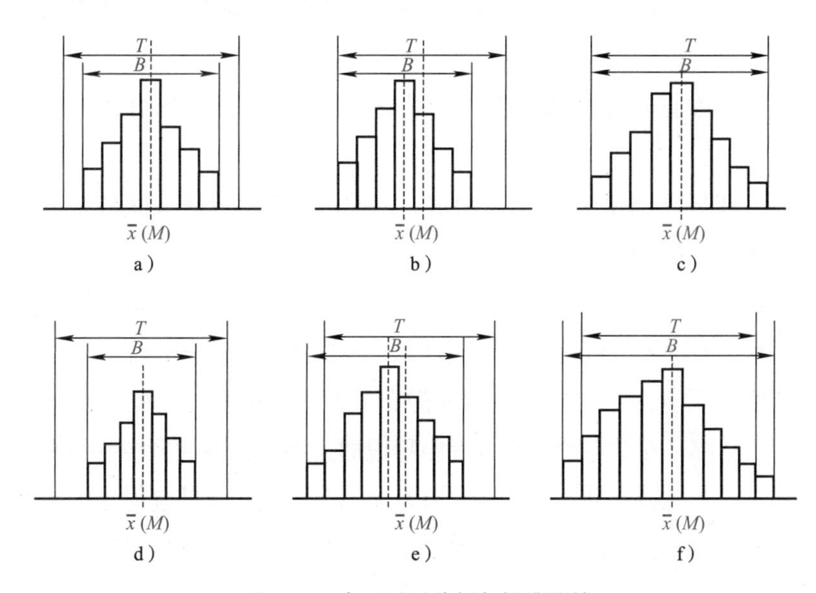

图 2-10　实际质量分析与标准比较

①图 2-10a，B 在 T 中间，质量分布中心$\bar{x}$与质量标准中心 M 重合，实际数据分布与质量标准相比较两边还有一定余地。这样的生产过程质量是很理想的，说明生产过程处于正常的稳定状态，在这种情况下生产出来的产品可认为全都是合格品。

②图 2-10b，B 虽然落在 T 内，但质量分布中心$\bar{x}$与 T 的中心 M 不重合，偏向一边。这样如果生产状态一旦发生变化，就可能超出质量标准下限而出现不合格品，出现这种情况时应迅速采取措施，使直方图移到中间来。

③图 2-10c，B 在 T 中间，且 B 的范围接近 T 的范围，没有余地，生产过程一旦发生小的变化，产品的质量特性值就可能超出质量标准。出现这种情况时，必须立即采取措施，以缩小质量分布范围。

④图2-10d，B在T中间，但两边余地太大，说明加工过于精细，不经济。在这种情况下，可以对原材料、设备、工艺、操作等控制要求适当放宽些，有目的地使B扩大，从而有利于降低成本。

⑤图2-10e，质量分布范围B已超出标准下限之外，说明已出现不合格品。此时必须采取措施进行调整，使质量分布位于标准之内。

⑥图2-10f，质量分布范围完全超出了质量标准上、下界限，散差太大，产生许多废品，说明过程能力不足，应提高过程能力，使质量分布范围B缩小。

六、控制图法

控制图又称为管理图。它是在直角坐标系内画有控制界限，描述生产过程中产品质量波动状态的图形。利用控制图区分质量波动原因，判明生产过程是否处于稳定状态的方法称为控制图法。

控制图是用样本数据来分析判断生产过程是否处于稳定状态的有效工具。它的用途主要有两个：

1）过程分析，即分析生产过程是否稳定。为此，应随机连续收集数据，绘制控制图，观察数据点分布情况并判断生产过程状态。

2）过程控制，即控制生产过程质量状态。为此，要定时抽样取得数据，将其变为点描在图上，发现并及时消除生产过程中的失调现象，预防不合格品的产生。

前述排列图法、直方图法是质量控制的静态分析法，反映的是质量在某一段时间里的静止状态。然而产品都是在动态的生产过程中形成的，因此，在质量控制中单用静态控制分析法显然是不够的，还必须有动态分析法。只有动态分析法，才能随时了解生产过程中质量的变化情况，及时采取措施，使生产处于稳定状态，起到预防出现废品的作用。控制图就是典型的动态分析法。

七、相关图法

相关图又称为散布图。在质量控制中它是用来显示两种质量数据之间关系的一种图形。质量数据之间的关系多属相关关系。一般有三种类型：一是质量特性和影响因素之间的关系；二是质量特性和质量特性之间的关系；三是影响因素和影响因素之间的关系。

我们可以用Y和X分别表示质量特性值和影响因素，通过绘制散布图，计算相关系数，分析研究两个变量之间是否存在相关关系，以及这种关系密切程度如何，进而对相关程度密切的两个变量，通过对其中一个变量的观察控制，去估计控制另一个变量的数值，以达到保证产品质量的目的。这种统计分析方法，称为相关图法。

任务五　建筑工程项目质量改进和质量事故的处理

一、建筑工程项目的质量改进

1．质量改进的意义及要求

质量的持续改进是七项质量管理原则之一，是每一个企业永恒的追求、永恒的目标、永恒的活动，在企业的质量管理活动中占有非常重要的位置。因此建筑工程项目质量的持续改进应做好以下工作。

1）项目经理部应定期对项目质量情况进行检查、分析，向组织提出质量报告，提出目前质量状况、发包人及其他相关方满意程度、产品要求的符合性以及项目经理部的质量改进措施。

2）组织应对项目经理部进行检查、考核，定期进行内部审核，并将审核结果作为管理评审的输入，促进项目经理部的质量改进。

3）组织应了解发包人及其他相关方对质量的意见，对质量管理体系进行审核，确定改进目标，提出相应措施并检查落实。

2．建筑工程项目质量改进方法

1）质量改进应坚持全面质量管理的 PDCA 循环方法。随着质量管理循环的不停进行，原有的问题解决了，新的问题又产生了，问题不断产生而又不断被解决，如此循环不止，每一次循环都把质量管理活动推向一个新的高度。

2）坚持“三全”管理模式，即全过程管理、全员管理和全企业管理。

3）质量改进要运用先进的管理办法、专业技术和数理统计方法。

二、建筑工程项目质量事故分析和处理

质量事故分类

1．建筑工程项目质量事故分类

建筑工程项目质量事故有多种分类方法，见表 2-13。

表 2-13　建筑工程项目质量事故的分类

序　号	分类方法	事故类别	内容及说明
1	按事故的性质及严重程度	一般事故	通常是指经济损失在 0.5 万～10 万元额度内的质量事故
		重大事故	凡是有下列情况之一者，可列为重大事故： 1）建筑物、构筑物或其他主要结构倒塌 2）超过规范规定或设计要求的基础严重不均匀沉降，建筑物倾斜，结构开裂或主体结构强度严重不足，影响建筑物的寿命，造成不可补救的永久性质量缺陷或事故 3）影响建筑设备及其相应系统的使用功能，造成永久性质量缺陷 4）经济损失在 10 万元以上

（续）

序　号	分类方法	事故类别	内容及说明
2	按质量事故产生的原因	技术原因引发的质量事故	指在工程项目实施中由于设计、施工技术上的失误而造成的质量事故，主要包括： 1）结构设计计算错误 2）地质情况估计错误 3）盲目采用技术上未成熟、实际应用中未得到充分的实践检验证实其可靠程度的新技术 4）采用了不适宜的施工方法或工艺
		管理原因引发的质量事故	主要是指由于管理上的不完善或失误而引发的质量事故。主要包括： 1）施工单位或监理单位的质量体系不完善 2）检验制度的不严密，质量控制不严格 3）质量管理措施落实不力 4）检测仪器设备管理不善而失准 5）进料检验不严格
		社会、经济原因引发的质量事故	主要指由于社会、经济因素及社会上存在的弊端和不正之风引起建设中的错误行为，而导致出现的质量事故

2．建筑工程项目质量问题产生原因

建筑工程项目由于施工过程中影响因素很多，因此出现的质量问题也多种多样，但归纳其原因通常表现为以下几个方面，见表2-14。

表2-14　建筑工程项质量问题产生原因

序　号	事故原因	内容及说明
1	违背建设程序	1）未经可行性论证，不作调查分析就拍板定案 2）未搞清工程地质、水文地质条件就仓促开工 3）无证设计、无证施工，任意修改设计，不按图样施工 4）工程竣工不进行试车运转，未经验收就交付使用
2	工程地质勘察原因	1）未认真进行地质勘察，就提供地质资料，数据有误 2）钻孔间距太大或钻孔深度不够，致使地质勘察报告不详细、不准确
3	未加固处理好地基	对不均匀地基未进行加固处理或处理不当，导致重大质量问题
4	计算问题	设计考虑不周，结构构造不合理、计算简图不正确、计算荷载取值过小、内力分布有误等
5	建筑材料及制品不合格	导致混凝土结构强度不足，裂缝，渗漏，蜂窝、露筋，甚至断裂、垮塌
6	施工和管理问题	1）不熟悉图样，未经图样会审，盲目施工 2）不按图施工，不按有关操作规程施工，不按有关施工验收规范验收 3）缺乏基本结构知识，施工蛮干 4）施工管理混乱，施工方案考虑不周，施工顺序错误，未进行施工技术交底，违章作业等
7	自然条件影响	温度、湿度、日照、雷电、大雨、暴风等都可能造成重大的质量事故
8	建筑结构使用问题	1）建筑物使用不当，使用荷载超过原设计的容许荷载 2）任意开槽、打洞，削弱承重结构的截面等

3．建筑工程项目质量问题处理

（1）处理程序。工程质量问题和质量事故的处理是施工质量控制的重要环节。工程质量问题和质量事故处理的一般程序如图2-11和图2-12所示。

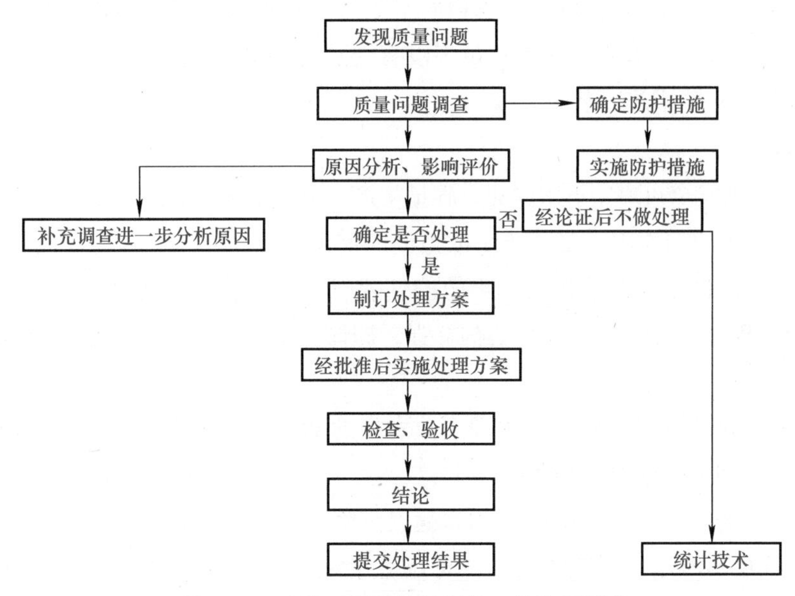

图 2-11　建筑工程质量问题的一般处理程序

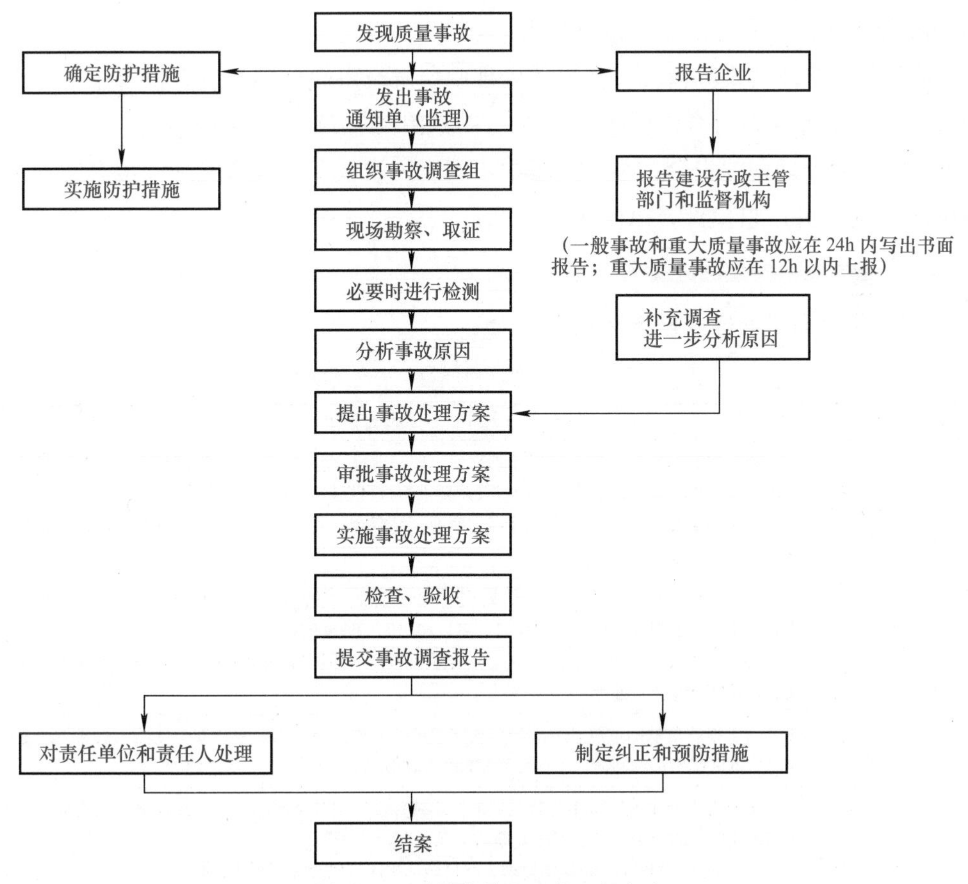

图 2-12　质量事故处理的一般程序

（2）处理原则。建筑工程质量问题和质量事故的处理应遵循“四不放过”的原则，事故原因没有查清不放过；事故责任者和员工没有受到教育不放过；事故责任者没有受到处理不放过；没有制订防范措施不放过。

（3）处理要求。

1）处理应达到安全可靠，不留隐患，满足生产、使用要求，施工方便，经济合理的目的。

2）重视消除事故的原因，是防止事故重演的重要措施。

3）注意综合治理。既要防止原有事故的处理引发新的事故；又要注意处理方法的综合应用，如结构承载力不足时，可采用结构补强、卸荷、增设支撑、改变结构方案等方法的综合应用。

4）正确确定处理范围。除直接处理事故发生的部位外，还应检查事故对相邻区域及整个结构的影响，以正确确定处理范围。

5）正确选择处理时间和方法。例如裂缝、沉降、变形质量问题发现后，在其尚未稳定就匆忙处理，往往不能达到预期的效果。而处理方法的选择，应根据质量问题的特点，综合考虑安全可靠、技术可行、经济合理、施工方便等因素，经分析比较，择优选定。

6）加强事故处理的检查验收工作。从事故处理的施工准备到竣工，均应根据有关规范的规定和设计要求的质量标准进行检查验收。

7）认真复查事故的实际情况。在事故处理中若发现事故情况与调查报告中所述内容差异较大时，应停止施工，待查清问题的实质，采取相应的措施后再继续施工。

8）确保事故处理期的安全。事故现场中不安全因素较多，应事先采取可靠的安全技术措施和防护措施，并严格检查、执行。

4．建筑工程项目质量问题处理方法

建筑工程项目质量问题处理方法见表2-15。

表2-15　建筑工程项目质量问题处理方法

序　号	类　别	内容及要求
1	返修处理	当工程的某些部分的质量未达到规范、标准或设计要求，存在一定的缺陷，但经过修补后可以达到标准要求又不影响使用功能或外观要求的，可以做修补处理 如某些混凝土结构表面出现蜂窝、麻面，经调查、分析，该部位经修补处理后，不影响其使用及外观要求等
2	返工处理	当工程质量未达到规定的标准或要求，有明显的质量问题，对结构的使用和安全有重大影响，而又无法通过修补办法给予纠正时，可以作出返工处理的决定 如某些工程预应力按混凝土规定张力系数为1.3，但实际仅为0.9。属于严重的质量缺陷，也无法修补，只能返工处理
3	限制使用	当工程质量缺陷按修补方式处理无法保证达到规定的使用要求和安全性能，而又无法返工处理时，可以作出结构卸荷、减荷以及限制使用的决定
4	不作处理	某些工程质量缺陷虽不符合规定的要求或标准，但其情况不严重，经过分析、论证后，可以作出不作处理的决定。可以不作处理的情况有： 1）不影响结构安全和使用要求，经过后续工序可以弥补的质量缺陷 2）经复核验算，仍能满足设计要求的质量缺陷

情境小结

本情境依据建设工程项目管理规范（GB/T50326—2017），结合现行建筑工程项目质量管理实践，阐述了建筑工程项目质量管理的基本概念，质量管理的原则，质量管理体系的建立和运行要求，建筑工程项目的质量策划、质量计划的编制要求，建筑工程项目的质量控制、质量改进的方法及意义，质量控制的统计技术方法和质量事故的处理等与质量管理密切相关的知识。

作为施工企业的质量管理人员，应该了解ISO9000质量体系的基本要求，学会运用标准，并以质量管理的八项原则为指导思想开展日常的质量策划、质量控制、质量改进工作，最终实现项目目标和企业的质量方针，为进一步推进新型工业化，加快建设质量强国做出应有贡献。

学生在学习过程中，应注意理论联系实际；通过解析案例，到施工企业了解质量管理体系的运行过程等方式，掌握质量管理的理论知识和实践技能。

习　题

一、单项选择题

1. 质量方针是指由组织的（　　）正式发布的、该组织总的质量宗旨和方向。

A. 项目经理　　B. 最高管理者　　C. 项目工程师　　D. 总经理

2. 质量控制是指“为达到（　　）所采取的作业技术和活动”。

A. 质量方针　　B. 质量目标　　C. 质量要求　　D. 体系有效运行

3. 建筑工程项目的质量控制包括业主方的质量控制、政府的质量控制和（　　）的质量控制。

A. 社会监理　　B. 承建商　　C. 主管部门　　D. 其他相关方

4. （　　）是进行建筑工程项目质量控制的基础。

A. 设计文件　　B. 合同文件　　C. 质量体系文件　　D. 施工组织设计

5. 下列方法属于质量控制的动态分析方法的是（　　）。

A. 控制图法　　B. 排列图法　　C. 相关图法　　D. 因果分析图法

6. 质量控制的对象是（　　），控制的结果应能使被控制对象达到规定的质量要求。

A. 在建工程　　B. 过程　　C. 作业人员　　D. 作业环境

7. 下列PDCA循环工作方法的步骤正确的是（　　）。

A. 实施→计划→检查→处理　　B. 计划→实施→处理→检查

C. 计划→实施→检查→处理　　D. 检查→计划→实施→处理

8. （　　）应成为每一个企业永恒的追求、永恒的目标。

A. 质量管理　B. 质量改进　C. 质量控制　D. 质量保证

9. 将收集到的质量数据进行分组整理，用以描述质量分布状态的分析方法是（　　）。

A. 排列图法　B. 直方图法　C. 控制图法　D. 因果分析图法

10. 在施工过程质量控制中，工程质量预控是指（　　）。

A. 在工程施工前，预先检查轴线、标高、预埋件、预留孔的位置，以防止出现偏差

B. 在工程施工前，项目工程师制订工序控制流程，以防止工程质量失去控制

C. 针对所设置的质量控制点，事先分析在施工中可能发生的隐患，提出相应对策

D. 在工程施工前，对影响质量的五大因素的控制

11. 为了对工序质量进行控制，要设置必要的工序控制点，对所设置的控制点，事先要分析可能造成的（　　），并针对它找出对策，采取措施加以预控。

A. 质量隐患及原因　B. 各种可能的质量事故

C. 各种可能的安全事故　D. 质量隐患、各种可能的质量事故

12. 建筑材料的（　　）是指，通过对所提供的材料质量保证资料、试验报告等进行审核，取得认可的检验方法。

A. 书面检验　B. 理化检验　C. 无损检验　D. 外观检验

13. 工序质量控制就是对（　　）的控制。

A. 施工工艺和操作规程　B. 活动条件和效果

C. 施工人员行为　D. 质量控制点

14. 施工过程质量控制应以（　　）的控制为核心。

A. 质量控制点　B. 施工预检

C. 工序质量　D. 隐蔽工程和中间验收

15. 工程项目的施工过程是由一系列相互关联、相互制约的工序所构成，（　　）是基础，直接影响工程项目的整体质量。

A. 工序操作检查　B. 工序质量预控

C. 工序质量　D. 隐蔽工程作业检查

16. 质量控制点应抓住影响（　　）施工质量的主要因素设置。

A. 单位工程　B. 工序　C. 分项工程　D. 分部工程

17. （　　）的大小反映了工程质量的稳定性。

A. 平均值　B. 中位数　C. 极值　D. 标准偏差

18. 质量控制中采用因果分析图的目的在于（　　）。

A. 动态地分析工程中的质量问题　B. 找出工程中存在的主要问题

C. 全面分析工程中的质量问题　D. 找出影响工程质量问题的因素

19. ABC 分类管理法中以（　　）作为标准划分的。

A. 频数　　B. 频率

C. 累计频率　　D. 总频数

20. 在排列图中，横坐标表示的内容是（　　）。

A. 不合格产品的频数

B. 不合格产品的累计频数

C. 影响产品质量的各因素或发生的质量问题

D. 产品质量特性值

二、多项选择题

1. 质量管理的职能包括（　　）。

A. 确定质量方针和目标　　B. 建立质量体系并使之有效运行

C. 确定岗位职责和权限　　D. 弹性原理

E. 规律效应性原理

2. 质量管理的基本原则包括（　　）。

A. 全面质量管理　　B. 过程方法

C. 以顾客为关注焦点　　D. 最高管理者的作用

E. 持续改进

3. 质量方针体现了（　　）。

A. 顾客的期望　　B. 企业成员的质量意识

C. 市场的需要　　D. 对顾客作出的承诺

E. 质量体系的要求

4. （　　）是工程项目的质量特点。

A. 影响质量的因素多　　B. 容易产生质量波动

C. 检查质量时不能解体拆卸　　D. 控制的关键是偶然性因素

E. 容易产生第一判断错误

5. 坚持“三全”管理模式，即（　　）。

A. 全过程　　B. 全阶段　　C. 全部门

D. 全员　　E. 全企业

6. （　　）是评价项目施工质量的依据。

A. 质量检验评定标准　　B. 合同文件

C. 设计文件　　D. 质量数据

E. 工程验收资料

7. 以下工作属于建筑工程质量控制事前控制阶段的是（　　）。
   A. 建立工程项目质量保证体系
   B. 领取图样和技术资料
   C. 项目技术负责人主持对施工图的审核
   D. 对供方（分包商和供应商）进行选择和评价，并保存评价记录
   E. 对工程的全体参与人员进行质量意识和能力的培训

8. 控制图法的“过程控制”作用应该（　　）收集数据。
   A. 随机　　B. 定时　　C. 连续
   D. 抽样　　E. 没有规定

9. 工程质量事故处理必须具备的资料包括（　　）。
   A. 事故发生的情况　　B. 与事故有关的施工图
   C. 与施工有关的资料　　D. 事故调查分析报告
   E. 设计、施工、使用单位对事故的意见和要求

10. 工程质量事故调查分析报告的主要内容包括（　　）。
   A. 与事故有关的施工图　　B. 事故情况
   C. 事故原因　　D. 事故评估
   E. 事故性质

三、思考题

1. 如何理解“过程方法”？
2. PDCA 循环工作方法的含义是什么?
3. 质量管理的原则有哪些？如何理解它们的含义?
4. 质量管理体系有效运行的要求有哪些?
5. 什么叫质量计划？它和施工组织设计有哪些区别和联系?
6. 施工准备阶段质量控制的工作内容有哪些?
7. 施工过程中质量控制的工作内容有哪些?
8. 竣工验收时质量控制的工作内容有哪些?
9. 材料质量控制应从哪些环节入手，每个环节的主要内容是什么?
10. 工序质量控制点的设置原则是什么?

四、实训题

实训题（一）

目的：掌握质量控制的统计分析方法。

资料：某工地出现钢筋混凝土工程不合格点增多的现象，经调查统计，结果见表 2-16。

要求：①根据上述资料用排列图法，确定影响质量的主要因素；②针对结果反映的一个最主要因素，用因果分析图法，分析产生质量问题的最终原因。

表 2-16　钢筋混凝土不合格点分布

批　次	混凝土强度	几何尺寸	表面平整	预埋件位移	露　筋	表面缺陷
1	10	2	1			
2	8			2	1	
3	6	6	2			1
4	15	5	4	3	2	
5	20	10	6	2	2	1
6	5			1	1	
7	6	4	3		1	
8	3			1		1
9	7	3	4	1		
合　计	80	30	20	10	7	3

实训题（二）

目的：掌握质量控制统计技术中使用直方图法找出主要、次要、一般质量问题的方法。

资料：某工程质量检查员对施工现场制作的一批大模板拼板进行了边长尺寸检查，实测尺寸误差见表 2-17。

试求解下列问题：

1. 确定大模板拼板误差分布范围（B），计算极差（R）、平均值（μ）和标准偏差（σ），若误差允许范围为 $T=\mu\pm3\sigma$，试分析实测边长尺寸误差是否均在允许范围内。

2. 以 1mm 为组距，试确定组数和各组上下限，统计各组频数，绘制拼板边长尺寸误差分布直方图。

3. 判断现场制作大模板拼板工序质量是否稳定正常。

表 2-17　大模板拼板实测边长尺寸误差汇总表

序　号	模板型号	各次实测的边长误差 /mm							
		1	2	3	4	5	6	7	8
1	B_1	−2	−3	−3	−4	−3	0	+3	−2
2	B_2	−2	−2	−3	−1	+1	−2	−2	−1
3	B_3	−2	−1	0	−1	−3	−2	+2	−4
4	B_4	0	+1	+2	0	−1	−5	+1	−3
5	B_5	−2	−3	−1	−4	−2	0	−1	−2
6	B_6	−6	−1	−3	−1	0	−1	−2	+3
7	B_7	−2	−1	0	0	−3	−1	−3	−1
8	B_8	−3	−1	−3	−4	−1	0	−2	−4
9	B_9	−2	0	+4	−3	−2	−1	0	−2
10	B_{10}	+1	−3	0	−2	−2	−5	−3	−3

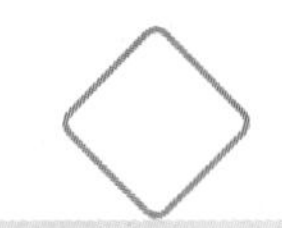

建筑工程项目进度管理

学习目标

1. 了解：计算机辅助建筑工程项目进度控制的意义。

2. 熟悉：建筑工程进度管理方法及单代号搭接网络计划。

3. 掌握：建筑工程项目进度管理的目标、内容、基本原理、进度计划的类型，流水作业进度计划及基本组织形式、工程网络计划的编制方法、各网络计划的时间参数计算，进度计划的调整方法和进度控制措施。

引例

背景资料：

某市粮食局拟建3个结构形式及规模大小完全相同的粮库，粮库的施工过程主要包括：挖基槽、浇筑混凝土基础、墙板与屋面板吊装、防水4个过程。根据施工工艺要求，浇筑混凝土基础1周后才能进行墙板与屋面板吊装，各施工过程的流水节拍长度见下表：

施工过程	挖基槽	浇筑基础	装墙板及屋面	防水
流水节拍/周	2	4	6	2

问题：

1. 如果按4个专业工作队来组织流水施工，并考虑浇筑基础与吊装墙板之间应有1周的等待时间，应如何组织？绘出其流水施工进度计划图。

2. 如果适当增加某些专业工作队数，并考虑在浇筑混凝土基础与吊装墙板之间应有1周的等待时间，应如何组织其流水施工？绘出流水施工进度计划图。

3. 利用已经完成的问题1和问题2的结果，绘制工程网络计划。

4. 对该项目绘制双代号网络图，如果在施工过程中没有按照此计划进行，将如何进行调整？有哪些方法？

任务一　建筑工程项目进度计划编制

一、建筑工程项目进度管理概述

1. 建筑工程项目进度管理的概念

建筑工程项目进度管理是根据建筑工程项目的进度总目标，编制经济合理的进度计划，并据以检查建筑工程项目进度计划的执行情况，若发现实际执行情况与计划进度不一致，应及时分析原因，并采取必要的措施对原工程进度计划进行调整或修正的过程。建筑工程项目进度管理的目的是实现最优工期，多、快、好、省地完成任务。建筑工程项目进度管理是一个动态、循环、复杂的过程，也是一项效益显著的工作。

2. 建筑工程项目进度管理的目标

建筑工程项目进度管理目标的制订应在项目分解的基础上进行。其包括项目进度总目标和分阶段目标，也可根据需要确定年、季、月、旬（周）目标，里程碑事件目标等。里程碑事件目标是指关键工作的开始时刻或完成时刻。

在确定建筑工程进度管理目标时，必须全面细致地分析与建筑工程进度有关的各种有利因素和不利因素，只有这样才能制订出一个科学、合理的进度管理目标。确定建筑工程进度管理目标的主要依据有：建设工程总进度目标对施工工期的要求，工期定额、类似工程项目的实际进度，工程难易程度和工程条件的落实情况等。

在确定建筑工程进度分解目标时，还要考虑以下几个方面：

1）对于大型建筑工程项目，应根据尽早提供可动用单元的原则，集中力量分期分批建设，以便尽早投入使用，尽快发挥投资效益。这时，为保证每一动用单元能形成完整的生产能力，就要考虑这些动用单元交付使用时所必需的全部配套项目。因此，要处理好前期动用和后期建设的关系、每期工程中主体工程与辅助及附属工程之间的关系等。

2）结合本工程的特点，参考同类建筑工程的经验来确定施工进度目标，避免只按主观愿望盲目确定进度目标，从而在实施过程中造成进度失控。

3）合理安排土建与设备的综合施工。按照它们各自的特点，合理安排土建施工与设备基础、设备安装的先后顺序及搭接、交叉或平行作业，明确设备工程对土建工程的要求和土建工程为设备工程提供施工条件的内容及时间。

4）做好资金供应能力、施工力量配备、物资（材料、构配件、设备）供应能力与施工进度的平衡工作，确保工程进度目标的要求，从而避免其落空。

5）考虑外部协作条件的配合情况。包括施工过程中及项目竣工动用所需的水、电、气、通信、道路及其他社会服务项目的满足程度和满足时间。它们必须与有关项目的进度目标相协调。

6）考虑工程项目所在地区地形、地质、水文、气象等方面的限制条件。

进度管理的原理

3. 建筑工程项目进度管理的基本原理

建筑工程项目进度控制是以现代科学管理原理作为其理论基础的，主要有系统原理、动态控制原理、信息反馈原理、弹性原理和封闭循环原理等。

（1）系统原理。系统原理是指用系统的观点来剖析和管理施工项目进度控制活动。进行建筑工程项目进度控制应建立建筑工程项目进度计划系统、建筑工程项目进度组织系统。

1）建筑工程项目进度计划系统。建筑工程项目进度计划系统是工程项目进度实施和控制的依据，包括施工项目总进度计划、单位工程进度计划、分部分项工程进度计划、材料计划、劳动力计划、季度和月（旬）作业计划等。这些计划形成了一个进度控制目标体系。该体系是按工程系统构成、施工阶段和部位逐层分解，编制对象从大到小，范围由总体到局部，层次由高到低，内容由粗到细的完整的计划系统。计划的执行则是由下而上，从月（旬）作业计划、分项分部工程进度计划开始，逐级实现进度目标，最终完成工程项目总进度计划。

2）建筑工程项目进度组织系统。建筑工程项目进度组织系统是实现工程项目进度计划的组织保证。对于施工项目而言，施工项目的各级负责人（项目经理、各子项目负责人、计划人员、调度人员、作业队长、班组长及其他有关人员）组成了施工项目进度组织系统。这个组织系统既要严格执行进度计划要求、落实和完成各自的职责和任务，又要随时检查、分析计划的执行情况，在发现实际进度与计划进度发生偏离时，应及时采取有效措施进行调整、解决。也就是说，建筑工程项目进度组织系统既是施工项目进度的实施系统，又是施工项目进度的控制系统，既要承担计划实施赋予的生产管理和施工任务，又要对进度控制负责，这样才能保证总进度目标实现。

（2）动态控制原理。进度目标的实现是一个随着项目的进展以及相关因素的变化不断进行调整的动态控制过程。建筑工程项目按计划实施，但面对不断变化的客观实际，建筑工程活动的轨迹往往会产生偏差。当实际进度与计划进度偏离时，控制系统就要做出应有的反应：分析偏差产生的原因，采取相应的措施，调整原来的计划，使建筑工程活动在新的起点上按调整后的计划继续运行；当新的干扰因素影响工程项目进度时，新一轮调整、纠偏又开始了。进度控制活动就这样循环往复进行，直至预期计划目标实现。

（3）信息反馈原理。反馈是控制系统把信息输送出去，又把其作用结果返送回来，并对信息的再输出施加影响，起到控制作用，以达到预期目的。

建筑工程项目进度控制的过程实质上就是对建筑工程项目活动和进度的信息不断搜集、加工、汇总、反馈的过程。工程项目信息管理中心要对搜集的工程项目进度和相关影响因素的资料进行加工分析，由领导作出决策后，向下发出指令，指导实施或对原计划做出新的调整、部署；基层作业组织根据计划和指令安排施工活动，并将实际进度和遇到的问题随时上报。每天都有大量的内外部信息流进流出。因而，必须建立健全一个项目进度控制的信息网络，使信息准确、及时、畅通，反馈灵敏，并能正确运用信息对施工活动有效控制。这样才能确保建筑工程项目的顺利实施和如期完成。

（4）弹性原理。建筑工程项目进度控制中应用弹性原理，首先表现在编制进度计划时，要考虑影响进度的各类因素出现的可能性及其影响程度，进度计划必须保持充分弹性，要有预见性；其次是在进度控制中具有应变性，当遇到干扰工期拖延时，能够利用进度计划的弹性，缩短有关工作的时间，改变工作之间的逻辑关系，增减工程内容，增减工程量，改进施工工艺或施工方案等有效措施，对进度计划作出相应调整，缩短剩余计划工期，达到预期的计划目标。

（5）封闭循环原理。建筑工程项目进度控制是从编制进度计划开始的，由于影响因素的复杂和不确定性，在计划实施的全过程中，需要连续跟踪检查，不断地将实际进度与计划进度进行比较，如果运行正常可继续执行原计划；如果发生偏差，应在分析其产生的原因后，采取相应的解决措施，对原计划调整、修订，然后再进入一个新的计划执行过程。这个由计划、实施、检查、比较、分析、纠偏等环节组成的过程就形成了一个封闭循环回路，而工程项目进度控制的全过程就是在许多这样的封闭循环中得到有效地调整、修正与纠偏，最终实现总目标。

4. 建筑工程项目进度管理的目的和任务

建筑工程项目进度管理的目的是通过控制以实现工程的进度目标。通过进度计划控制，可以有效地保证进度计划的落实与执行，减少各单位和部门之间的相互干扰，确保建筑工程项目的工期目标以及质量、成本目标的实现。

建筑工程项目进度管理是项目施工的重点控制内容之一，它是保证施工项目按期完成，合理安排资源供应，节约工程成本的重要措施。建筑工程项目不同的参与方都有各自的进度控制的任务，但都应该围绕着投资者早日发挥投资效益的总目标去展开。工程项目不同参与方的进度管理任务见表 3-1。

表 3-1　工程项目参与方的进度管理任务

参与方名称	任　务	进度涉及时段
业主方	控制整个项目实施阶段的进度	设计准备阶段、设计阶段、施工阶段、物资采购阶段、动用前准备阶段
设计方	根据设计任务委托合同控制设计进度，并能满足施工、招投标、物资采购进度协调	设计阶段
施工方	根据施工任务委托合同控制施工进度	施工阶段
供货方	根据供货合同控制供货进度	物资采购阶段

5. 建筑工程项目进度管理的内容

建筑工程项目进度管理的内容见表 3-2。

表 3-2　进度管理的内容

序　号	项　目	说　明
1	项目进度计划	工程项目进度计划包括项目的前期、设计、施工和使用前的准备等几个阶段的内容，项目进度计划的主要内容就是要制订各级项目进度计划，包括进行总控制的项目总进度计划、进行中间控制的项目分阶段进度计划和进行详细控制的各子项进度计划，并对这些进度计划进行优化，以达到对这些项目进度计划的有效控制
2	项目进度实施	工程项目进度实施就是在资金、技术、合同、管理信息等方面进度保证措施落实的前提下，项目进度按照计划实施。由于施工过程中存在各种干扰因素，将使项目进度的实施结果偏离进度计划。项目进度实施的任务就是预测这些干扰因素，对其风险程度进行分析，并且采取预控措施，以保证实际进度与计划进度的吻合
3	项目进度监测	工程项目进度监测的目的就是要了解和掌握建筑工程项目进度计划在实施过程中的变化趋势和偏差程度。其主要内容有跟踪检查、数据采集和偏差分析
4	项目进度调整	工程项目的进度调整是整个项目进度控制中最困难、最关键的内容。其包括以下几方面的内容： 1）偏差分析：分析影响进度的各种因素和产生偏差的前因后果 2）动态调整：寻求进度调整的约束条件和可行方案 3）优化控制：调整的目标是使进度、费用变化最小，能达到或接近进度计划的优化控制目标

进度管理的方法和措施

6. 建筑工程项目进度管理方法和措施

建筑工程项目进度管理方法主要是规划、控制和协调。规划是指确定建筑工程项目总进度和分进度控制目标，并编制其进度计划。控制是指在建筑工程项目实施的全过程中，比较实际进度与计划进度，出现偏差及时采取措施调整。协调是指协调与建筑工程项目进度有关的单位、部门和工作队组之间的进度关系。

建筑工程项目进度控制的措施主要有组织措施、技术措施、合同措施、经济措施，见表3-3。

表 3-3　建筑工程项目进度控制措施

措施种类	措施内容
组织措施	建立建筑工程项目进度实施和控制的组织系统 订立进度控制工作制度：检查时间、方法，召开协调会议时间、参加人员等 落实各层次进度控制人员、具体任务和工作职责 确定建筑工程项目进度目标，建立进度控制的目标体系
技术措施	尽可能采用先进工程技术方法和新材料、新工艺、新技术，保证进度目标实现 落实施工方案，在发生问题时，适时调整工作之间的逻辑关系，加快工程进度
合同措施	以合同形式保证工期进度的实现，即： 保持总进度目标与合同总工期相一致 分包合同工期与总包合同工期相一致 供货、构件加工等合同规定的提供服务的时间与有关进度控制目标相一致
经济措施	落实实现进度目标的资金 签订并实施关于工期和进度的经济承包责任制 建立并实施关于工期和进度的奖惩制度

7. 建筑工程项目进度管理的程序

建筑工程项目经理部应按下列程序进行进度管理：

1）制订进度计划。

2）进行进度计划交底，落实责任。

3）实施进度计划，在实施中进行跟踪检查，对存在的问题分析原因并纠正偏差，必要时对进度计划进行调整。

4）编制进度报告，报送管理部门。

这个程序就是我们通常所说的 PDCA 管理循环过程。因此，建筑工程项目进度管理的程序，与所有管理的程序基本上都是一样的。通过 PDCA 循环，可不断提高进度管理水平，确保最终目标实现。

二、建筑工程项目进度计划

1. 建筑工程项目进度计划的编制依据

建筑工程项目进度计划的编制依据有：合同文件、项目管理规划文件、资源条件、内部与外部约束条件。合同文件的作用是提出计划总目标，以满足顾客的需求。项目管理规划文件是项目管理组织根据合同文件的要求，结合组织自身条件所作的安排，其目标计划便成为项目进度计划的编制依据。资源条件和内部与外部约束条件都是进度计划的约束条件，影响计划目标和指标的决策和执行效果。以上是编制进度计划的基本依据，具体到每个项目组织，编制进度计划还需要具有特殊的依据。施工单位编制进度计划还需要依据工期定额和市场情况等。

2. 建筑工程项目进度计划的类型

（1）按功能分类。项目进度计划按功能进行分类，包括控制性进度计划和实施性进度计划。

1）控制性进度计划包括整个项目的总进度计划、分阶段进度计划、子项目进度计划或单体工程进度计划、年（季）度计划。上述各项计划依次细化已被上层计划所控制。其作用是对进度目标进行论证、分解，确定里程碑事件进度目标，作为编制实施性进度计划和其他各种计划以及动态控制的依据。

2）实施性进度计划包括分部分项工程进度计划、月作业计划和旬作业计划。实施性进度计划是项目作业的依据，确定具体的作业安排和相应对象或时段的资源需求。项目经理部应编制项目作业计划，是因为，项目经理部必须按计划实施作业，完成每一道工序和每一项分项工程。

（2）按对象分类。项目进度计划按对象分类，包括建设项目进度计划、单项工程进度计划、单位工程进度计划、分部分项工程进度计划等。

3．建筑工程项目进度计划的内容

各类进度计划应包括下列内容：编制说明、进度计划表、资源需要量供应平衡表。其中，进度计划表是最主要的内容，包括分解的计划子项名称（如作业计划的分项工程或工序），进度目标或进度图等。资源需要量及供应平衡表是实现进度表的进度安排所需要的资源保证计划。编制说明主要包括进度计划关键目标的说明，实施中的关键点和难点，保证条件的重点，要采取的主要措施等。

4．编制建筑工程项目进度计划的步骤

编制进度计划的 9 个步骤：确定进度计划的目标、性质和使用者，进行工作分解，收集编制依据，确定工作的起止时间和里程碑，处理各工作之间的衔接关系，编制进度表，编制进度说明书，编制资源需要量及供应平衡表，报有关部门批准。

该程序的作用是确保进度计划的质量。程序中，前者是后者的目标或依据，后者是前者工作的继续或深化、落实，环环相扣，不可颠倒或遗漏。其中，第二步“工作结构分解”是至关重要的，它的作用是界定进度计划的范围，所使用的方法是 WBS。

进度计划表达方式——横道图

进度计划表达方式——网络图

5．编制建筑工程项目进度计划的方法

编制进度计划可使用文字说明、里程碑表、工作量表、横道计划、网络计划、曲线图计划等方法。作业计划必须采用网络计划方法或横道计划方法。

1）里程碑表也可称为里程碑计划，是表示关键工作开始时刻或完成时刻的计划。

2）曲线图计划，横坐标表示进度，可以是日历天、工作天、周、旬、月、季，或者总时间的百分比。其中的纵坐标是完成的数量，可以是工程量、劳动量或总量的百分比。该图中的曲线是一种累计曲线，可以动态地表示进度状况，各项目组织均可使用，形象直观。还可借助于它进行实际进度记录，计算进度偏差。

三、流水作业进度计划

（一）流水作业概述

1．流水作业的特点

流水作业是行之有效的、在工程施工中广泛使用的科学组织作业计划方法，其实质就是连续作业和均衡作业。

2．组织流水作业的条件

1）把工程项目分解为若干个作业过程，每个作业过程分别由固定的专业工作队实施完

成。其目的是为了逐一实现局部对象的作业，从而使整体作业对象得以实现。

2）把工程项目尽可能地划分为劳动量大致相等的流水段（区）。划分流水段（区）是为了把工程项目划分成“批量”的假定产品，从而形成流水作业的前提。

3）确定各工作队在各流水段内的工作持续时间。这个工作持续时间又称为“流水节拍”，代表作业的节奏性。

4）各工作队按一定的工艺，配备必要的机具，依次、连续地由一个流水段转移到另一个流水段，反复地完成同类工作。由于工程项目的产品是在固定的地点，所以“流水”的只能是工作队。

5）不同工作队完成各作业过程的时间适当地搭接起来。搭接的目的是为了节省时间，也往往是连续作业或工艺上要求的。搭接多少时间要经过计算，并应在工艺上可行。

3．组织流水作业的效果

1）可以节省工作时间。实现“节省”的手段是“搭接”，而“搭接”的前提是分段。

2）可以实现均衡、有节奏的作业。“均衡”是指不同时间段的资源数量变化较小，可以达到节约使用资源的目的；“有节奏”是指作业时间有一定的规律性，从而带来良好的作业秩序，和谐的作业气氛，可观的经济效益。

3）可以提高劳动生产率。因为组织流水作业后，人员能连续作业，工作面被充分利用，资源均衡使用，管理效果好，故能导致劳动生产率提高。

（二）流水参数

流水施工是在研究工程特点和施工条件的基础上，通过一系列参数的计算来实现的。流水施工的主要参数，按其性质不同，可以分为工艺参数、空间参数和时间参数三种。

1．工艺参数

工艺参数是指在组织流水施工时，用以表达流水施工在施工工艺上开展顺序及其特征的参数。具体地说是指在组织流水施工时，将施工项目的整个建造过程可分解为施工过程的种类、性质和数目总称，通常，工艺参数包括施工过程和流水强度两种，如图 3-1 所示。

流水施工参数——工艺参数

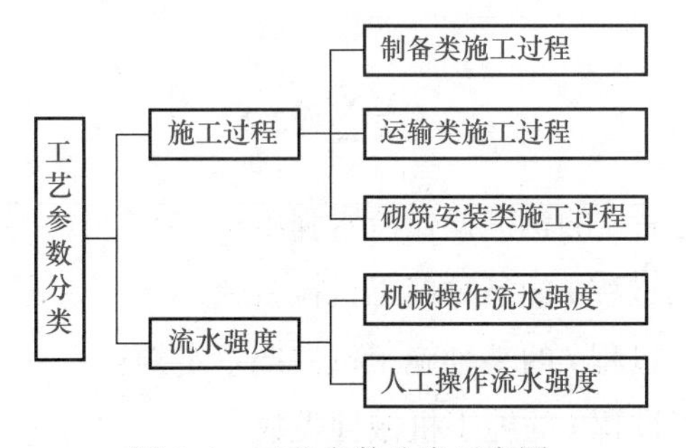

图 3-1　工艺参数分类示意图

（1）施工过程。在项目施工中，施工过程所包括范围可大可小，既可以是分部、分项工程，又可以是单位工程或单项工程。它是流水施工的基本参数之一，根据工艺性质不同，它分为制备类施工过程、运输类施工过程，砌筑安装类施工过程三种。而施工过程的数目，一般以 n 表示。

1）制备类施工过程是指为了提高施工项目产品的装配化、工厂化、机械化和生产能力而形成的施工过程。如砂浆、混凝土、构配件、制品和门窗框扇等的制备过程。

2）运输类施工过程是指将建筑材料、构配件（半）成品、制品和设备等运输到项目工地仓库或现场操作使用地点而形成的施工过程。

3）砌筑安装类施工过程是指在施工对象的空间上，直接进行加工，最终形成施工项目产品的过程。如地下工程、主体工程、结构安装工程、屋面工程和装饰工程等施工过程。

4）砌筑安装类施工过程通常按其在项目生产中的作用、工艺性质和复杂程度等不同进行分类，具体分类情况如图3-2所示。

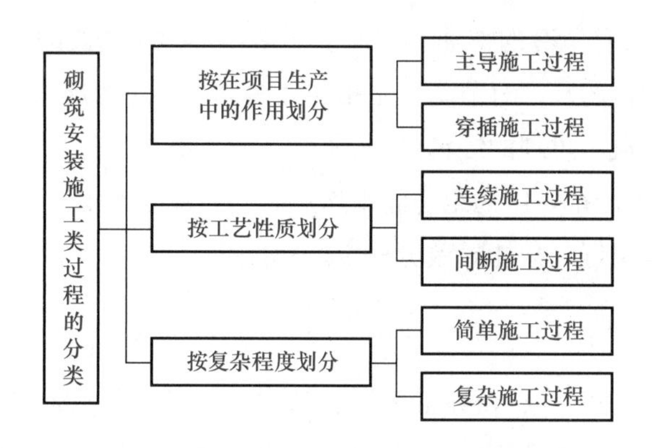

图3-2　砌筑安装类施工过程分类示意图

5）施工过程数目（n）的确定主要依据项目施工进度计划在客观上的作用，采用的施工方案、项目的性质和发包人对项目工期的要求等进行确定。

（2）流水强度。某施工过程在单位时间内所完成的工程量，称为该施工过程的流水强度，一般以“V_i”表示，由式（3-1）或式（3-2）计算求得。

1）机械操作流水强度

$$V_i = \sum_{i=1}^{X} R_i \times S_i \tag{3-1}$$

式中　V_i——某施工过程 i 的机械操作流水强度；

R_i——投入施工过程 i 的某种施工机械台数；

S_i——投入施工过程 i 的某种施工机械产量定额；

X——投入施工过程 i 的施工机械种类数。

2）人工操作流水强度

$$V_i = R_i \times S_i \tag{3-2}$$

式中　V_i——某施工过程 i 的人工操作流水强度；

R_i——投入施工过程 i 的专业工作队工人数；

S_i——投入施工过程 i 的专业工作队平均产量定额。

2．空间参数

在组织流水施工时，用以表达流水施工在空间布置上所处状态的参数，称为空间参数。主要有：工作面、施工段和施工层等三种。

（1）工作面。某专业工种的工人在从事施工项目产品施工生产加工过程中，必须具备的活动空间，称为工作面。它是根据相应工种单位时间内的产量定额、工程操作规程和安全规程等的要求确定的。有关工种的工作面可参考表 3-4。

表 3-4　主要工种工作面参数数据表

工 作 项 目	每个技工的工作面	说　明
砖基础	7.6m/ 人	以 $1\frac{1}{2}$ 砖计 2 砖乘以 0.8 3 砖乘以 0.55
砌砖墙	8.5m/ 人	以 1 砖计 以 $1\frac{1}{2}$ 砖乘以 0.71 2 砖乘以 0.57
毛石墙基	3m/ 人	以 60cm 计
毛石墙	3.3 m/ 人	以 40cm 计
混凝土柱、墙基础	8 m^3/ 人	机拌、机捣
混凝土设备基础	7 m^3/ 人	机拌、机捣
现浇钢筋混凝土柱	2.45 m^3/ 人	机拌、机捣
现浇钢筋混凝土梁	3.20 m^3/ 人	机拌、机捣
现浇钢筋混凝土墙	5 m^3/ 人	机拌、机捣
现浇钢筋混凝土楼板	5.3 m^3/ 人	机拌、机捣
预制钢筋混凝土柱	3.6 m^3/ 人	机拌、机捣
预制钢筋混凝土梁	3.6 m^3/ 人	机拌、机捣
预制钢筋混凝土层架	2.7 m^3/ 人	机拌、机捣
预制钢筋混凝土平板、空心板	1.91 m^3/ 人	机拌、机捣
预制钢筋混凝土大型屋面板	2.62 m^3/ 人	机拌、机捣
混凝土地坪及面层	40 m^2/ 人	机拌、机捣
外墙抹灰	16 m^2/ 人	
内墙抹灰	18.5 m^2/ 人	
卷材屋面	18.5 m^2/ 人	
防水水泥砂浆屋面	16 m^2/ 人	
门窗安装	11 m^2/ 人	

（2）施工段。在组织流水施工时，通常把拟建工程项目在平面上划分成若干个劳动量

大致相等的施工区域，这些施工区域称为施工段，一般用“m”表示。

1）划分施工段的目的和原则。划分施工段是组织流水施工的基础。其目的是在保证工程质量的前提下，为专业工作队确定合理的空间活动范围，使其按流水施工的原理，集中人力和物力，迅速地、依次地、连续地完成各段的任务，为相邻专业工作队尽早地提供工作面，达到缩短工期的目的。

施工段的划分，在不同的分部工程中，可采用相同或不同的划分方法。为了使施工段划分得更科学、合理，通常应遵循以下原则：

① 专业工作队在各个施工段上的劳动量要大致相等，其相差幅度不宜超过10%～15%。

② 对多层或高层建筑物，施工段的数目，要满足合理流水施工组织的要求，即$m \geqslant n$。

③ 为了充分发挥工人、主导机械的效率，每个施工段要有足够的工作面，使其所容纳的劳动力人数或机械台数，能满足合理劳动组织的要求。

④ 为了保证施工项目的结构整体完整性，施工段的分界线应尽可能与结构的自然界线（如沉降缝、伸缩缝等）相一致；如果必须将分界线设在墙体中间时，应将其设在对结构整体性影响少的门窗洞口等部位，以减少留槎，便于修复。

⑤ 对于多层的施工项目，既要划分施工段又要划分施工层，以保证相应的专业工作队在施工段与施工层之间，组织有节奏、连续、均衡地流水施工。

⑥ 组织楼层结构流水施工时，为了使各施工队组能连续施工，上一层的施工必须在下一层对应部位完成后才能开始。即各施工班组完成第一段后，能立即转入第二段；做完第一层的最后一段后，能立即转入第二层的第一段。

2）施工段数（m）与施工过程数（n）之间的关系：

当$m>n$时：

应用案例 3-1

案例概况

某局部两层的现浇钢筋混凝土结构的建筑物，按照划分施工段的原则，在平面上将它分成四个施工段，即m=4；在竖向上划分两个施工层，即结构层与施工层相一致；现浇结构的施工过程为支模板、绑扎钢筋和浇筑混凝土，即n=3；各个施工过程在各施工段上的持续时间均为3天，即t_i=3；则流水施工的开展状况，如图3-3所示。

案例解析

由图3-3看出，当$m>n$时，各专业工作队能够连续作业，但施工段有空闲，图中各施工段在第一层浇完混凝土后，均空闲3天，即工作面空闲3天。这种空闲，可用于弥补由于技术间歇、组织管理间歇和备料等要求所必需的时间。

施工层	施工过程名称	施工进度/天									
		3	6	9	12	15	18	21	24	27	30
I	支模板	①	②	③	④						
	绑扎钢筋		①	②	③	④					
	浇混凝土			①	②	③	④				
II	支模板					①	②	③	④		
	绑扎钢筋						①	②	③	④	
	浇混凝土							①	②	③	④

图 3-3　$m>n$ 时流水施工开展状况

在实际施工中，若某些施工过程需要考虑技术间歇等，则可用式（3-3）确定每一层的最少施工段数

$$m_{\min}=n+\frac{\Sigma Z}{K} \tag{3-3}$$

式中　$m_{\min}$——每层需划分的最少施工段数；

n——施工过程数或专业工作队数；

ΣZ——某些施工过程要求的技术间歇时间的总和；

K——流水步距。

应用案例 3-2

案例概况

在案例 3-1 中，如果流水步距 K=3，当第一层浇筑混凝土结束后，要养护 6 天才能进行第二层的施工。为了保证专业工作队连续作业，至少应划分多少个施工段？

案例解析

依题意，由式（3-3）可求得：$m_{\min}=n+\frac{\Sigma Z}{K}=3+6/3=5$段

按 m=5，n=3 绘制的流水施工进度图表如图 3-4 所示。

施工层	施工过程名称	施工进度/天											
		3	6	9	12	15	18	21	24	27	30	33	36
I	支模板	①	②	③	④	⑤							
	绑扎钢筋		①	②	③	④	⑤						
	浇混凝土			①	②	③	④	⑤					
II	支模板				Z=6 天		①	②	③	④	⑤		
	绑扎钢筋							①	②	③	④	⑤	
	浇混凝土								①	②	③	④	⑤

图 3-4　$m>n$ 流水施工进度图

当 $m=n$ 时：

应用案例 3-3

案例概况

在案例 3-1 中，如果将该建筑物在平面上划分成三个施工段，即 $m=3$，其余不变，则此时的流水施工开展状况，如图 3-5 所示。

施工层	施工过程名称	施工进度 / 天							
		3	6	9	12	15	18	21	24
I	支模板	①	②	③					
	绑扎钢筋		①	②	③				
	浇混凝土			①	②	③			
II	支模板				①	②	③		
	绑扎钢筋					①	②	③	
	浇混凝土						①	②	③

图 3-5　$m=n$ 流水施工进度图

案例解析

由图 3-5 看出，$m=n$ 时，各专业工作队能连续施工，施工过程没有空闲，这是理想化的流水施工方案。

当 $m<n$ 时：

应用案例 3-4

案例概况

上例中，如果将其在平面图上划分成两个施工段，即 $m=2$，其他不变，则流水施工开展的状况，如图 3-6 所示。

案例解析

施工层	施工过程名称	施工进度 / 天						
		3	6	9	12	15	18	21
I	支模板	①	②					
	绑扎钢筋		①	②				
	浇混凝土			①	②			
II	支模板				①	②		
	绑扎钢筋					①	②	
	浇混凝土						①	②

图 3-6　$m<n$ 流水施工进度图

在图 3-6 中，支模板工作队完成第一层的施工任务后，要停工 3 天才能进行第二层第一段的施工，其他队同样也要停工 3 天，因此工期长。

从上面三种情况可以看出，施工段的多少，直接影响工期的长短，而且要想保证专业工作队能够连续施工，必须满足式（3-4）：

$$m \geqslant n \quad (3\text{-}4)$$

（3）施工层。在组织流水施工时，为了满足专业工种对操作高度和施工工艺的要求，将拟建工程项目在竖向上分为若干个操作层，这些操作层称为施工层，一般以 r 表示。

3．时间参数

时间参数是流水施工中反映施工过程在时间排列上所处状态的参数，一般有流水节拍、流水步距、平行搭接时间、技术间歇时间、组织间歇时间等。

（1）流水节拍。流水节拍是指从事某一施工过程的施工班组在一个施工段上完成施工任务所需的时间，用符号“t_i”表示，它是流水施工的基本参数之一。其数值的确定，可按以下各种方法进行：

1）定额计算法

$$t_i = \frac{Q_i}{S_i \times R_i \times N_i} = \frac{P_i}{R_i \times N_i} \quad (3\text{-}5)$$

或

$$t_i = \frac{Q_i \times H_i}{R_i \times N_i} = \frac{P_i}{R_i \times N_i} \quad (3\text{-}6)$$

式中　t_i——某专业工作队在第 i 施工段的流水节拍；

Q_i——某专业工作队在第 i 施工段要完成的工程量；

S_i——某专业工作队的计划产量定额；

H_i——某专业工作队的计划时间定额；

P_i——某专业工作队在第 i 施工段需要的劳动量或机械台班数量，按式（3-7）计算：

$$P_i = \frac{Q_i}{S_i} \text{（或 } Q_i \cdot H_i\text{）} \quad (3\text{-}7)$$

R_i——某专业工作队投入的工作人数或机械台数；

N_i——某专业工作队的工作班次。

2）经验估算法。它是根据以往的施工经验进行估算。一般为了提高其准确程度，往往先估算出该流水节拍的最长、最短和正常（即最可能）三种时间，然后据此求出期望时间作为某专业工作队在某施工段上的流水节拍。因此，本法也称为三种时间估算法。一般按式（3-8）进行计算

$$t = \frac{a + 4c + b}{6} \quad (3\text{-}8)$$

式中　t——某施工过程在某施工段上流水节拍；

a——某施工过程在某施工段上的最短估算时间；

b——某施工过程在某施工段上的最长估算时间；

c——某施工过程在某施工段上的正常估算时间。

3）工期计算法。对某些施工任务在规定日期内必须完成的工程项目，往往采用倒排进度法。具体步骤如下：

①根据工期倒排进度，确定某施工过程的工作持续时间。

②确定某施工过程在某施工段上的流水节拍。若同一施工过程的流水节拍不等，则用估算法；若流水节拍相等，则按式（3-9）进行计算：

$$t=\frac{T}{m} \tag{3-9}$$

式中 t——流水节拍；

T——某施工过程的工作持续时间；

m——某施工过程划分的施工段数。

（2）流水步距。在组织流水施工时，相邻两个专业工作队在保证施工顺序、满足连续施工、最大限度搭接和保证工程质量要求的条件下，相继投入同一施工段施工的时间间隔，以 $K_{i,\,i+1}$ 表示，它是流水施工的基本参数之一。

1）确定流水步距的原则有：

①流水步距要满足相邻两个专业工作队，在施工顺序上的相互制约关系。

②流水步距要保证各专业工作队都能连续作业。

③流水步距要保证相邻两个专业工作队，在开工时间上最大限度地、合理地搭接。

④流水步距的确定要保证工程质量，满足安全生产。

2）确定流水步距的方法。确定流水步距的方法很多，本书仅介绍潘特考夫斯基法，也可称为“大差法”，简称累加数列法。其计算步骤如下：

①根据专业工作队在各施工段上的流水节拍，求累加数列。

②根据施工顺序，对所求相邻的两累加数列，错位相减。

③根据错位相减的结果，确定相邻专业工作队之间的流水步距，即相减结果中数值最大者。

应用案例 3-5

案例概况

某项目由四个施工过程组成，分别由A、B、C、D四个专业工作队完成，在平面上划分成四个施工段，每个专业工作队在各施工段上的流水节拍见表3-5，试确定相邻专业工作队之间的流水步距。

表3-5 专业工作队在施工段上的流水节拍

工作队	施工段			
	①	②	③	④
A	4	2	3	2
B	3	4	3	4
C	3	2	2	3
D	2	2	1	2

案例解析

1）求各专业工作队的累加数列：

A：4，6，9，11　　B：3，7，10，14

C：3，5，7，10　　D：2，4，5，7

2）错位相减：

A与B

```
     4，6，9，11
-）     3，7，10，14
-----------------------
     4，3，2，1，-14
```

B与C

```
     3，7，10，14
-）     3，  5，  7，10
-----------------------
     3，4，  5，  7，-10
```

C与D

```
     3，5，7，10
-）     2，4，5，  7
-----------------------
     3，3，3，5，-7
```

3）求流水步距：

因流水步距等于错位相减所得结果中数值最大者，故有：

$K_{A,\ B}$=max{4, 3, 2, 1, −14}=4 天

$K_{B,\ C}$=max{3, 4, 5, 7, −10}=7 天

$K_{C,\ D}$=max{3, 3, 3, 5, −7}=5 天

（3）平行搭接时间。在组织流水施工时，有时为了缩短工期，在工作面允许的条件下，如果前一个专业工作队完成部分施工任务后，能够提前为后一个专业工作队提供工作面，使后者提前进入前一个施工段，两者在同一施工段上平行搭接施工，这个搭接的时间称为平行搭接时间，通常以 $C_{i,\ i+1}$ 表示。

（4）技术间歇时间。在组织流水施工时，除要考虑相邻专业工作队之间的流水步距外，有时根据建筑材料或现浇构件等的工艺性质，还要考虑合理的工艺等待间歇时间，这个等待时间称为技术间歇时间，如混凝土浇筑后的养护时间、砂浆抹面和油漆面的干燥时间等。技术间歇时间以 $G_{i,\ i+1}$ 表示。

（5）组织间歇时间。在流水施工中，由于施工技术或施工组织的原因，造成的在流水步距以外增加的间歇时间，称为组织间歇时间。如墙体砌筑前的墙身位置弹线，施工人员、

机械转移，回填土前地下管道检查验收等。组织间歇时间以 $Z_{i,\,i+1}$ 表示。为方便学习，本书后续内容的公式描述中将组织时间和间歇时间均采用 Z 来表示。

（三）等节拍流水作业

等节拍流水作业是指同一施工过程在各施工段上的流水节拍都相等，并且不同施工过程之间的流水节拍也相等的一种流水施工方式，也称为全等节拍流水或同步距流水。

例如，某工程划分 A、B、C、D 四个施工过程，每个施工过程分四个施工段，流水节拍均为 2 天，组织等节拍流水施工，其进度计划安排如图 3-7 所示。

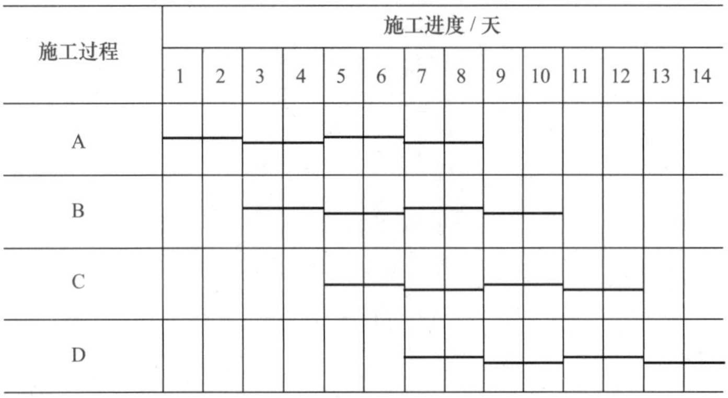

施工过程	施工进度 / 天													
	1	2	3	4	5	6	7	8	9	10	11	12	13	14
A														
B														
C														
D														

图 3-7　等节拍流水施工进度计划

1. 等节拍流水施工的主要特点

1）各施工过程的流水节拍相等。如果有 n 个施工过程，则：$t_1=t_2=\cdots t_n=t$（常数）。

2）流水步距彼此相等，而且等于流水节拍，即：$K_{1,2}=K_{2,3}=\cdots=K_{n-1,n}=K=t$（常数）。

3）专业工作队数等于施工过程数。

2. 等节拍流水施工主要参数的确定

（1）施工段数 m。

无层间关系或无施工层时，宜取 $m=n$；

有层间关系或有施工层时，施工段数目 m 分下面两种情况确定；

1）无技术和组织间歇时，宜取 $m=n$。

2）有技术和组织间歇时，为了保证各专业工作队能连续施工，应取 $m \geqslant n$。此时，每层施工段的空闲数为 $m-n$，一个空闲施工段的时间为 t，则每层的空闲时间为：

$$(m-n)\cdot t=(m-n)\cdot K$$

若一个楼层内各施工过程间的技术、组织间歇之和为 $\sum Z_1$，楼层间技术、组织间歇时间为 Z_2。如果每层的 $\sum Z_1$ 均相等，Z_2 也相等，而且为了保证连续施工，施工段上除 $\sum Z_1$ 和 Z_2 外无空闲，则：

$$(m-n)\cdot K=\sum Z_1+Z_2$$

$$m = n + \frac{\sum Z_1}{K} + \frac{Z_2}{K} \tag{3-10}$$

式中　m——施工段数；

n——施工过程数；

Z_1——一个楼层内各施工过程间的技术、组织间歇时间；

Z_2——层间技术、组织间歇时间；

K——流水步距。

（2）流水施工的工期。

1）不分施工层时：

$$T = (m + n - 1) \cdot K + \sum Z_{i,i+1} - \sum C_{i,i+1} \tag{3-11}$$

式中　T——流水施工总工期；

m——施工段数；

n——施工过程数；

K——流水步距；

$Z_{i,i+1}$——i，i+1 两施工过程的技术间歇时间；

$C_{i,i+1}$——i，i+1 两施工过程的平行搭接时间。

2）分施工层时：

$$T = (m \cdot r + n - 1) \cdot K + \sum Z_1 - \sum C_1 \tag{3-12}$$

式中　r——施工层数；

$\sum Z_1$——第一个施工层中各施工过程间的技术与组织间歇时间之和；

$\sum C_1$——第一个施工层中各施工过程间的搭接时间之和。

式(3-11)中，没有二层及二层以上的$\sum Z_1$和Z_2，是因为它们均已包括在式中的$m \cdot r \cdot t$项内，如图 3-8 所示。

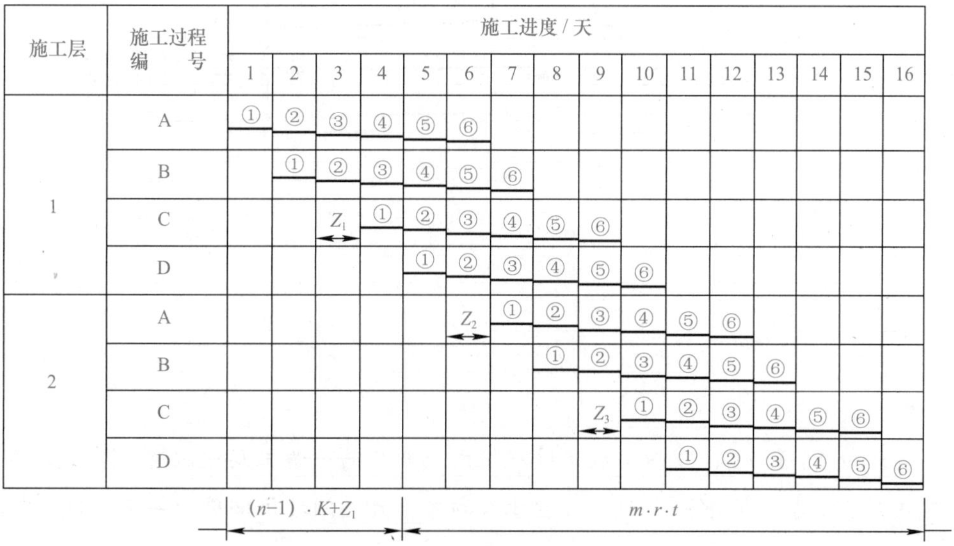

施工层	施工过程编号	施工进度/天															
		1	2	3	4	5	6	7	8	9	10	11	12	13	14	15	16
1	A	①	②	③	④	⑤	⑥										
	B		①	②	③	④	⑤	⑥									
	C			Z_1	①	②	③	④	⑤	⑥							
	D					①	②	③	④	⑤	⑥						
2	A						Z_2	①	②	③	④	⑤	⑥				
	B								①	②	③	④	⑤	⑥			
	C									Z_3	①	②	③	④	⑤	⑥	
	D											①	②	③	④	⑤	⑥

$(n-1) \cdot K+Z_1$　　$m \cdot r \cdot t$

图 3-8　分层并有技术、组织间歇时的等节拍专业流水

3．等节拍流水施工的组织步骤

1）确定施工顺序，分解施工过程。

2）确定项目施工起点流向，划分施工段。

3）根据等节拍流水施工要求，计算流水节拍数值。

4）确定流水步距，$K=t$。

5）计算流水施工的工期。

6）绘制流水施工进度表。

应用案例 3-6

案例概况

某分部工程由四个分项工程组成，划分成五个施工段，流水节拍均为 4 天，无技术、组织间歇，试确定流水步距、计算工期，并绘制流水施工进度表。

案例解析

由已知条件 $t_i=t=4$ 天，本分部工程宜组织等节拍专业流水。

1）确定流水步距。由等节拍专业流水的特点可知：$K=t=4$ 天

2）计算工期 $T=(m+n-1)\cdot K=(5+4-1)\times4=32$ 天

3）绘制流水施工进度表如图 3-9 所示。

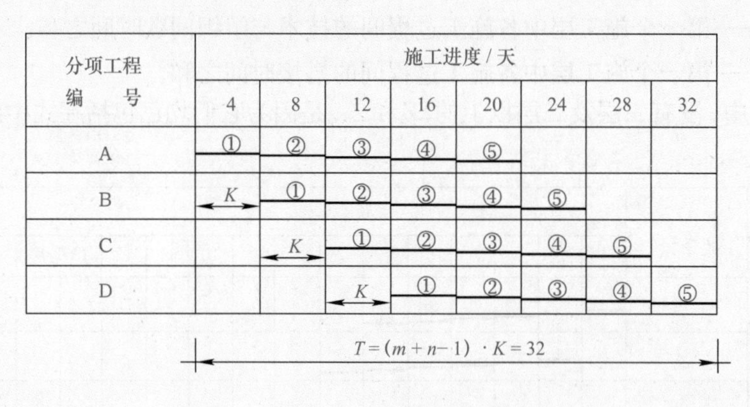

图 3-9　某分部工程流水施工进度计划

应用案例 3-7

案例概况

某项目由 A、B、C、D 四个施工过程组成，划分两个施工层组织流水施工，施工过程 B 完成后需养护一天下一个施工过程才能施工，且层间技术间歇为一天，流水节拍均为一天。为了保证工作队连续作业，试确定施工段数、计算工期。

案例解析

1）确定流水步距：

因为 $t_1=t=1$ 天　　　　所以 $K=t=1$ 天

2）确定施工段数。因项目施工时分两个施工层，其施工段数计算如下：

$$m=n+\frac{\sum Z_1}{K}+\frac{Z_2}{K}=4+\frac{1}{1}+\frac{1}{1}=6\text{段}$$

3）计算工期：

$$T=(m\cdot r+n-1)\cdot K+\sum Z_1-\sum C_1$$
$$=(6\times 2+4-1)\times 1+1-0=16\text{天}$$

等节拍流水施工，主要适用于规模较小，结构简单，工序较少的房屋建筑工程；还可组织分部工程流水施工和群体工程流水施工。

（四）异节拍流水施工

异节拍流水施工是指同一施工过程在各施工段上的流水节拍都相等，但不同施工过程之间的流水节拍不完全相等的一种流水施工方式。异节拍流水又可分为一般异节拍流水和成倍节拍流水。

1．一般异节拍流水施工

特别提示

有时由于各施工过程之间的工程量相差很大，各施工队组的施工人数又有所不同，使不同施工过程在各施工段上的流水节拍无规律。此时，应考虑一般异节拍流水施工的组织方式。

一般异节拍流水是指同一施工过程在各个施工段的流水节拍相等，不同施工过程之间的流水节拍既不相等也不成倍的流水施工方式。

（1）一般异节拍流水施工的主要特点。

1）同一施工过程在各个施工段上的流水节拍相等，不同施工过程之间的流水节拍不全相等。

2）在多数情况下，流水步距彼此不相等而且流水步距与流水节拍两者之间存在着某种函数关系。

3）专业工作队数等于施工过程数。

（2）一般异节拍流水施工主要参数的确定。

流水步距 $K_{i,i+1}$：

$$K_{i,i+1}=\begin{cases} t_i & (\text{当 } t_i \leqslant t_{i+1} \text{ 时}) \\ mt_i-(m-1)\,t_{i+1} & (\text{当 } t_i>t_{i+1} \text{ 时}) \end{cases} \tag{3-13}$$

式中　t_i——第 i 个施工过程的流水节拍；

t_{i+1}——第 i+1 个施工过程的流水节拍。

$$T=\sum K_{i,i+1}+T_n+\sum Z_{i,i+1}-\sum C_{i,i+1}$$

式中　T——流水施工工期；

T_n——最后一个专业队的施工时间。

（3）一般异节拍流水施工的组织步骤。

1）确定施工顺序，分解施工过程。

2）确定施工起点流向，划分施工段。可按施工段划分的基本原则来确定施工段。

3）确定流水节拍。

4）确定流水步距。

5）确定计划总工期。

6）绘制流水施工进度表。

应用案例 3-8

案例概况

某工程划分为 A、B、C、D 四个施工过程，分四个施工段组织流水施工，各施工过程的流水节拍分别为 t_A=3，t_B=4，t_C=5，t_D=3；施工过程 B 完成后需有 2 天的技术和组织间歇时间。试求各施工过程之间的流水步距及该工程的工期。

案例解析

1）确定流水步距：

$$K_{AB}=t=3\text{ 天}\qquad K_{BC}=4\text{ 天}$$

$$K_{CD}=m\cdot t_C-(m-1)\cdot t_D=4\times5-(4-1)\times3=11\text{ 天}$$

2）确定工期：

$$T=\sum K_{i,i+1}+T_n+\sum Z_{i,i+1}-\sum C_{i,i+1}$$

$$=(3+4+11)+(4\times3)+2=32\text{ 天}$$

该工程的流水施工进度安排如图 3-10 所示。

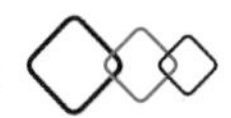

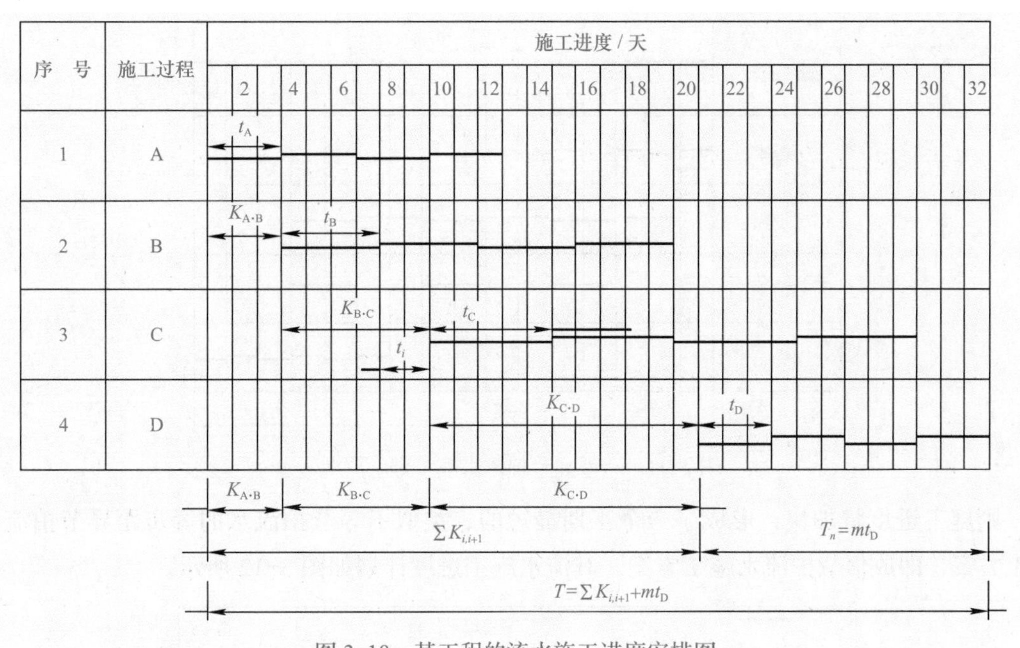

图 3-10　某工程的流水施工进度安排图

一般异节拍流水主要适用于施工段大小相等的工程施工组织。

2．成倍节拍流水

特别提示

在进行等节拍专业流水施工时，有时由于各施工过程的性质、复杂程度不同，可能会出现某些施工过程所需要的人数或机械台班数，超出施工段上工作面所能容纳数量的情况。这时，只能按施工段所能容纳的人数或机械台班数确定这些施工过程的流水节拍，这可能使某些施工过程的流水节拍为其他施工过程的倍数，从而形成倍节拍流水。

成倍节拍流水是指同一施工过程在各个施工段上的流水节拍相等，不同施工过程的流水节拍之间存在整数倍（或公约数）关系的流水施工方式。

例如，某六幢砖混宿舍工程，施工过程为：基础、主体、室内、室外。其流水节拍分$t_{基}$=1 月、$t_{主}$=2 月、$t_{内}$=2 月、$t_{外}$=1 月，若每个施工过程安排一个专业施工队，其一般异节拍流水施工进度计划如图 3-11 所示。

上例中，若将主体工程和室内工程施工作业队数分别由 1 个增加为 2 个，且作如下施工段作业安排：

主体工程甲作业队：①—③—⑤；

主体工程乙作业队：②—④—⑥；

室内工程甲作业队：①—③—⑤；

室内工程乙作业队：②—④—⑥。

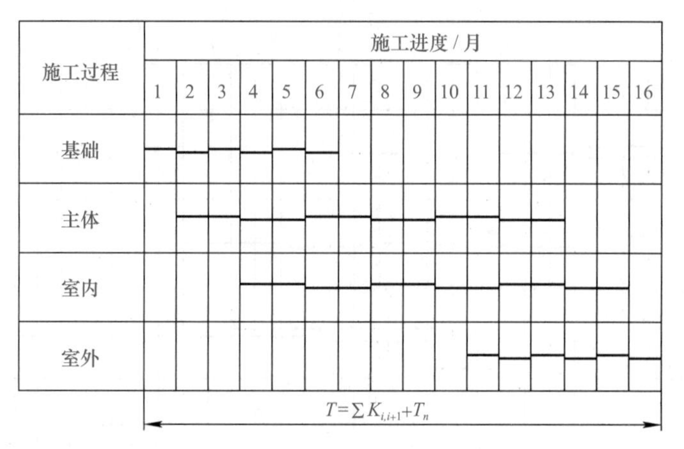

图 3-11　一般异节拍流水施工进度计划

则施工进度将加快，形成了一个工期最短的、类似于等节拍流水的等步距异节拍流水施工方案，即成倍节拍流水施工方案。其流水施工进度计划如图 3-12 所示。

施工过程		1	2	3	4	5	6	7	8	9	10	11
基础		①	②	③	④	⑤	⑥					
主体	甲		①		③		⑤					
	乙			②		④		⑥				
室内	甲				①		③		⑤			
	乙					②		④		⑥		
室外							①	②	③	④	⑤	⑥

（施工进度/月）

$T=(m+n_1-1)K_b+\sum Z_{i,i+1}-\sum C_{i,i+1}$

图 3-12　成倍节拍流水施工进度计划

（1）成倍节拍流水施工的主要特点。

1）同一施工过程在各个施工段上的流水节拍相等，不同施工过程在同一施工段上的流水节拍彼此不同，但互为倍数或（公约数）关系。

2）流水步距彼此相等，且等于流水节拍的最大公约数。

3）专业工作队数大于施工过程数，即 $n_1 \geqslant n$。

（2）成倍节拍流水施工主要参数的确定。

1）施工段数 m：

不分施工层时，可按划分施工段的原则确定施工段数；分施工层时，每层段数可按式（3-14）确定：

$$m=n_1+\frac{\sum Z_1}{K_b}+\frac{Z_2}{K_b} \tag{3-14}$$

式中　n_1——专业工作队总数；

K_b——成倍节拍流水的流水步距。

2）流水步距 $K_{i,i+1}$：

$$K_{i,i+1}=K_b$$

K_b= 流水节拍的最大公约数 $\{t_1, t_2, \cdots, t_n\}$。

3）专业施工队数：

$$b_i=\frac{t_i}{K_b} \tag{3-15}$$

$$n_1=\sum b_i \tag{3-16}$$

式中　b_i——某施工过程所需施工队数。

4）工期 T：

$$T=(m\cdot r+n_1-1)\cdot K_b+\sum Z_1-\sum C_1 \tag{3-17}$$

或

$$T=(n_1 r-1)K_b+m^{zh}t^{zh}+\sum Z_{i,i+1}-\sum C_{i,i+1} \tag{3-18}$$

式中　r——施工层数，不分层时取 1；分层时取实际施工层数；

m^{zh}——最后一个施工过程的最后一个专业队要通过的段数；

t^{zh}——最后一个施工过程的流水节拍。

其他符号含义同前。

（3）成倍节拍流水施工组织步骤。

1）确定施工顺序，分解施工过程。

2）确定施工起点流向，划分施工段。

3）确定流水节拍。

4）确定流水步距。

5）确定专业工作队数。

6）确定计划总工期。

7）绘制流水施工进度表。

应用案例 3-9

案例概况

某项目由Ⅰ、Ⅱ、Ⅲ三个施工过程组成，流水节拍分别为 $t_{Ⅰ}=2$，$t_{Ⅱ}=6$，$t_{Ⅲ}=4$，试组织等步距的异节拍流水施工。

案例解析

1）确定流水步距：K_b= 最大公约数 =2 天

2）求专业工作队数：

$$b_{Ⅰ}=\frac{t_{Ⅰ}}{K_b}=\frac{2}{2}=1\ ;\quad b_{Ⅱ}=\frac{t_{Ⅱ}}{K_b}=\frac{6}{2}=3\ ;\quad b_{Ⅲ}=\frac{t_{Ⅲ}}{K_b}=\frac{4}{2}=2$$

$$n_1=1+3+2=6$$

3）求施工段数。为了使各专业工作队都能连续工作，取：

$$m=n_1=6\text{ 段}$$

4）计算工期：

$$T=(6+6-1)\times 2=22 \text{ 或 } T=(6-1)\times 2+3\times 4=22$$

5）绘制流水施工进度表如图 3-13 所示。

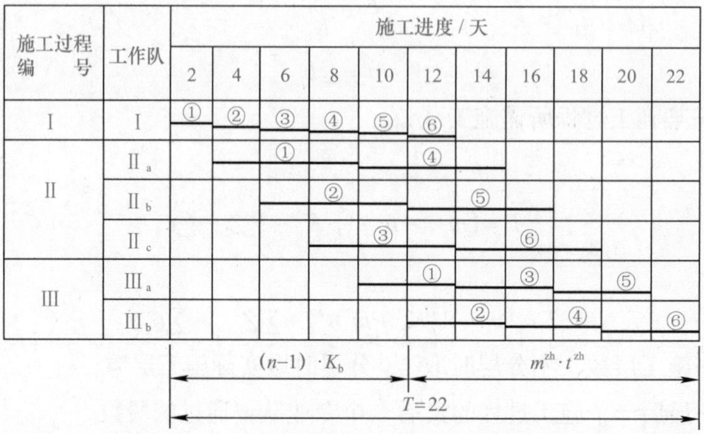

施工过程编号	工作队	施工进度 / 天										
		2	4	6	8	10	12	14	16	18	20	22
Ⅰ	Ⅰ	①	②	③	④	⑤	⑥					
Ⅱ	$Ⅱ_a$			①			④					
	$Ⅱ_b$				②			⑤				
	$Ⅱ_c$					③			⑥			
Ⅲ	$Ⅲ_a$						①		③		⑤	
	$Ⅲ_b$							②		④		⑥

$(n-1)\cdot K_b$　　$m^{zh}\cdot t^{zh}$

$T=22$

图 3-13　等步距异节拍专业流水施工进度

应用案例 3-10

案例概况

某两层现浇钢筋混凝土工程，施工过程分为安装模板、绑扎钢筋和浇筑混凝土。已知每段每层各施工过程的流水节拍分别为：$t_{模}$=2 天、$t_{扎}$=2 天、$t_{混}$=1 天。当安装模板工作队转移到第二结构层的第一段施工时，需待第一层第一段的混凝土养护一天后才能进行。在保证各工作队连续施工的条件下，求该工程每层最少的施工段数，并绘出流水施工进度表。

案例解析

本工程宜采用等步距成倍节拍流水。

1）确定流水步距：由 K_b= 流水节拍的最大公约数 {2，2，1}=1 天

2）确定专业工作队：

$$b_{模}=\frac{t_{模}}{K_b}=\frac{2}{1}=2\text{个}$$

$$b_{扎}=\frac{t_{扎}}{K_b}=\frac{2}{1}=2\text{个}$$

$$b_{混}=\frac{t_{混}}{K_b}=\frac{1}{1}=1\text{个}$$

则　　　　$n_1=\sum b_i=2+2+1=5$ 个

3）确定每层的施工段数：

$$m=n_1+\frac{\sum Z_1}{K_b}+\frac{Z_2}{K_b}=5+1=6\text{ 段}$$

4）计算工期：

$$T=\left(m\cdot r+n_1-1\right)\cdot K_b+\sum Z_1-\sum C_1=\left(6\times2+5-1\right)\times1=16\text{ 天}$$

或　$$T=\left(n_1 r-1\right)K_b+m^{zh}t^{zh}+\sum Z_{i,i+1}-\sum C_{i,i+1}=\left(2\times5-1\right)\times1+6\times1+1=16\text{天}$$

5）绘制流水施工进度表如图 3-14 所示。

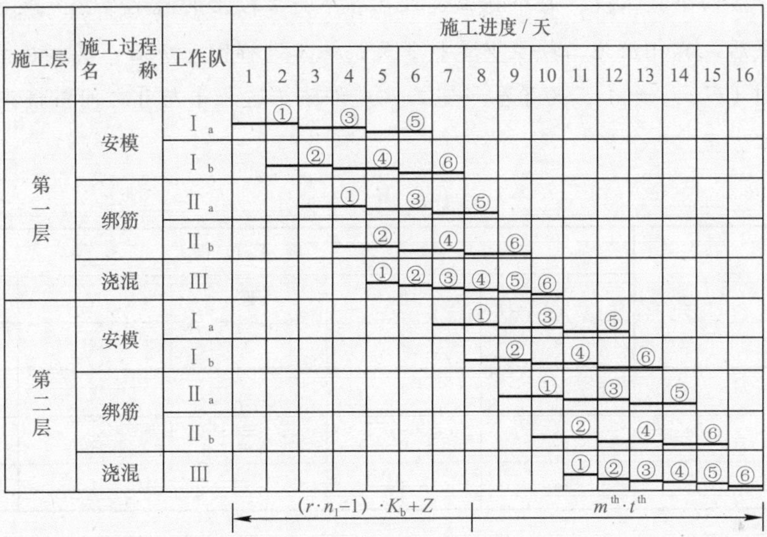

施工层	施工过程名称	工作队	施工进度 / 天															
			1	2	3	4	5	6	7	8	9	10	11	12	13	14	15	16
第一层	安模	Ⅰ$_a$		①		③		⑤										
		Ⅰ$_b$			②		④		⑥									
	绑筋	Ⅱ$_a$				①		③		⑤								
		Ⅱ$_b$					②		④		⑥							
	浇混	Ⅲ					①	②	③	④	⑤	⑥						
第二层	安模	Ⅰ$_a$								①		③		⑤				
		Ⅰ$_b$									②		④		⑥			
	绑筋	Ⅱ$_a$										①		③		⑤		
		Ⅱ$_b$											②		④		⑥	
	浇混	Ⅲ											①	②	③	④	⑤	⑥

$(r\cdot n_1-1)\cdot K_b+Z$　　　$m^{th}\cdot t^{th}$

图 3-14　流水施工进度图

（五）无节奏流水施工

无节奏流水施工是指同一施工过程在各施工段上的流水节拍不完全相等的一种流水施工方式，它是流水施工的普遍形式。

1．无节奏流水施工的主要特点

1）各施工过程在各施工段上的流水节拍不尽相等。

2）各施工过程的施工速度也不尽相等，因此，两相邻施工过程的流水步距也不尽相等。

3）专业工作队数等于施工过程数，即 $n_1=n$。

2．无节奏流水施工的计算步骤

1）确定施工起点流向，分解施工过程。

2）确定施工顺序，划分施工段。

3）按相应的公式计算各施工过程在各个施工段上的流水节拍。

4）按一定的方法确定相邻两个专业队之间的流水步距。

5）按式（3-19）计算流水施工的计划工期（无施工层时）。

$$T=\sum K_{i,i+1}+T_n+\sum Z_{i,i+1}-\sum C_{i,i+1} \quad (3\text{-}19)$$

6）绘制流水施工进度表。

应用案例 3-11

案例概况

某项目经理部拟承建一工程，该工程有Ⅰ、Ⅱ、Ⅲ、Ⅳ、Ⅴ五个施工过程。施工时在平面上划分成四个施工段，每个施工过程在各个施工段上的流水节拍见表3-6。规定施工过程Ⅱ完成后，其相应施工段至少养护2天；施工过程Ⅳ完成后，其相应施工段留有1天的准备时间（$G_{\mathrm{IV},\mathrm{V}}=1$），为了尽早完工，允许施工过程Ⅰ与Ⅱ之间搭接施工1天，试编制流水施工方案。

表3-6 流水节拍

施工段	施工过程				
	Ⅰ	Ⅱ	Ⅲ	Ⅳ	Ⅴ
①	3	1	2	4	3
②	2	3	1	2	4
③	2	5	3	3	2
④	4	3	5	3	1

案例解析

根据题设条件，该工程只能组织无节奏专业流水。

1）求得累加数列：

Ⅰ：3，5，7，11

Ⅱ：1，4，9，12

Ⅲ：2，3，6，11

Ⅳ：4，6，9，12

Ⅴ：3，7，9，10

2）确定流水步距：

①$K_{\mathrm{I},\mathrm{II}}$

$$\begin{array}{rl} & 3，5，7，11 \\ -) & \quad 1，4，9，12 \\ \hline & 3，4，3，2，-12 \end{array}$$

所以$K_{\mathrm{I},\mathrm{II}}=\max\{3,4,3,2,-12\}=4$天

②$K_{Ⅱ,Ⅲ}$

$$\begin{array}{rl} & 1,\ 4,\ 9,\ 12 \\ -) & 2,\ 3,\ 6,\ 11 \\ \hline & 1,\ 2,\ 6,\ 6,\ -11 \end{array}$$

所以 $K_{Ⅱ,Ⅲ}$=max{1，2，6，6，−11}=6 天

③$K_{Ⅲ,Ⅳ}$

$$\begin{array}{rl} & 2,\ 3,\ 6,\ 11 \\ -) & 4,\ 6,\ 9,\ 12 \\ \hline & 2,\ -1,\ 0,\ 2,\ -12 \end{array}$$

所以 $K_{Ⅲ,Ⅳ}$=max{2，−1，0，2，−12}=2 天

④$K_{Ⅳ,Ⅴ}$

$$\begin{array}{rl} & 4,\ 6,\ 9,\ 12 \\ -) & 3,\ 7,\ 9,\ 10 \\ \hline & 4,\ 3,\ 2,\ 3,\ -10 \end{array}$$

所以 $K_{Ⅳ,Ⅴ}$=max{4，3，2，3，−10}=4 天

3）确定计划工期。由题给条件可知：

$$Z_{Ⅱ,Ⅲ}=2\text{天},\ G_{Ⅳ,Ⅴ}=1\text{天},\ C_{Ⅰ,Ⅱ}=1\text{天},$$

$$T=(4+6+2+4)+(3+4+2+1)+2+1-1=28\text{天}$$

4）绘制流水施工进度图，如图 3-15 所示。

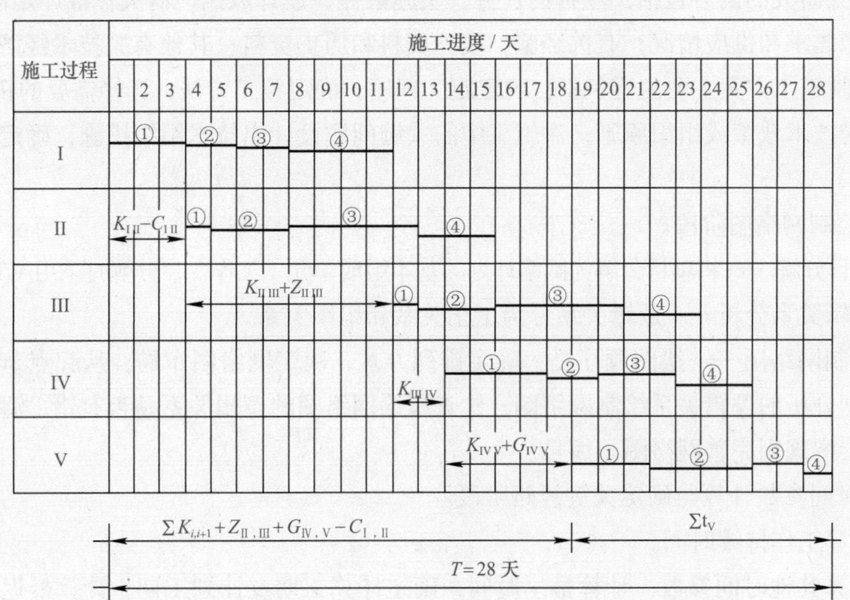

图 3-15 流水施工进度图

在上述各种流水施工的基本方式中，等节拍和异节拍流水通常在一个分部或分项工程中，组织流水施工比较容易做到，即比较适用于组织专业流水或细部流水。对一个大型的建筑群来说，到底采取哪一种流水施工组织形式，除了要分析流水节拍的特点外，还要考虑工期要求和项目自身的具体施工条件。

特别提示

任何一种流水施工的组织形式，仅仅是一种组织管理手段，其最终目的是要实现企业目标——工程质量好、工期短、成本低、效益高和安全施工。

四、工程网络计划

（一）网络计划的应用程序

规范规定，作业计划必须采用网络计划方法。编制工程网络计划应符合现行国家标准《网络计划技术》（GB/T13400.1 ～ 3）及行业标准《工程网络计划技术规程》（JGJ/T 121—2015）的规定。

1. 网络计划的应用程序

按《网络计划技术》（GB/T13400.1 ～ 3）的规定，网络计划的应用程序包括 7 个阶段 17 个步骤。其中编制程序就包括了 5 个阶段 13 个步骤，具体程序如下：

（1）准备阶段。

1）确定网络计划目标包括：时间目标、时间—资源目标、时间—成本目标。

2）调查研究的内容包括：项目的任务、实施条件、设计数据；有关标准、定额、规程、制度；资源需求和供应情况；有关经验、统计资料和历史资料；其他有关技术经济资料。

3）编制施工方案主要内容包括：确定施工程序、确定施工方法；选择需要的机械设备；确定重要的技术政策或组织原则；对施工中的关键问题设计出技术组织措施；确定采用的网络图类型。

（2）绘制网络图阶段。

1）项目分解——将项目分解为网络计划的基本组成单元（工作），分解时采用 WBS 方法。

2）逻辑关系分析——逻辑关系分为工艺关系和组织关系。

3）绘制网络图——绘图顺序是：确定排列方式，决定网络图布局；从起点节点开始自左而右根据分析的逻辑关系绘制网络图；检查所绘网络图的逻辑关系是否有错、漏等情况并修正；按绘图规则完善网络图，编号。

（3）时间参数计算与确定关键线路阶段。

1）计算工作持续时间。

2）计算其他时间参数：计算最早时间；确定计算工期及计划工期；计算最迟时间；计算时差。

3）确定关键线路。

（4）编制可行网络计划阶段。

1）检查与调整。

2）绘图并形成可行网络计划。

（5）优化并绘制正式网络计划阶段。

1）优化。

2）绘制正式网络计划。

（6）实施、调整与控制阶段。

1）网络计划的贯彻。

2）检查和数据采集。

3）控制和调整。

（7）结束阶段：进行总结分析。

2．网络计划技术

国际上，工程网络计划有许多名称，如 CPM、PERT、CPA、MPM 等。工程网络计划类型有如下几种不同的划分方法。

（1）工程网络计划按工作持续时间的特点划分为：肯定型问题的网络计划；非肯定问题的网络计划；随机网络计划等。

（2）工程网络计划按工作和事件在网络图中的表示方法划分为：事件网络—— 以节点表示事件的网络计划；工作网络（以箭线表示工作的网络计划；以节点表示工作的网络计划）。

（3）工程网络计划按计划平面的个数划分为：单平面网络计划；多平面网络计划（多阶网络计划，分级网络计划）。

美国较多使用双代号网络计划，欧洲则较多使用单代号搭接网络计划。我国《工程网络计划技术规程》推荐的常用的工程网络计划类型包括：双代号网络计划；单代号网络计划；双代号时标网络计划；单代号搭接网络计划。

（二）双代号网络计划

1．双代号网络图的组成

双代号网络图由工作、节点、线路三个基本要素组成。

（1）工作（也称过程、活动、工序）。工作是网络图的组成要素之一，它用一根箭线和两个圆圈来表示，具体表示方法如图 3-16 和图 3-17 所示。

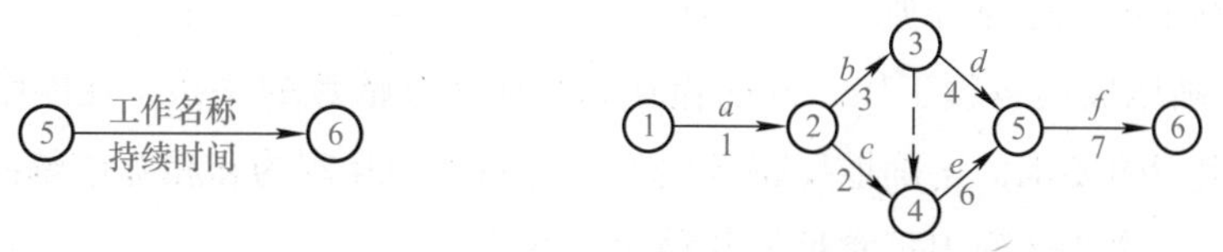

图 3-16　双代号网络表示法　　图 3-17　双代号网络计划图

工作可分为实际存在的工作和虚设工作。只表示相邻前后工作之间逻辑关系的工作通常称其为“虚工作”以虚箭线表示，如图 3-18 所示。

图 3-18　虚工作表示法

（2）节点。在网络图中箭线的出发和交汇处画上圆圈，用以标志该圆圈前面一项或若干项工作的结束和允许后面一项或若干项工作的开始的时间点称为节点，如图 3-19 所示。

节点表示前面工作的结束和后面工作开始的瞬间，所以节点不需要消耗时间和资源；箭线的箭尾节点表示该工作的开始，箭线的箭头节点表示该工作的结束；根据节点在网络图中的位置不同可分为起点节点、终点节点和中间节点；起点节点是网络图中第一个节点，终点节点是网络图的最后一个节点。根据节点编号的方向不同可分为两种：一种是沿着水平方向进行编号（图 3-20）；另一种是沿着垂直方向进行编号（图 3-21）。

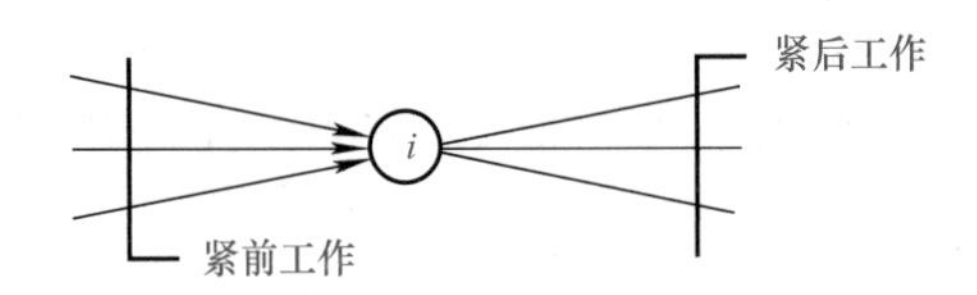

图 3-19　节点（i）示意图

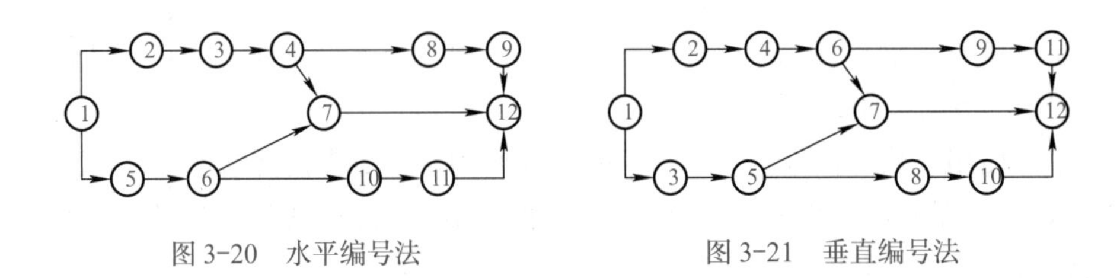

图 3-20　水平编号法　　　　图 3-21　垂直编号法

（3）线路。网络图中从起点节点开始，沿箭线方向连续通过一系列箭线与节点，最后到达终点节点的通路称为线路。每一条线路都有自己确定的完成时间，它等于该线路上各项工作持续时间的总和，也是完成这条线路上所有工作的总时间。工期最长的线路称为关键线路。位于关键线路上的工作称为关键工作，用粗箭线或双箭线连接。

2．双代号网络图绘制的基本原则和应注意的问题

（1）绘制网络图的基本原则。

1）必须正确地表达各项工作之间的相互制约和相互依赖的关系，在网络图中，根据施工顺序和施工组织的要求，正确地反映各项工作之间的相互制约和相互依赖的关系，这些关系是多种多样的，表 3-7 列出了常见的几种表示方法。

表 3-7　网络图中各项工作逻辑关系表示方法

序　　号	工作之间的逻辑关系	网络图中表示方法	说　　明
1	有 A、B 两项工作按照依次施工方式进行	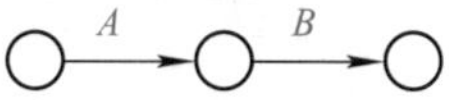	B 工作依赖着 A 工作，A 工作约束着 B 工作的开始
2	有 A、B、C 三项工作同时开始工作	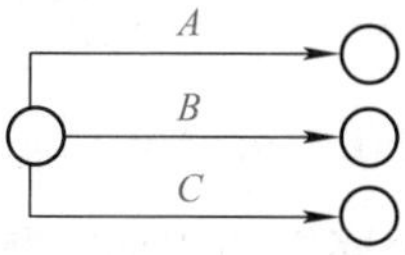	A、B、C 三项工作称为平行工作
3	有 A、B、C 三项工作同时结束	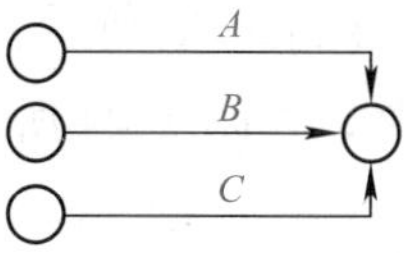	A、B、C 三项工作称为平行工作
4	有 A、B、C 三项工作，只有在 A 完成后，B、C 才能开始	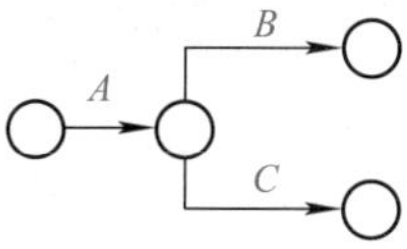	A 工作制约着 B、C 工作的开始，B、C 为平行工作
5	有 A、B、C 三项工作，C 工作只有在 A、B 完成后才能开始	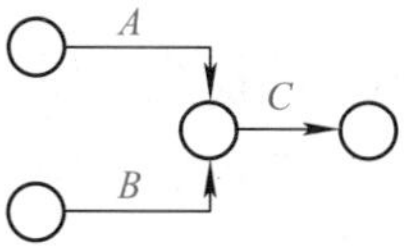	C 工作依赖着 A、B 工作，A、B 为平行工作
6	有 A、B、C、D 四项工作，只有当 A、B 完成后 C、D 才能开始	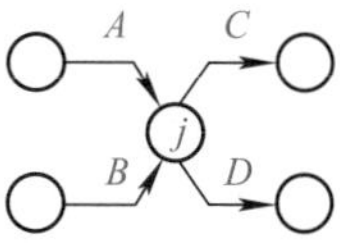	通过中间事件 j 正确地表达了 A、B、C、D 之间的关系
7	有 A、B、C、D 四项工作，A 完成后 C 才能开始，A、B 完成后 D 才开始	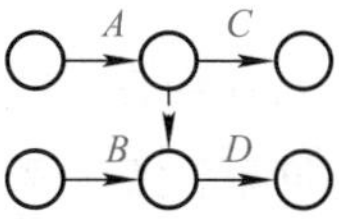	D 与 A 之间引入了逻辑连接(虚工作)，只有这样才能正确表达它们之间的约束关系
8	有 A、B、C、D、E 五项工作，A、B 完成后 C 开始，B、D 完成后 E 开始	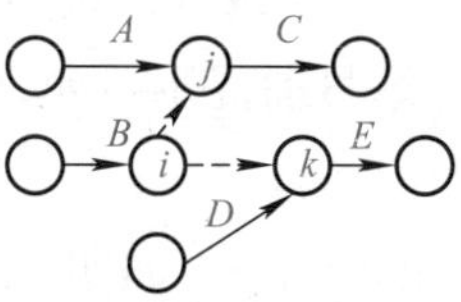	虚工作 i–j 反映出 C 工作受到 B 工作的约束；虚工作 i–k 反映出 E 工作受到 B 工作的约束
9	有 A、B、C、D、E 五项工作，A、B、C 完成后 D 才能开始，B、C 完成后 E 才能开始	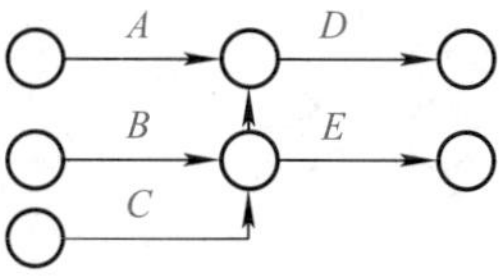	这是前面序号 1、5 情况通过虚工作连接起来，虚工作表示 D 工作受到 B、C 工作制约
10	A、B 两项工作分三个施工段，平行施工	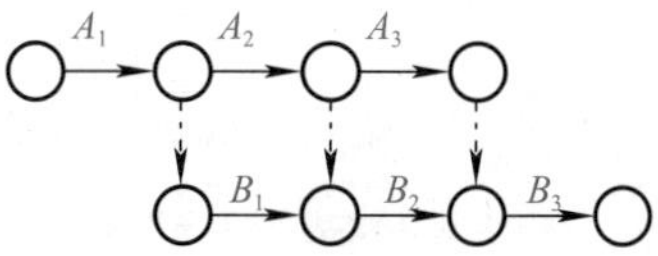	每个工种工程建立专业工作队，在每个施工段上进行流水作业，不同工种之间用逻辑搭接关系表示

2）在网络图中，除了整个网络计划的起点节点外，不允许出现没有紧前工作的“尾部节点”，即没有箭线进入的尾部节点，如图3-22所示。

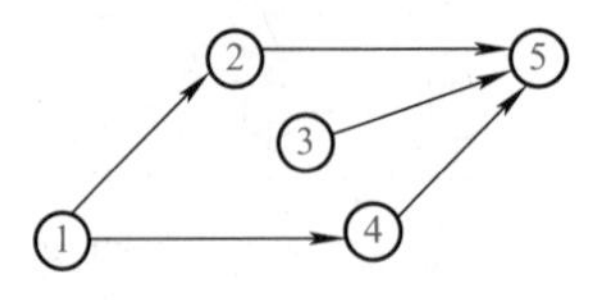

图3-22　起点节点示意图

3）在单目标网络图中，除了整个网络图的终点节点外，不允许出现没有紧后工作的“尽头节点”，即没有箭线引出的节点，如图3-23所示。

4）在网络图中严禁出现循环回路，如图3-24所示。

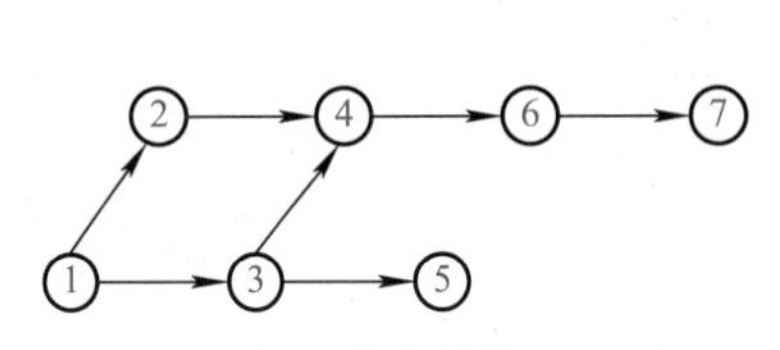

图3-23　终点节点示意图

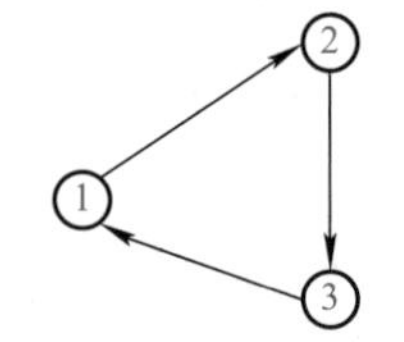

图3-24　循环回路示意图

5）在网络图中不允许出现重复编号的箭线，如图3-25所示。

6）在网络图中不允许出现没有箭尾节点的工作，如图3-26所示。

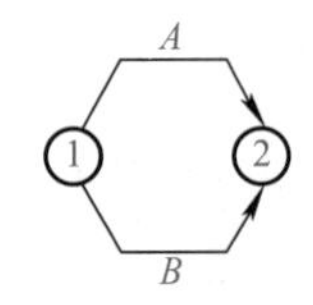

图3-25　重复编号工作示意图

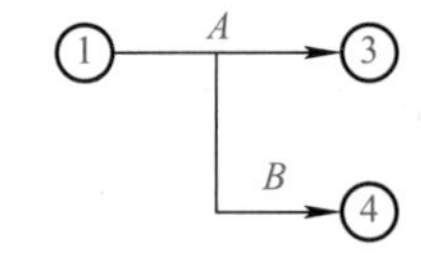

图3-26　无箭尾节点工作示意图

7）在网络图中不允许出现没有箭头节点的工作。

8）在网络图中不允许出现带有双向箭头或无箭头的工作。

9）在双代号网络图中的某些节点有多条外向箭线或多条内向箭线时，在保证一项工作有唯一的一条箭线和对应的一对节点编号前提下，允许使用母线法绘制。

（2）绘制网络图应注意的问题。

1）网络图的布局要条理清楚，重点突出，如图3-27所示。

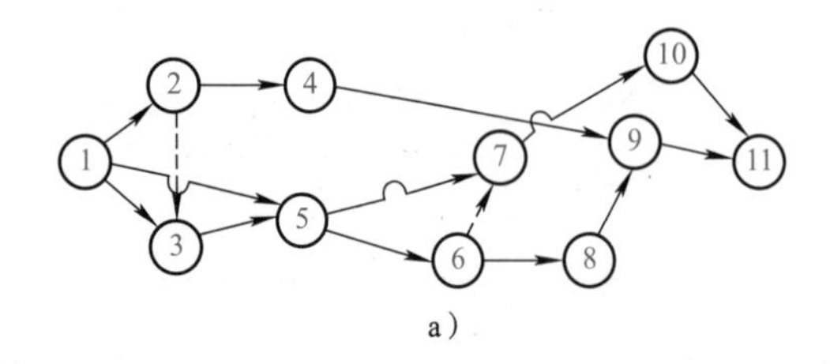

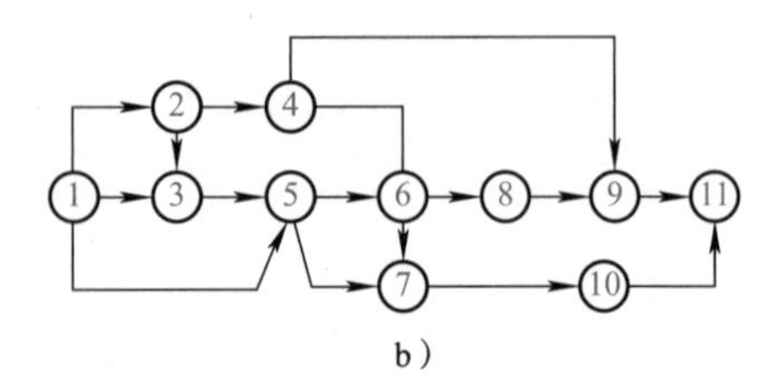

图3-27　网络图布局示意图

a）条理不清楚　b）条理清理

2）交叉箭线的画法，如图 3-28 所示。

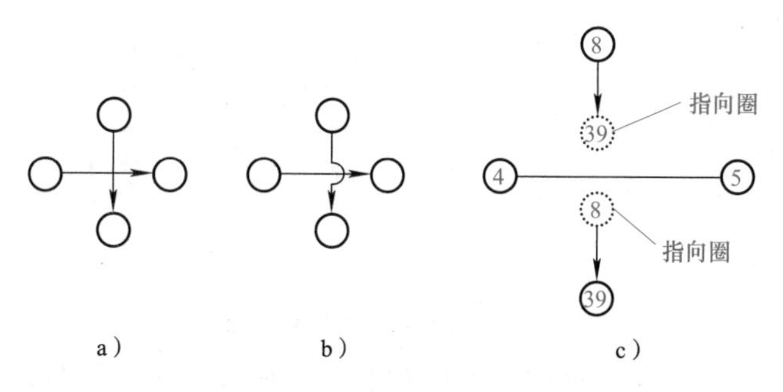

图 3-28　交叉箭线示意图

a）错误　b）、c）正确

3）网络图中的“断路法”。

网络图中对于不发生逻辑关系的工作就容易产生错误，如图 3-29 所示，这种情况应采用虚箭线加以处理，这种方法称为“断路法”，如图 3-30 所示。

例如现浇钢筋混凝土分部工程的网络图，该工程有支模、扎筋、浇筑三项工作，分三段施工，如果绘制成图 3-29 的形式就错了。

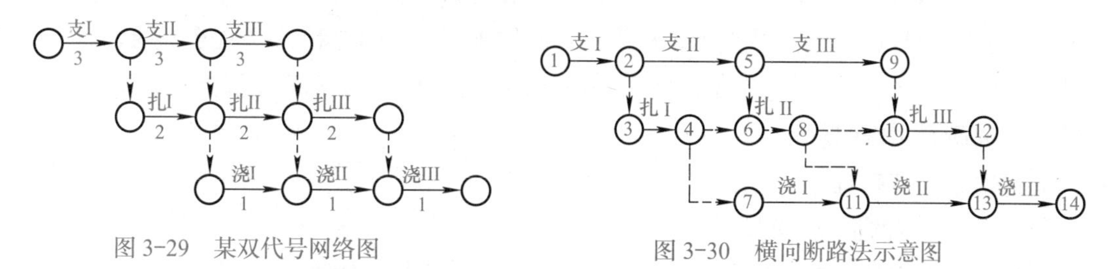

图 3-29　某双代号网络图

图 3-30　横向断路法示意图

4）建筑施工进度网络图的排列方法。

为了使网络计划更形象而清楚地反映出建筑工程施工的特点，绘图时可根据不同的工程情况，不同的施工组织方法，使各工作间在工艺上及组织上的逻辑关系准确而清楚。如果为突出表示工作面的连续或者工作队的连续，用“按施工段排列法”，如图 3-31 所示。如果突出表示工种的连续性，可以用“按工种排列法”，如图 3-30 所示。如果在流水施工中，若干个不同工种工作，沿着建筑物的楼层开展时，用“按楼层排列法”，如图 3-32 所示。

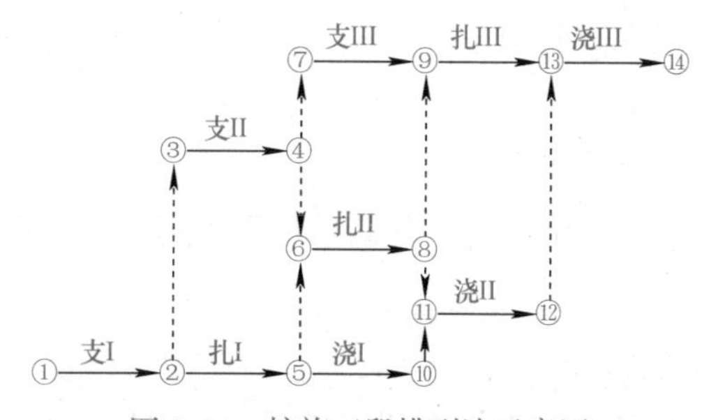

图 3-31　按施工段排列法示意图

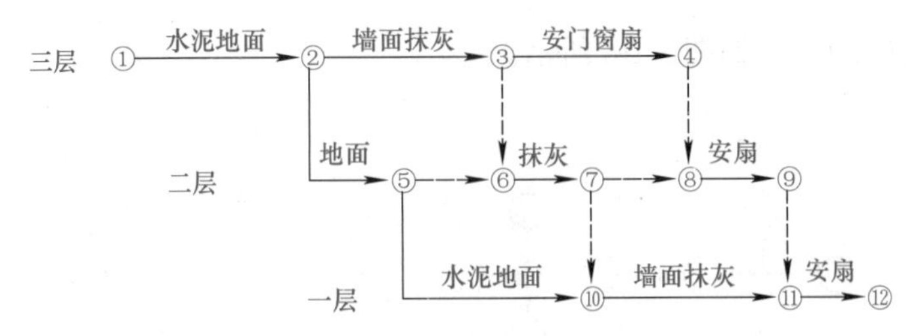

图 3-32　按楼层排列法示意图

双代号网络图时间参数判读

（3）网络计划时间参数的计算。

网络计划时间参数主要内容有各个节点的最早时间和最迟时间；各项工作的最早开始时间、最早完成时间、最迟开始时间、最迟完成时间；各项工作的有关时差以及关键线路的持续时间。

时间参数的计算方法很多，本书仅介绍工作计算法和节点计算法。

1）工作计算法。为了便于理解，举例说明，某一网络图由 h、i、j、k 4 个节点和 $h\text{–}i$，$i\text{–}j$ 及 $j\text{–}k$ 3 项工作组成，如图 3-33 所示。

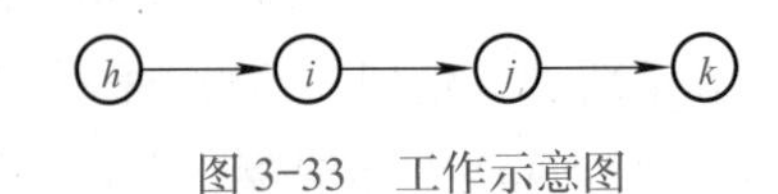

图 3-33　工作示意图

从图 3-33 中可以看出，$i\text{–}j$ 代表一项工作，$h\text{–}i$ 是它的紧前工作。如果 $i\text{–}j$ 之前有许多工作，$h\text{–}i$ 可理解为由起点节点至 i 节点为止沿箭头方向的所有工作的总和。$j\text{–}k$ 代表它的紧后工作。如果 j 是终点节点，则 $j\text{–}k$ 等于零。如果 $i\text{–}j$ 后面有许多工作，$j\text{–}k$ 可理解为由 j 节点至终点节点为止的所有工作的总和。

计算时采用下列符号：

ET_i——i 节点的最早时间；

ET_j——j 节点的最早时间；

LT_i——i 节点的最迟时间；

LT_j——j 节点的最迟时间；

D_{i-j}——$i\text{–}j$ 工作的持续时间；

ES_{i-j}——$i\text{–}j$ 工作的最早开始时间；

LS_{i-j}——$i\text{–}j$ 工作的最迟开始时间；

EF_{i-j}——$i\text{–}j$ 工作的最早完成时间；

LF_{i-j}——$i\text{–}j$ 工作的最迟完成时间；

TF_{i-j}——$i\text{–}j$ 工作的总时差；

FF_{i-j}——$i\text{–}j$ 工作的自由时差。

设网络计划 P 是由 n 个节点所组成，其编号是由小到大（$1 \to n$），其工作时间参数的计算公式如下：

①工作最早开始时间的计算。

工作最早开始时间是指各紧前工作全部完成后，本工作有可能开始的最早时刻。工作

$i-j$ 的最早开始时间 ES_{i-j} 的计算符合下列规定：

◆　工作 $i-j$ 的最早开始时间 ES_{i-j} 应从网络计划的起点节点开始，顺箭线方向依次逐项计算。

◆　工作 $i-j$ 的最早开始时间 ES_{i-j}，当未规定其最早开始时间 ES_{i-j} 时，其值应等于零，即：

$$ES_{i-j}=0\ (i=1) \tag{3-20}$$

◆　当工作只有一项紧前工作时，其最早开始时间应为：

$$ES_{i-j}=ES_{h-i}+D_{h-i} \tag{3-21}$$

式中　ES_{h-i}——工作 $i-j$ 的紧前工作的最早开始时间；

D_{h-i}——工作 $i-j$ 的紧前工作的持续时间；

◆　当工作有多个紧前工作时，其最早开始时间应为：

$$ES_{i-j}=\max\{ES_{h-i}+D_{h-i}\} \tag{3-22}$$

②工作最早完成时间的计算。

工作最早完成时间是指各紧前工作完成后，本工作有可能完成的最早时刻。工作 $i-j$ 的最早完成时间 EF_{i-j} 应按式（3-23）计算：

$$EF_{i-j}=ES_{i-j}+D_{i-j} \tag{3-23}$$

③网络计划工期的计算。

◆　计算工期 T_c 是指根据时间参数计算得到的工期，它应按式（3-24）计算：

$$T_c=\max\{EF_{i-n}\} \tag{3-24}$$

式中　EF_{i-n}——以终点节点（$j=n$）为箭头节点的工作 $i-n$ 的最早完成时间。

◆　网络计划的计划工期计算

网络计划的计划工期是指按要求工期和计算工期确定的作为实施目标的工期。其计算应按下述规定：

规定了要求工期 T_r 时 $T_p \leqslant T_r$　（3-25）

当未规定要求工期时 $T_p=T_c$　（3-26）

④工作最迟完成时间的计算。

工作最迟完成时间是指在不影响整个任务按期完成的前提下，工作必须完成的最迟时刻。

◆　工作 $i-j$ 的最迟完成时间 LF_{i-j} 应从网络计划的终点节点开始，逆着箭线方向依次逐项计算。

◆　以终点节点（$j=n$）为箭点节点的工作最迟完成时间 LF_{i-n}，应按网络计划的计划工期 Tp 确定，即：

$$LF_{i-n}=T_p \tag{3-27}$$

◆　其他工作 $i-j$ 的最迟完成时间 LF_{i-j}，应按式（3-28）计算：

$$LF_{i-j}=\min\{LF_{j-k}-D_{j-k}\} \tag{3-28}$$

式中　LF_{j-k}——工作 $i-j$ 的各项紧后工作 $j-k$ 的最迟完成时间；

D_{j-k}——工作 $i-j$ 的各项紧后工作的持续时间。

⑤工作最迟开始时间的计算。

工作的最迟开始时间是指在不影响整个任务按期完成的前提下，工作必须开始的最迟时刻。

工作 i–j 的最迟开始时间应按式（3–29）计算

$$LS_{i-j}=LF_{i-j}-D_{i-j} \quad (3-29)$$

⑥工作总时差的计算。

工作总时差是指在不影响总工期的前提下，本工作可以利用的机动时间。该时间应按式（3–30）或式（3–31）计算。

$$TF_{i-j}=LS_{i-j}-ES_{i-j} \quad (3-30)$$

$$TF_{i-j}=LF_{i-j}-EF_{i-j} \quad (3-31)$$

⑦工作自由时差的计算。

工作自由时差是指在不影响其紧后工作最早开始时间的前提下，本工作可以利用的机动时间。工作 i–j 的自由时差 FF_{i-j} 的计算应符合下列规定。

◆　当工作 i–j 有紧后工作 j–k 时，其自由时差应为：

$$FF_{i-j}=ES_{j-k}-ES_{i-j}-D_{i-j} \quad (3-32)$$

或

$$FF_{i-j}=ES_{j-k}-EF_{i-j} \quad (3-33)$$

式中　ES_{j-k}——工作 i–j 的紧后工作 j–k 的最早开始时间。

◆　以终点节点为箭头节点的工作，其自由时差 FF_{i-n} 应按网络计划的计划工期 Tp 确定，即：

$$FF_{i-n}=T_p-ES_{i-n}-D_{i-n} \quad (3-34)$$

或

$$FF_{i-n}=T_p-EF_{i-n} \quad (3-35)$$

⑧关键工作和关键线路的判定。

◆　总时差最小的工作为关键工作；当无规定工期时，$T_c=T_p$，最小总时差为零。当 $T_c>T_p$ 时，最小总时差为负数；当 $T_c<T_p$ 时，最小总时差为正数。

◆　自始至终全部由关键工作组成的线路为关键线路，应当用粗线、双线或彩色线标注。

应用案例 3–12

案例概况

某项目分部工程网络计划如图 3–34 所示，请计算各时间参数。图中箭线下的数字是工作的持续时间，以天为单位。

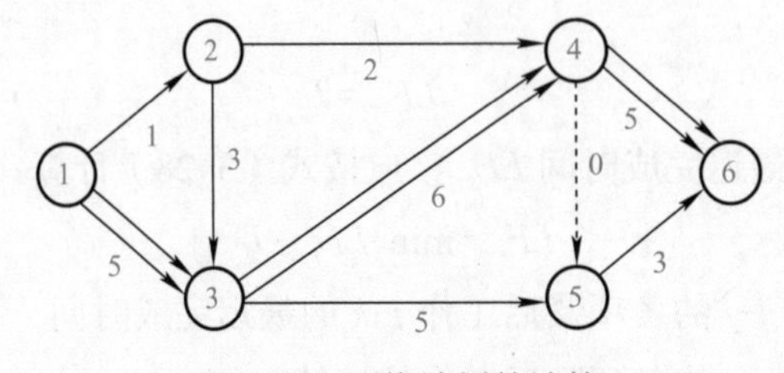

图 3–34　网络计划的计算

案例解析

1）各项工作最早开始时间和最早完成时间的计算：

$ES_{1-2}=0$　　$EF_{1-2}=ES_{1-2}+D_{1-2}=0+1=1$　　$ES_{1-3}=0$

$EF_{1-3}=ES_{1-3}+D_{1-3}=0+5=5$　　$ES_{2-3}=EF_{1-2}=1$　　$EF_{2-3}=ES_{2-3}+D_{2-3}=1+3=4$

$ES_{2-4}=EF_{1-2}=1$　　$EF_{2-4}=ES_{2-4}+D_{2-4}=1+2=3$

$ES_{3-4}=\max\{EF_{1-3}，EF_{2-3}\}=\max\{5，4\}=5$　　$EF_{3-4}=ES_{3-4}+D_{3-4}=5+6=11$

$ES_{3-5}=ES_{3-4}=5$　　$EF_{3-5}=ES_{3-5}+D_{3-5}=5+5=10$

$ES_{4-5}=\max\{EF_{2-4}，EF_{3-4}\}=\max\{3，11\}=11$　　$EF_{4-5}=ES_{4-5}+D_{4-5}=11+0=11$

$ES_{4-6}=ES_{4-5}=11$　　$EF_{4-6}=ES_{4-6}+D_{4-6}=11+5=16$

$ES_{5-6}=\max\{EF_{3-5}，EF_{4-5}\}=\max\{10，11\}=11$　　$EF_{5-6}=ES_{5-6}+D_{5-6}=11+3=14$

2）各项工作最迟开始时间和最迟完成时间的计算：

$LF_{5-6}=EF_{4-6}=16$　　$LS_{5-6}=LF_{5-6}-D_{5-6}=16-3=13$　　$LF_{4-6}=EF_{4-6}=16$

$LS_{4-6}=LF_{4-6}-D_{4-6}=16-5=11$　　$LF_{4-5}=LS_{5-6}=13$　　$LS_{4-5}=LF_{4-5}-D_{4-5}=13-0=13$

$LF_{3-5}=LS_{5-6}=13$　　$LS_{3-5}=LF_{3-5}-D_{3-5}=13-5=8$

$LF_{3-4}=\min\{LS_{4-6}，LS_{4-5}\}=\min\{11，13\}=11$　　$LS_{3-4}=LF_{3-4}-D_{3-4}=11-6=5$

$LF_{2-4}=\min\{LS_{4-6}，LS_{4-5}\}=\min\{11，13\}=11$　　$LS_{2-4}=LF_{2-4}-D_{2-4}=11-2=9$

$LF_{2-3}=\min\{LS_{3-5}，LS_{3-4}\}=\min\{8，5\}=5$　　$LS_{2-3}=LF_{2-3}-D_{2-3}=5-3=2$

$LF_{1-3}=\min\{LS_{3-5}，LS_{3-4}\}=\min\{8，5\}=5$　　$LS_{1-3}=LF_{1-3}-D_{1-3}=5-5=0$

$LF_{1-2}=\min\{LS_{2-3}，LS_{2-4}\}=\min\{2，9\}=2$　　$LS_{1-2}=LF_{1-2}-D_{1-2}=2-1=1$

3）各项工作总时差的计算

$TF_{1-2}=LF_{1-2}-EF_{1-2}=2-1=1$　　$TF_{1-3}=LF_{1-3}-EF_{1-3}=5-5=0$

$TF_{2-3}=LF_{2-3}-EF_{2-3}=5-4=1$　　$TF_{2-4}=LF_{2-4}-EF_{2-4}=11-3=8$

$TF_{3-4}=LF_{3-4}-EF_{3-4}=11-11=0$　　$TF_{3-5}=LF_{3-5}-EF_{3-5}=13-10=3$

$TF_{4-5}=LF_{4-5}-EF_{4-5}=13-11=2$　　$TF_{4-6}=LF_{4-6}-EF_{4-6}=16-16=0$

$TF_{5-6}=LF_{5-6}-EF_{5-6}=16-14=2$

4）各项工作自由时差的计算

$FF_{1-2}=ES_{2-3}-EF_{1-2}=1-1=0$　　$FF_{1-3}=ES_{3-4}-EF_{1-3}=5-5=0$

$FF_{2-3}=ES_{3-4}-EF_{2-3}=5-4=1$　　$FF_{2-4}=ES_{4-5}-EF_{2-4}=11-3=8$

$FF_{3-4}=ES_{4-5}-EF_{3-4}=11-11=0$　　$FF_{3-5}=ES_{5-6}-EF_{3-5}=11-10=1$

$FF_{4-5}=ES_{5-6}-EF_{4-5}=11-11=0$　　$FF_{4-6}=T_p-EF_{4-6}=16-16=0$

$FF_{5-6}=T_p-EF_{5-6}=16-14=2$

为了进一步说明总时差和自由时差之间的关系，取出网络图（图 3-34）中的一部分，如图 3-35 所示。从图上可见，工作 3-5 总时差就等于本工作 3-5 及紧后工作 5-6 的自由时差之和。

$TF_{3-5}=FF_{3-5}+FF_{5-6}=1+2=3$

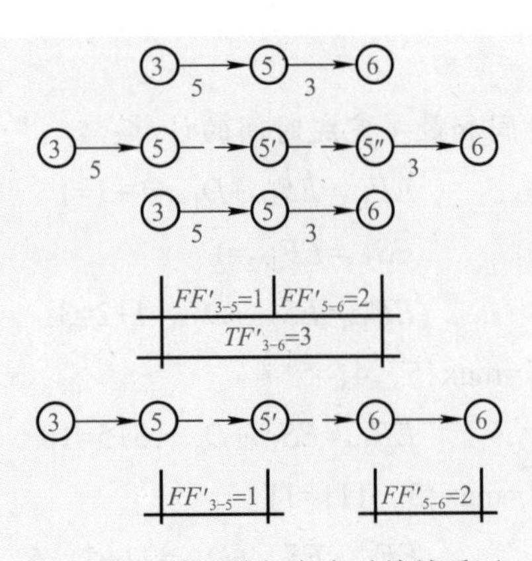

图 3-35 总时差与自由时差关系图

同时，从图中可见，本工作不仅可以利用自己的自由时差，而且可以利用紧后工作的自由时差（但不得超过本工作总时差）。

由图 3-35 分析，关键节点为 1，3，4，6；关键工作为 1-3-4-6。

2）节点计算法（图 3-36 所示）。

①节点最早时间的计算。

节点最早时间是指双代号网络计划中，以该节点为开始节点的各项工作的最早开始时间。

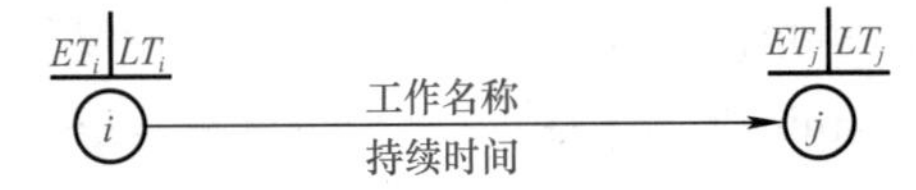

图 3-36 按节点计算法的标注内容

起点节点 i 如未规定最早时间，其值应等于零，即：$ET_i=0(i=1)$ （3-36）

当节点 j 只有一条内向箭线时，其最早时间应为 $ET_j=ET_i+D_{i-j}$ （3-37）

当节点 j 有多条内向箭线时，其最早时间应为：$ET_j=\max\{ET_i+D_{i-j}\}$ （3-38）

②网络计划工期的计算。

$$T_c=ET_n \quad （3-39）$$

式中 ET_n——终点节点 n 的最早时间。

网络计划工期 T_p 的确定与工作计算法相同。

③节点最迟时间的计算。

节点最迟时间是指双代号网络计划中，以该节点为完成节点的各项工作的最迟完成时间。

终点节点上的最迟时间应等于网络计划的计划工期。$LT_n=T_p$ （3-40）

当节点 i 只有一个外向箭线时，最迟时间为：$LT_i=LT_j-D_{i-j}$ （3-41）

当节点有多条外向箭线时，其最迟时间为：$LT_i=\min\{LT_j-D_{i-j}\}$ （3-42）

④工作时间参数的计算。

工作 $i-j$ 的最早开始时间 ES_{i-j} 为：$ES_{i-j}=ET_i$ （3-43）

工作 $i\text{-}j$ 的最早完成时间 EF_{i-j} 为：$EF_{i-j}=ET_i+D_{i-j}$　　（3-44）

工作 $i\text{-}j$ 的最迟完成时间 LF_{i-j} 为：$LF_{i-j}=LT_j$　　（3-45）

工作 $i\text{-}j$ 的最迟开始时间 LS_{i-j} 为：$LS_{i-j}=LT_j-D_{i-j}$　　（3-46）

工作 $i\text{-}j$ 的总时差 TF_{i-j} 为：$TF_{i-j}=LT_j-ET_i-D_{i-j}$　　（3-47）

工作 $i\text{-}j$ 的自由时差 FF_{i-j} 为：$FF_{i-j}=ET_j-ET_i-D_{i-j}$　　（3-48）

为了进一步理解和应用以上计算公式，现仍以图 3-34 为例说明计算的各个步骤。

◆　计算节点最早时间

$ET_1=0$

$ET_2=\max\{ET_1+D_{1-2}\}=\max\{0+1\}=1$

$ET_3=\max\{ET_1+D_{1-3}，ET_2+D_{2-3}\}=\max\{0+5，1+3\}=5$

$ET_4=\max\{ET_2+D_{2-4}，ET_3+D_{3-4}\}=\max\{1+2，5+6\}=11$

$ET_5=\max\{ET_3+D_{3-5}，ET_4+D_{4-5}\}=\max\{5+5，11+0\}=11$

$ET_6=\max\{ET_4+D_{4-6}，ET_5+D_{5-6}\}=\max\{11+5，11+3\}=16$

ET_6 是网络图 3-34 终点节点最早可能开始时间的最大值，也是关键线路的持续时间。

◆　计算各个节点最迟时间

$ET_6=LT_6=T_c=T_P=16$

$LT_5=\min\{LT_6+D_{5-6}\}=16-3=13$

$LT_4=\min\{LT_5-D_{4-5}，LT_6-D_{4-6}\}=\min\{13-0，16-5\}=11$

$LT_3=\min\{LT_4-D_{3-4}，LT_5-D_{3-5}\}=\min\{11-6，13-5\}=5$

$LT_2=\min\{LT_3-D_{2-3}，LT_4-D_{2-4}\}=\min\{5-3，11-2\}=2$

$LT_1=\min\{LT_2-D_{1-2}，LT_3-D_{1-3}\}=\min\{2-1，5-5\}=0$

◆　计算各项工作最早开始时间和最早完成时间

$ES_{1-2}=ET_1=0$　　$EF_{1-2}=ET_1+D_{1-2}=0+1=1$　　$ES_{1-3}=ET_1=0$

$EF_{1-3}=ET_1+D_{1-3}=0+5=5$　　$ES_{2-3}=ET_2=1$　　$EF_{2-3}=ET_2+D_{2-3}=1+3=4$

$ES_{2-4}=ET_2=1$　　$EF_{2-4}=ET_2+D_{2-4}=1+2=3$　　$ES_{3-4}=ET_3=5$

$EF_{3-4}=ET_3+D_{3-4}=5+6=11$　　$ES_{3-5}=ET_3=5$　　$EF_{3-5}=ET_3+D_{3-5}=5+5=10$

$ES_{4-5}=ET_4=11$　　$EF_{4-5}=ET_4+D_{4-5}=11+0=11$　　$ES_{4-6}=ET_4=11$

$EF_{4-6}=ET_4+D_{4-6}=11+5=16$　　$ES_{5-6}=ET_5=11$　　$EF_{5-6}=ET_5+D_{5-6}=11+3=14$

◆　计算各项工作最迟开始时间和最迟完成时间

$LF_{5-6}=LT_6=16$　　$LS_{5-6}=LT_6-D_{5-6}=16-3=13$　　$LF_{4-6}=LT_6=16$

$LS_{4-6}=LT_6-D_{4-6}=16-5=11$　　$LF_{4-5}=LT_5=13$　　$LS_{4-5}=LT_5-D_{4-5}=13-0=13$

$LF_{3-5}=LT_5=13$　　$LS_{3-5}=LT_5-D_{3-5}=13-5=8$　　$LF_{3-4}=LT_4=11$

$LS_{3-4}=LT_4-D_{3-4}=11-6=5$　　$LF_{2-4}=LT_4=11$　　$LS_{2-4}=LT_4-D_{2-4}=11-2=9$

$LF_{2-3}=LT_3=5$　　$LS_{2-3}=LT_3-D_{2-3}=5-3=2$　　$LF_{1-3}=LT_3=5$

$LS_{1-3}=LT_3-D_{1-3}=5-5=0$　　$LF_{1-2}=LT_2=2$　　$LS_{1-2}=LT_2-D_{1-2}=2-1=1$

◆　计算各项工作的总时差

$TF_{1-2}=LT_2-ET_1-D_{1-2}=2-0-1=1$　　$TF_{1-3}=LT_3-ET_1-D_{1-3}=5-0-5=0$

$TF_{2-3}=LT_3-ET_2-D_{2-3}=5-1-3=1$　　$TF_{2-4}=LT_4-ET_2-D_{2-4}=11-1-2=8$

$TF_{3-4}=LT_4-ET_3-D_{3-4}=11-5-6=0$　　$TF_{3-5}=LT_5-ET_3-D_{3-5}=13-5-5=3$

$TF_{4-5}=LT_5-ET_4-D_{4-5}=13-11-0=2$　　$TF_{4-6}=LT_6-ET_4-D_{4-6}=16-11-5=0$

$TF_{5-6}=LT_6-ET_5-D_{5-6}=16-11-3=2$

◆ 计算各项工作的自由时差

$FF_{1-2}=ET_2-ET_1-D_{1-2}=1-0-1=0$　　$FF_{1-3}=ET_3-ET_1-D_{1-3}=5-0-5=0$

$FF_{2-3}=ET_3-ET_2-D_{2-3}=5-1-3=1$　　$FF_{2-4}=ET_4-ET_2-D_{2-4}=11-1-2=8$

$FF_{3-4}=ET_4-ET_3-D_{3-4}=11-5-6=0$　　$FF_{3-5}=ET_5-ET_3-D_{3-5}=11-5-5=1$

$FF_{4-5}=ET_5-ET_4-D_{4-5}=11-11-0=0$　　$FF_{4-6}=ET_6-ET_4-D_{4-6}=16-11-5=0$

$FF_{5-6}=ET_6-ET_5-D_{5-6}=16-11-3=2$

◆ 关键工作和关键线路的确定

在网络计划中总时差最小的工作称为关键工作。本例中由于网络计划的计算工期等于其计划工期，故总时差为零的工作即为关键工作。

$TF_{1-3}=LT_3-ET_1-D_{1-3}=5-0-5=0$　　∴ 1–3 工作是关键工作

$TF_{3-4}=LT_4-ET_3-D_{3-4}=11-5-6=0$　　∴ 3–4 工作是关键工作

$TF_{4-6}=LT_6-ET_4-D_{4-6}=16-11-5=0$　　∴ 4–6 工作是关键工作

将上述各项关键工作依次连起来，就是整个网络图的关键线路，如图 3-35 中双箭线所示。

（三）双代号时标网络计划

1．双代号时标网络计划的特点

（1）时标网络计划中，箭线的长短与时间有关。

（2）可直接显示各工作的时间参数和关键线路，而不必计算。

（3）由于受到时间坐标的限制，所以时标网络计划不会产生闭合回路。

（4）可以直接在时标网络图的下方绘出资源动态曲线，便于分析，平衡调度。

（5）由于箭线的长度和位置受时间坐标的限制，因而调整和修改不太方便。

2．双代号时标网络计划的基本符号

时标网络计划的工作，以实箭线表示，自由时差用波形线表示，虚工作以虚箭线表示。如图 3-37 和图 3-38 所示，是时标计划表的表达方式。

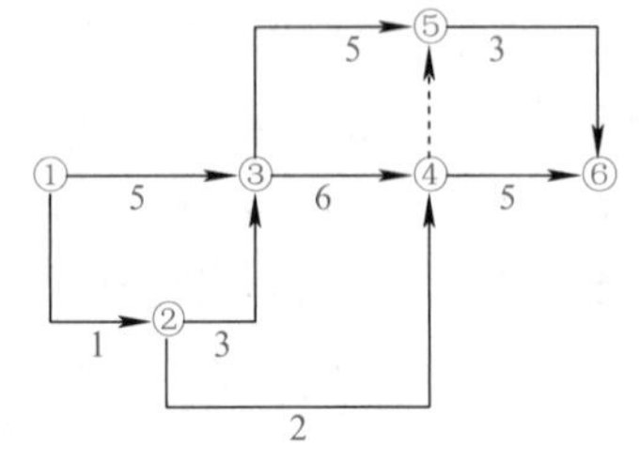

图 3-37　双代号网络计划

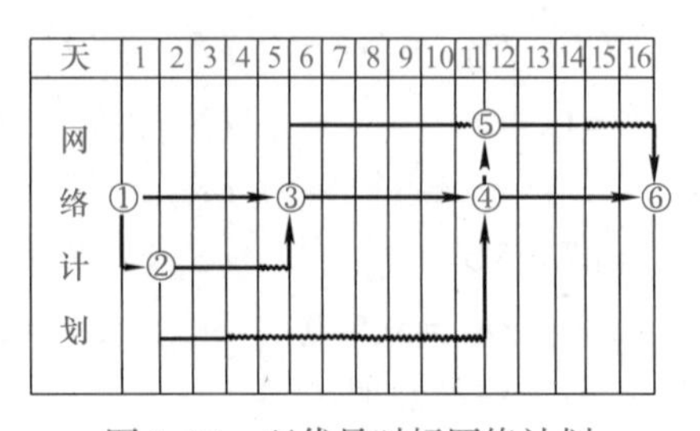

图 3-38　双代号时标网络计划

3. 双代号时标网络计划的绘图要求

（1）时间长度是以所有符号在时标表上的水平位置及其水平投影长度表示的，与其所代表的时间值相对应。

（2）节点的中心必须对准时标的刻度线。

（3）虚工作必须以垂直虚箭线表示，有时差时加波形线表示。

（4）时标网络计划宜按最早时间编制，不宜按最迟时间编制。

（5）时标网络计划编制前，必须先绘制无时标网络计划。

（6）绘制时标网络计划图可以在以下两种方法中任选一种：

1）先计算无时标网络计划的时间参数，如图3-39所示，再按该计划在时标表上进行绘制。

2）不计算时间参数，直接根据无时标网络计划在时标表上进行绘制。

4. 双代号时标网络计划关键线路和时间参数的计算

（1）关键线路的确定：自始至终不出现波形线的线路。

图3-38中的①—③—④—⑥线路；

图3-40中的①—②—③—⑤—⑥—⑦—⑨—⑩线路和

①—②—③—⑤—⑥—⑧—⑨—⑩线路，用粗线、双线或彩色线标注均可。

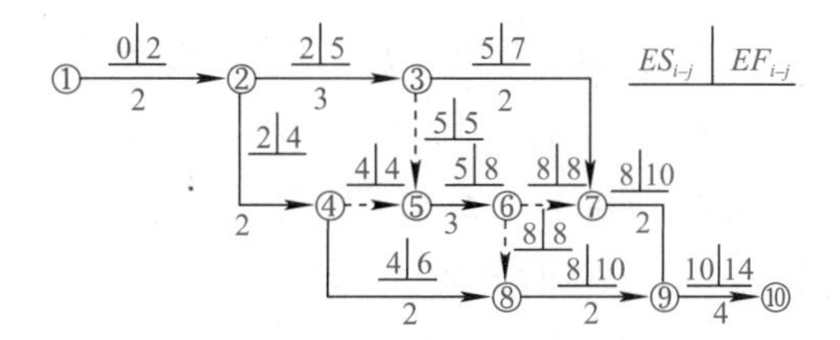

图3-39　无时标网络计划

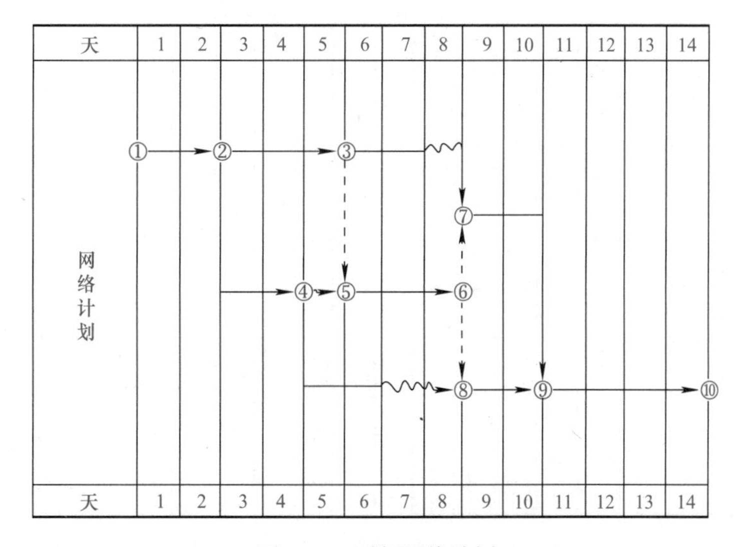

图3-40　时标网络计划

（2）时间参数的计算。

1）计算工期的确定：其终点与起点节点所在位置的时标值差，时标网络计划的计算工期是 14−0=14 天。

2）最早时间的确定：每条箭线尾节点所对应的时标值是工作的最早开始时间，箭线实线部分右端或箭头节点中心所对应的时标值代表的最早完成时间。

3）自由时差的确定：等于其波形线在坐标轴上水平投影的长度，工作③—⑦的自由时差为 1 天。

4）总时差的确定：工作总时差等于其紧后工作总时差的最小值与本工作的自由时差之和。

以终点节点（$j=n$）为箭头节点的工作的总时差 TF_{i-j} 按网络计划的计划工期 T_p 计算确定即

$$TF_{i-n}=T_p-EF_{i-n} \tag{3-49}$$

其他工作的总时差应为

$$TF_{i-j}=\min\{TF_{j-k}+FF_{i-j}\} \tag{3-50}$$

按公式（3-49）计算得：$TF_{9-10}=14-14=0$ 天

按公式（3-50）计算得：$TF_{7-9}=0+0=0$ 天　$TF_{3-7}=0+1=1$ 天

$TF_{8-9}=0+0=0$ 天　$TF_{4-8}=0+2=2$ 天

$TF_{5-6}=\min\{0+0，0+0\}=0$ 天

$TF_{4-5}=0+1=1$ 天　$TF_{2-4}=\min\{2+0，1+0\}=1$ 天

以此类推，可计算出全部工作的总时差值。

计算完成后，如果有必要，可将工作总时差值标注在相应的波形线或实箭线之上，如图 3-41 所示。

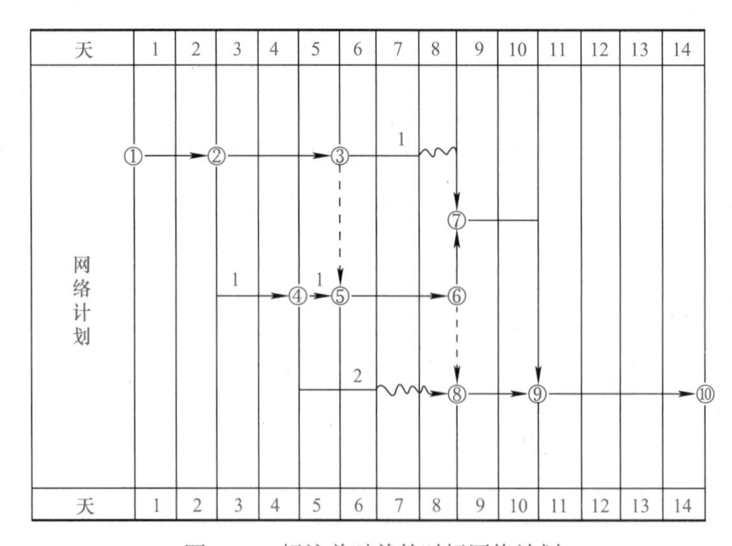

图 3-41　标注总时差的时标网络计划

5）工作最迟时间的计算：由于已知最早开始时间和最早完成时间，又知道了总时差，故其工作最迟时间可用以下公式进行计算：

$$LS_{i-j}=ES_{i-j}+TF_{i-j} \tag{3-51}$$

$$LF_{i-j}=EF_{i-j}+TF_{i-j} \tag{3-52}$$

按式（3-51）和式（3-52）进行计算图 3-41，可得：

$$LS_{2-4}=ES_{2-4}+TF_{2-4}=2+1=3\text{ 天}$$

$$LF_{2-4}=EF_{2-4}+TF_{2-4}=4+1=5\text{ 天}$$

（四）单代号网络计划

1. 单代号网络计划的基本概念

（1）箭线：表示紧邻工作之间的逻辑关系，箭线应画成水平直线，折线或斜线。

（2）节点：单代号网络图中的每个节点表示一项工作，用圆圈或矩形表示。节点所表示的工作名称，持续时间和工作代号等应标注在节点内，如图 3-42 所示。

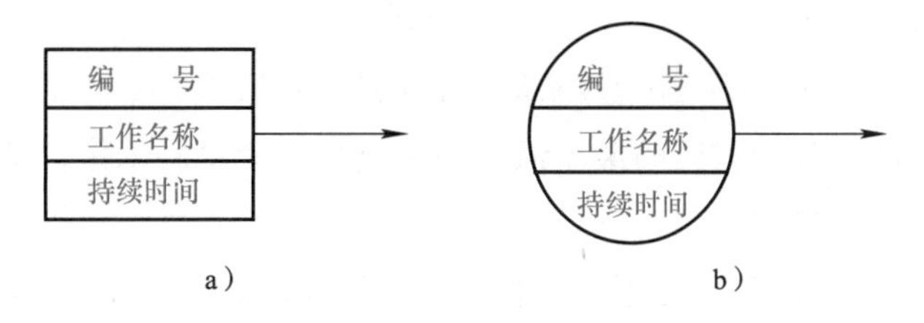

图 3-42　单代号表示法

2. 单代号网络图的绘制规则

单代号网络图的绘制

（1）单代号网络图必须正确表述已定的逻辑关系。

（2）单代号网络图中，严禁出现循环回路。

（3）单代号网络图中，严禁出现双向箭头或无箭头的连线。

（4）单代号网络图中，严禁出现没有箭尾节点的箭线和没有箭头节点的箭线。

（5）绘制网络图时，箭线不宜交叉，当交叉不可避免时，可采用过桥法和指向法绘制。

（6）单代号网络计划只应有一个起点节点和一个终点节点。

3. 单代号网络计划的时间参数计算

D_i——i 工作的持续时间；　T_p——计划工期；

ES_i——i 工作最早开始时间；　EF_i——i 工作最早完成时间；

LS_i——i 工作最迟开始时间；　LF_i——i 工作最迟完成时间；

TF_i——i 工作的总时差；　FF_i——i 工作的自由时差。

（1）最早开始时间的计算。当起点节点 i 的最早开始时间无规定时，其值应为零：

$$ES_i=0\ (i=1) \tag{3-53}$$

最早开始时间：一项工作（节点）的最早开始时间等于它的各紧前工作的最早完成时

间的最大值；如果本工作只有一个紧前工作，那么其最早开始时间就是这个紧前工作的最早完成时间。

j 工作前有多个紧前工作时：$ES_j=\max\{EF_i\}$（$i<j$）　（3-54）

j 工作前只有一个紧前工作时：$ES_j=EF_i$　（3-55）

（2）最早完成时间：一项工作（节点）的最早完成时间就等于其最早开始时间加本工作持续时间的和。

$$EF_j= ES_j+ D_j \quad (3\text{-}56)$$

当计算到网络图终点时，由于其本身不占用时间，即其持续时间为零，所以：

$$EF_n= ES_n=\max\{EF_i\}\text{（}i\text{ 为终点节点的紧前工作）} \quad (3\text{-}57)$$

（3）最迟完成时间：一项工作的最迟完成时间是指在保证不致拖延总工期的条件下，本工作最迟必须完成的时间：

$$LF_n=T_{\text{p}} \quad (3\text{-}58)$$

式中　T_{p}——计划工期。

当 $T_{\text{p}}=EF_n$ 时　$LF_n=EF_n$　（3-59）

任一工作最迟完成时间不应影响其紧后工作的最迟开始时间，所以，工作的最迟完成时间等于其紧后工作最迟开始时间的最小值，如果只有一个紧后工作，其最迟完成时间就等于此紧后工作的最迟开始时间：

$$i\text{ 有多项紧后工作时：}LF_i=\min\{LS_j\}(i<j) \quad (3\text{-}60)$$

$$i\text{ 只有一个紧后工作时：}LF_i= LS_j(i<j) \quad (3\text{-}61)$$

从上面可以看出，最迟完成时间的计算是从终点节点开始逆箭头方向计算的。

（4）最迟开始时间 LS_i：工作的最迟开始时间等于其最迟完成时间减去本工作的持续时间：

$$LS_i=LF_i-D_i \quad (3\text{-}62)$$

（5）计算时差：

工作时差的概念与双代号网络图完全一致，但由于单代号工作在节点上，所以，其表示符号有所不同，其计算公式为：

总时差：$TF_i= LS_i-ES_i$　（3-63）

自由时差：即不影响紧后工作按最早开始时间时本工作的机动时间。

$$FF_i=\min\{ES_j-EF_i\}\ (i<j) \quad (3\text{-}64)$$

（6）计算相邻两项工作 i 和 j 之间的时间间隔 $LAG_{i,j}$：

当终点节点为虚拟节点时，其时间间隔应为：$LAG_{i,n}=T_{\text{p}}-EF_i$　（3-65）

其他节点之间的时间间隔为：$LAG_{i,j}=ES_j-EF_i$　（3-66）

4．单代号网络计划关键工作和关键线路的确定

关键工作的确定：总时差最小的工作应为关键工作。

关键线路的确定：从起点节点起到终点节点均为关键工作，且所有工作的时间间隔均为零的线路应为关键线路。该线路在网络图上应用粗线、双线或彩色线标注。

应用案例 3-13

案例概况

某工程项目分部工程项目进度计划如图 3-43 所示，计算各时间参数，并找出关键线路。

案例解析

第一步，计算最早时间：

起点节点：$D_{st}=0$　$ES_{st}=0$　$EF_{st}=ES_{st}+D_{st}=0$

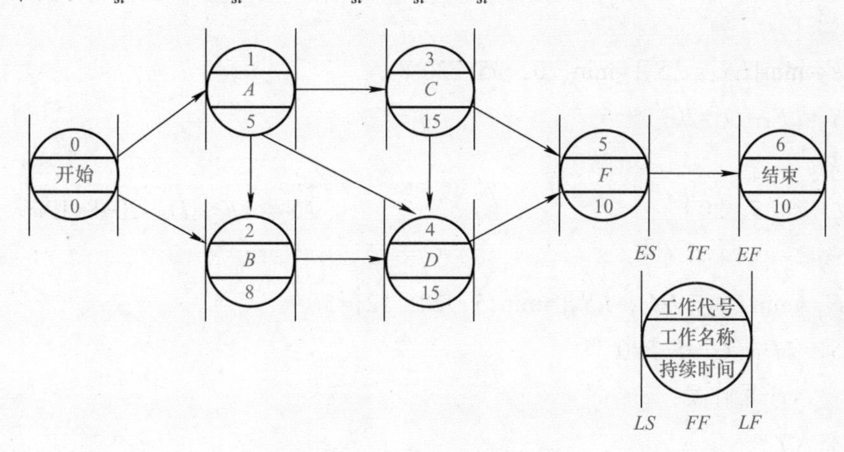

图 3-43　某单代号网络计划

以下根据公式

$ES_j=\max\{EF_i\}$　　$EF_j=ES_j+D_j$

A 节点：

$ES_1=ES_{st}=0$（A 节点前只有起点节点）　　$EF_1=ES_1+D_1=0+5=5$

B 节点：

$ES_2=\max\{ES_{st}, EF_1\}=\max\{0, 5\}=5$　　$EF_2=ES_2+D_2=5+8=13$

C 节点：

$ES_3=EF_1=5$　　$EF_3=ES_3+D_3=5+15=20$

D 节点：有三个紧前工作：

$ES_4=\max\{EF_1, EF_2, EF_3\}=\max\{5, 13, 20\}=20$

$EF_4=ES_4+D_4=20+15=35$

F 节点：

$ES_5=\max\{EF_3, EF_4\}=\max\{20, 35\}=35$　　$EF_5=ES_5+D_5=35+10=45$

终点节点：

$ES_6=EF_5=45$　　$EF_6=ES_6+D_6=45+0=45$

第二步，计算工作最迟时间：

首先令 $T_p=EF_6=45$（为计划工期）

所以：$LF_6=LS_6=EF_6=45$

以下根据公式

$LF_i=\min\{LS_j\}$　　　　$LS_i=LF_i-D_i$

F 节点：

$LF_5=LS_6=45$　　　　$LS_5=LF_5-D_5=45-10=35$

D 节点：

$LF_4=LS_5=35$　　　　$LS_4=LF_4-D_4=35-15=20$

C 节点：

$LF_3=\min\{LS_4, LS_5\}=\min\{20, 35\}=20$

$LS_3=LF_3-D_3=20-15=5$

B 节点：

$LF_2=LS_4=20$　　　　$LS_2=LF_2-D_2=20-8=12$

A 节点：

$LF_1=\min\{LS_3, LS_4, LS_2\}=\min\{5, 20, 12\}=5$

$LS_1=LF_1-D_1=5-5=0$

第三步，计算时差：

根据公式：

$TF_i=LS_i-ES_i=LF_i-EF_i$　　　　$FF_i=\min\{ES_j-EF_i\}$ 或

$FF_i=\min\{ES_j-ES_i-D_i\}$

$TF_1=LS_1-ES_1=0-0=0$ 或 $=LF_1-EF_1=5-5=0$

以后各节点依此公式计算其总时差：

$TF_2=LS_2-ES_2=12-5=7$　　　　$TF_3=LS_3-ES_3=5-5=0$

$TF_4=LS_4-ES_4=20-20=0$　　　　$TF_5=LS_5-ES_5=35-35=0$

各节点的自由时差计算如下：

$FF_1=\min\{ES_2-EF_1, ES_3-EF_1, ES_4-EF_1\}$

$=\min\{5-5, 5-5, 20-5\}=0$

$FF_2=ES_4-EF_2=20-13=7$

$FF_3=\min\{ES_4-EF_3, ES_5-EF_3\}=\min\{20-20, 35-20\}=0$

$FF_4=ES_5-EF_4=35-35=0$

在本题中，起点节点、终点节点的最早开始和最迟开始是相同的，所以，其总时差为零。同双代号网络图一样，单代号网络图中总时差为零，其自由时差必然为零。

第四步，计算终点节点为虚拟节点，其时间间隔计算为：

$LAG_{5,6}=45-45=0$

其他节点的时间间隔根据公式计算为：

$LAG_{4,5}$=35−35=0；$LAG_{3,5}$=35−20=15；$LAG_{3,4}$=20−20=0；

$LAG_{2,4}$=20−13=7；$LAG_{1,4}$=20−5=15；$LAG_{1,3}$=5−5=0；

$LAG_{1,2}$=5−5=0；$LAG_{0,2}$=5−0=5；$LAG_{0,1}$=0−0=0。

第五步，确定关键工作和关键线路。

总时差最小的工作在本例中是总时差为零的工作，这些工作为 S_t，A，C，D，F，F_{in}。考虑这些工作之间的时间间隔为零的相连，则构成了关键线路为：S_t—A—C—D—F—F_{in}。

所有参数计算结果及关键线路如图 3-44 所示。

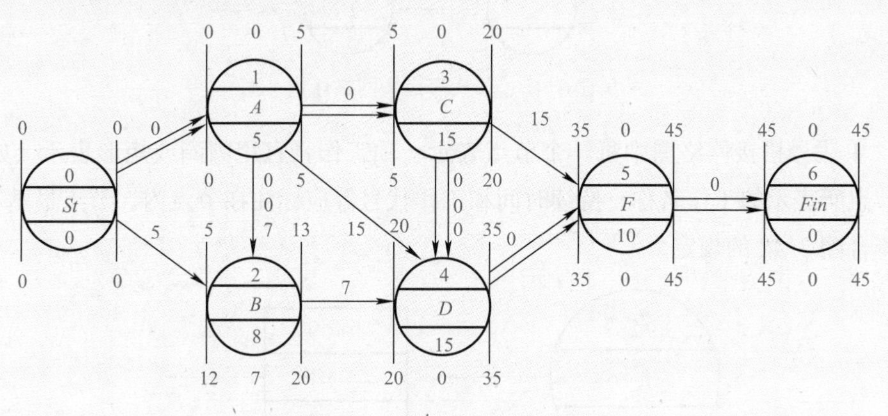

图 3-44　某单代号网络计划

（五）单代号搭接网络计划

1. 基本概念

在普通双代号和单代号网络计划中，各项工作按依次顺序进行，即任何一项工作都必须在它的紧前工作全部完成后才能开始。

图 3-45a 以横道图表示相邻的 *A*、*B* 两工作，*A* 工作进行 4d 后 *B* 工作即可开始，而不必要等 *A* 工作全部完成。这种情况若按依次顺序用网络图表示就必须把 *A* 工作分为两部分，即 A_1 和 A_2 工作，以双代号网络图表示如图 3-45b 所示，以单代号网络图表示则如图 3-45c 所示。

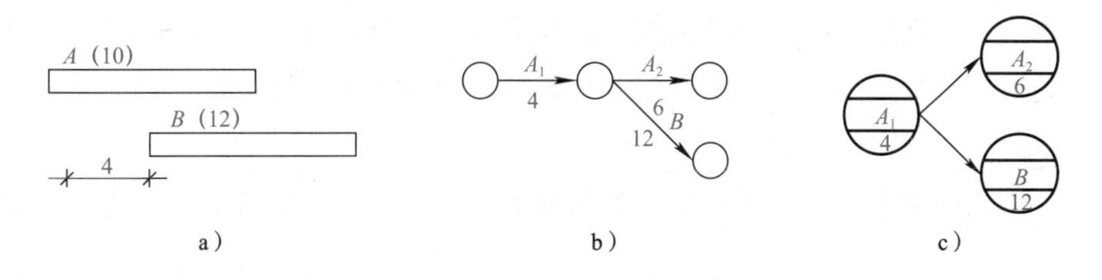

图 3-45　*A*、*B* 两工作搭接关系的表示方法

a）用横道图表示　b）用双代号表示　c）用单代号表示

但在实际工作中，为了缩短工期，许多工作可采用平行搭接的方式进行。为了简单直接地表达这种搭接关系，使编制网络计划得以简化，于是出现了搭接网络计划方法。单代号搭接网络图如图3-46所示。其中起点节点 S_t 和终点节点 F_{in} 为虚拟节点。

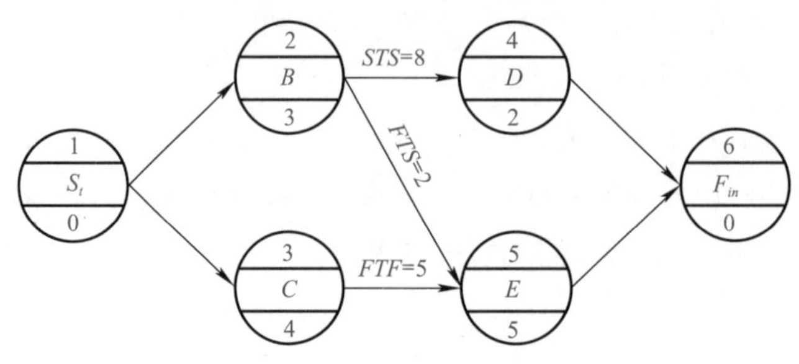

图3-46　单代号搭接网络计划

（1）单代号搭接网络图中每一个节点表示一项工作，宜用圆圈或矩形表示，如图3-47所示。节点所表示的工作名称、持续时间和工作代号等应标注在节点内。节点最基本的表示方法应符合图3-48的规定。

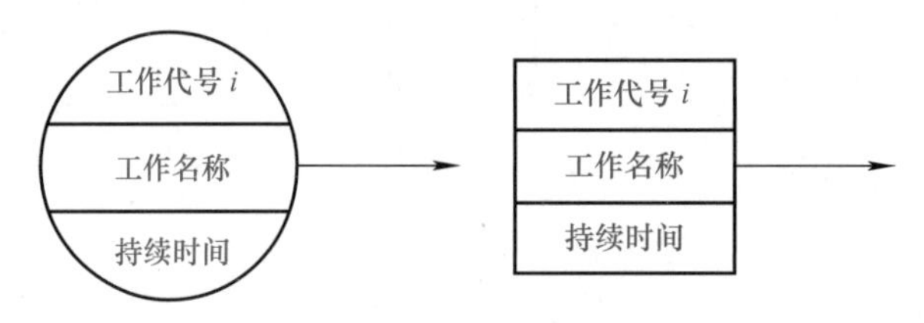

图3-47　单代号搭接网络图工作的表示方法

（2）单代号搭接网络图中，箭线及其上面的时距符号表示相邻工作间的逻辑关系，箭线应画成水平直线、折线或斜线。箭线水平投影的方向应自左向右，表示工作的进行方向。

工作的搭接顺序关系是用前项工作的开始或完成时间与其紧后工作的开始或完成时间之间的间距来表示，具体有四类：

$FTS_{i,j}$——工作 i 完成时间与其紧后工作 j 开始时间的时间间距；

$FTF_{i,j}$——工作 i 完成时间与其紧后工作 j 完成时间的时间间距；

$STS_{i,j}$——工作 i 开始时间与其紧后工作 j 开始时间的时间间距；

$STF_{i,j}$——工作 i 开始时间与其紧后工作 j 完成时间的时间间距。

（3）单代号网络图中的节点必须编号，编号标注在节点内，其号码可间断，但不允许重复。箭线的箭尾节点编号应小于箭头节点编号。一项工作必须有唯一的一个节点及相应的一个编号。

（4）工作之间的逻辑关系包括工艺关系和组织关系，在网络图中均表现为工作之间的先后顺序。

（5）单代号搭接网络图中，各条线路应用该线路上的节点编号自小到大依次表述，也可用工作名称依次表述。如图3-46所示的单代号搭接网络图中的一条线路可表述为1—2—

5—6，也可表述为 S_t—B—E—F_{in}。

（6）单代号搭接网络计划中的时间参数基本内容和形式应按图 3-48 所示方式标注。工作名称和工作持续时间标注在节点圆圈内，工作的时间参数（如 ES，EF，LS，LF，TF，FF）标注在圆圈的上下。而工作之间的时间参数（如 STS，FTF，STF，STS 和时间间隔 $LAG_{i,j}$）标注在联系箭线的上下方。

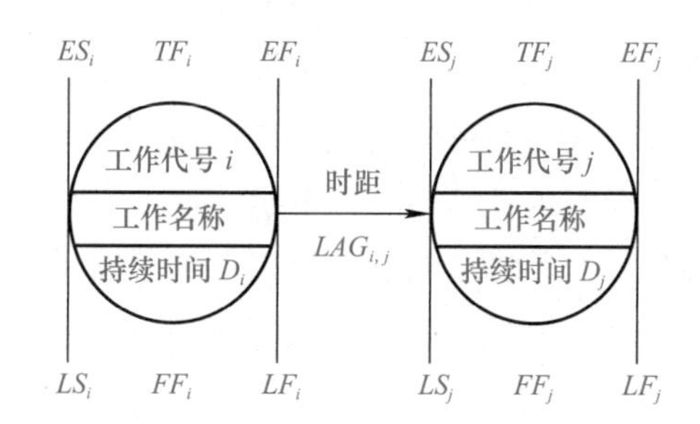

图 3-48　单代号搭接网络计划时间参数标注形式

2．绘图规则

（1）单代号搭接网络图必须正确表述已定的逻辑关系。

（2）单代号搭接网络图中，不允许出现循环回路。

（3）单代号搭接网络图中，不能出现双向箭头或无箭头的连线。

（4）单代号搭接网络中，不能出现没有箭尾节点的箭线和没有箭头节点的箭线。

（5）绘制网络图时，箭线不宜交叉，当交叉不可避免时，可采用过桥法或指向法绘制。

（6）单代号搭接网络图只应有一个起点节点和一个终点节点。当网络图中有多项起点节点或多项终点节点时，应在网络图的相应端分别设置一项虚工作，作为该网络图的起点节点（S_t）和终点节点（F_{in}）。

3．单代号搭接网络计划中的搭接关系

搭接网络计划中搭接关系在工程实践中的具体应用，简述如下：

（1）完成到开始时距（$FTS_{i,j}$）的连接方法：紧前工作 i 的完成时间与紧后工作 j 的开始时间之间的时距和连接方法。

例如修一条堤坝的护坡时，一定要等土堤自然沉降后才能修护坡，这种等待的时间就是 FTS 时距。

当 FTS=0 时，即紧前工作 i 的完成时间等于紧后工作 j 的开始时间，这时紧前工作与紧后工作紧密衔接，当计划所有相邻工作的 FTS=0 时，整个搭接网络计划就成为一般的单代号网络计划。因此，一般的依次顺序关系只是搭接关系的一种特殊表现形式。

（2）完成到完成时距（$FTF_{i,j}$）的连接方法：紧前工作 i 的完成时间与紧后工作 j 的完成时间之间的时距和连接方法。

例如相邻两工作，当紧前工作的施工速度小于紧后工作时则必须考虑为紧后工作留有充分的工作面，否则紧后工作就将因无工作面而无法进行。这种结束工作时间之间的间隔就是 *FTF* 时距。

（3）开始到开始时距（$STS_{i,j}$）的连接方法：紧前工作 i 的开始时间与紧后工作 j 的开始时间之间的时距和连接方法。

例如道路工程中的铺设路基和浇筑路面，待路基开始工作一定时间为路面工程创造一定工作条件之后，路面工程即可开始进行，这种开始工作时间之间的间隔就是 *STS* 时距。

（4）开始到完成时距（$STF_{i,j}$）的连接方法：紧前工作 i 的开始时间与紧后工作 j 的结束时间之间的时距和连接方法，这种时距以 $STF_{i,j}$ 表示。

例如要挖掘带有部分地下水的土壤，地下水位以上的土壤可以在降低地下水位工作完成之前开始，而在地下水位以下的土壤则必须要等降低地下水位之后才能开始。降低地下水位工作的完成与何时挖地下水位以下的土壤有关，至于降低地下水位何时开始则与挖土没有直接联系。这种开始到结束的限制时间就是 *STF* 时距。

（5）混合时距的连接方法。在搭接网络计划中，两项工作之间可同时由四种基本连接关系中两种以上来限制工作间的逻辑关系，例如 i、j 两项工作可能同时由 *STS* 与 *FTF* 时距限制，或 *STF* 与 *FTS* 时距限制等。

4．单代号搭接网络计划时间参数的计算

（1）计算工作最早时间。

计算最早时间参数必须从起点节点开始依次进行，只有紧前工作计算完毕，才能计算本工作。

开始时间应按下列步骤进行：

起点节点的工作最早开始时间都应为零，即：

$$ES_i=0\ (i=\text{起点节点编号}) \tag{3-67}$$

其他工作 j 的最早开始时间（ES_j）根据时距应按下列公式计算：

相邻时距为 $STS_{i,j}$ 时，

$$ES_j = ES_i+STS_{i,j} \tag{3-68}$$

相邻时距为 $FTF_{i,j}$ 时，

$$ES_j = ES_i+ D_i+FTF_{i,j}-D_j \tag{3-69}$$

相邻时距为 $STF_{i,j}$ 时，

$$ES_j = ES_i+STF_{i,j}-D_j \tag{3-70}$$

相邻时距为 $FTS_{i,j}$ 时，

$$ES_j = ES_i+D_i+FTS_{i,j} \tag{3-71}$$

计算工作最早时间，当出现最早开始时间为负值时，应将该工作 j 与起点节点用虚箭线相连接，并确定其时距为：

$$STS_{\text{起点节点}}=0 \tag{3-72}$$

工作 j 的最早完成时间 EF_j 应按下式计算：

$$EF_j = ES_j + D_j \tag{3-73}$$

当有两种以上的时距（有两项工作或两项以上紧前工作）限制工作间的逻辑关系时，应分别进行计算其最早时间，取其最大值。

搭接网络计划中，全部工作的最早完成时间的最大值若在中间工作 k，则该中间工作 k 应与终点节点用虚箭线相连接，并确定其时距为：

$$FTF_{k,\text{终点节点}}=0 \tag{3-74}$$

搭接网络计划计算工期 T_c 由与终点相联系的工作的最早完成时间的最大值决定。

网络计划的计划工期 T_p 的计算应按下列情况分别确定：

当已规定了要求工期 T_r 时，$T_p \leqslant T_r$；

当未规定要求工期时，$T_p=T_c$。

（2）计算时间间隔 $LAG_{i,j}$。

相邻两项工作 i 和 j 之间在满足时距之外，还有多余的时间间隔 $LAG_{i,j}$，应按下式计算：

$$LAG_{i,j}=\min\{ES_j - EF_i - FTS_{i,j};\ ES_j - ES_i - STS_{i,j};$$
$$EF_j - EF_i - FTF_{i,j};\ EF_j - ES_i - STF_{i,j}\} \tag{3-75}$$

（3）计算工作总时差。

工作 i 的总时差 TF_i 应从网络计划的终点节点开始，逆着箭线方向依次逐项计算。当部分工作分期完成时，有关工作的总时差必须从分期完成的节点开始逆向逐项计算。

终点节点所代表工作 n 的总时差 TF_n 值应为：

$$TF_n=T_p-EF_n \tag{3-76}$$

其他工作 i 的总时差 TF_i 应为；

$$TF_i=\min\{TF_j+LAG_{i,j}\} \tag{3-77}$$

（4）计算工作自由时差。

终点节点所代表工作 n 的自由时差 FF_n 应为：

$$FF_n=T_p-ET_n \tag{3-78}$$

其他工作 i 的自由时差 FF_i 应为：

$$FF_i=\min\{LAG_{i,j}\} \tag{3-79}$$

（5）计算工作最迟完成时间。

工作 i 的最迟完成时间 LF_i 应从网络计划的终点节点开始，逆着箭线方向依次逐项计算。当部分工作分期完成时，有关工作的最迟完成时间应从分期完成的节点开始逆向逐项计算。

终点节点所代表的工作 n 的最迟完成时间 LF_n 应按网络计划的计划工期 T_p 确定，即：

$$LF_n=T_p \tag{3-80}$$

其他工作 i 的最迟完成时间 LF_i 应为：

$$LF_i=\min\{LS_j-LF_i-FTS_{i,j};\ LS_j-LS_i-STS_{i,j};$$
$$LF_j-LF_i-FTF_{i,j};\ LF_j-LS_i-STF_{i,j}\} \tag{3-81}$$

（6）计算工作最迟开始时间。

工作 i 的最迟开始时间 LS_i 应按下式计算：

$$LS_i = LF_i - D_i \tag{3-82}$$

或

$$LS_i = LS_i + TF_i \tag{3-83}$$

（7）关键工作和关键线路的确定。

1）确定关键工作。关键工作是总时差为最小的工作。搭接网络计划中工作总时差最小的工作，也即是其具有的机动时间最小，如果延长其持续时间就会影响计划工期，因此为关键工作。当计划工期等于计算工期时，工作的总时差为零是最小的总时差。当有要求工期，且要求工期小于计算工期时，总时差最小的为负值，当要求工期大于计算工期时，总时差最小的为正值。

2）确定关键线路。关键线路是自始至终全部由关键工作组成的线路或线路上总的工作持续时间最长的线路。该线路在网络图上应用粗线、双线或彩色线标注。

在搭接网络计划中，从起点节点开始到终点节点均为关键工作，且所有工作的时间间隔均为零的线路应为关键线路。

应用案例 3-14

案例概况

某工程项目单代号搭接网络计划如图 3-49 所示，若计划工期等于计算工期，试计算各项工作的 6 个时间参数并确定关键线路，标注在网络计划上。单代号搭接网络计划时间参数计算总图如图 3-50 所示。

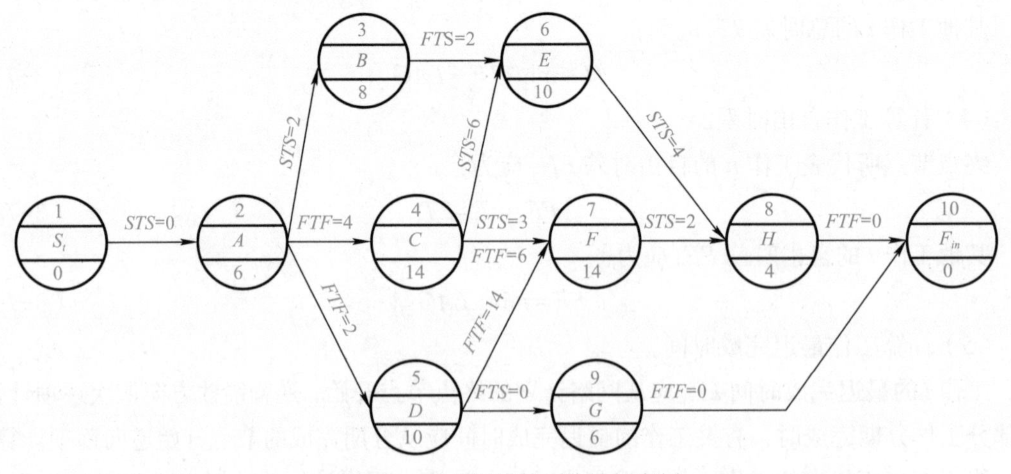

图 3-49　单代号搭接网络计划实例

案例解析

（1）计算最早开始时间和最早完成时间。

计算最早时间参数必须从起点开始沿箭线方向向终点进行。因为在本例单代号网络图中起点和终点都是虚设的，故其工作持续时间均为零。

①因为未规定其最早开始时间，所以由公式得到

$$ES_1=0$$

②相邻工作的时距为 $STS_{i,j}$ 时，如 A、B 时距为 $STS_{2,3}=2$

$$ES_3=ES_2+STS_{2,3}=0+2=2; \qquad EF_3=ES_3+D_3=2+8=10$$

③相邻工作的时距为 $FTF_{1,2}$ 时，如 A、C 时距为 $FTF_{2,4}=4$

$$EF_4=EF_2+FTF_{2,4}=6+4=10; \qquad ES_4=EF_4-D_4=10-14=4$$

节点 4（工作 C）的最早开始时间出现负值，这说明工作 C 在工程开始之前 4d 就应开始工作，这是不合理的，必须按以下的方法来处理。

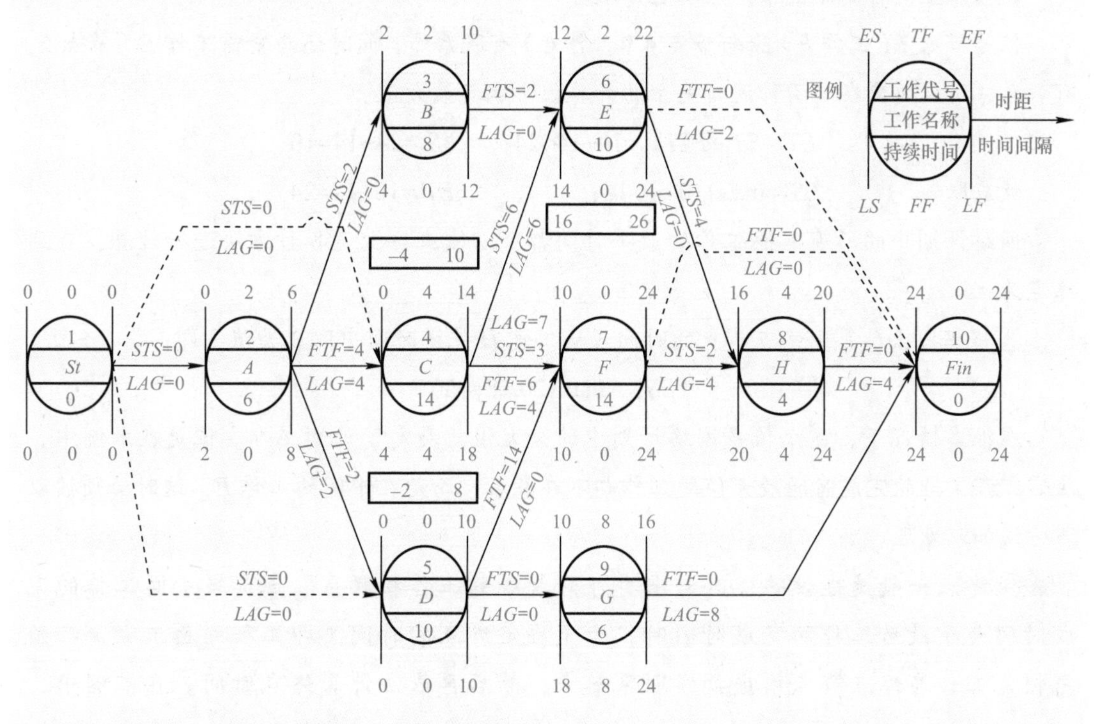

图 3-50　单代号搭接网络计划时间参数计算总图

④当中间工作出现 ES_i 为负值时的处理方法：

在单代号搭接网络计划中，当某项中间工作的 ES_i 为负值时，应将该工作用虚线与起点联系起来。这时该工作的最早开始时间就由起点所决定，其最早完成时间也要重新计算。如：

$$ES_4=ES_1+STS_{1,4}=0+0=0; \qquad EF_4=ES_4+D_4=0+14=14$$

⑤相邻两项工作的时距为 $FTS_{i,j}$ 时，如 B、E 两工作之间的时距为 $FTS_{3,6}=2$，则根据公式得到：

$$ES_6=EF_3+FTS_{3,6}=10+2=12$$

⑥在一项工作之前有两项以上紧前工作时，则应分别计算后从中取其最大值。在实例中，按 B 工作搭接关系。

$$ES_6=12$$

按C、E工作搭接关系，$ES_6=ES_4+STS_{4,6}=0+6=6$

从两数中取最大值，即应取$ES_6=12$； $ET_6=12+10=22$

⑦在两项工作之间有两种以上搭接关系时，如两项工作C、F之间的时距为$STS_{4,7}=3$和$FTF_{4,7}=6$，这时也应该分别计算后取其中的最大值。

由$STS_{4,7}=3$决定时，$ES_7=ES_4+STS_{4,7}=0+3=3$

由$FTF_{4,7}=6$决定时，$ET_7=ET_4+FTF_{4,7}=14+6=20$；$ES_7=ET_7-D_7=20-14=6$

故按以上两种时距关系，应取$ES_7=6$。

但是节点7（工作F）除与节点4（工作C）有联系外，同时还与紧前工作D（节点5）有联系，所以还应在这两种逻辑关系的计算值中取其最大值。

$$ET_7=ET_5+FTF_{5,7}=10+14=24; \quad ES_7=24-14=10$$

故应取 $ES_7=\max\{10,6\}=10$； $ET_7=10+14=24$

网络计划中的所有其他工作的最早时间都可以依次按上述各种方法进行计算，直到终点为止。

⑧根据以上计算则终点节点的时间应从工作H完成时间中取最大值，即：

$$ES_{\text{Fin}}=\max\{20,18\}=20$$

在很多情况下，这个值是网络计划中的最大值，决定了计划工期。但是在本例中，决定工程工期的完成时间最大值的工作却不在最后，而是在中间的工作F，这时必须按以下方法加以处理。

⑨终点一般是虚设的，只与没有外向箭线的工作相联系。但是当中间工作的完成时间大于最后工作的完成时间时，为了决定终点的时间（即工程的总工期）必须先把该工作与终点节点用虚箭线联系起来，然后再依法计算终点时间。在本例中，$ES_{\text{Fin}}=\max\{24,20,18\}=24$

已知计划工期等于计算工期，故有$T_p=T_c=EF_{10}=24$

（2）计算相邻两项工作之间的时间间隔$LAG_{i,j}$，计算如下：

起点与工作A是STS连接，故，$LAG_{1,2}=0$

起点与工作C和工作D之间的LAG均为零。

工作A与工作B是STS连接，$LAG_{2,3}=ES_3-ES_2-STS_{2,3}=2-0-2=0$

工作A与工作C是FTF连接，$LAG_{2,4}=EF_4-EF_2-FTF_{2,4}=14-6-4=4$

工作A与工作D是FTF连接，$LAG_{2,5}=EF_5-EF_2-FTF_{2,5}=10-6-2=2$

工作B与工作E是FTS连接，$LAG_{3,6}=ES_6-EF_3-FTS_{3,6}=12-10-2=0$

工作C与工作F是STS和FTF两种时距连接，故

$$LAG_{4,7}=\min\{ES_7-ES_4-STS_{4,7}; \; EF_7-EF_4-FTF_{4,7}\}$$

$=\min\{10-0-3；24-14-6\}=4$

（3）计算工作的总时差 TF_i。

已知计划工期等于计算工期 $T_p=T_c=24$，故终点节点的总时差为 $TF_{Fin}=T_p-EF_n=24-24=0$

其他节点的总时差为 $TF_8=TF_{10}+LAG_{8,10}=0+4=4$

$$TF_6=\min\{TF_{10}+LAG_{6,10}；TF_8+LAG_{6,8}\}$$

$$=\min\{0+2；4+0\}=2$$

（4）计算工作的自由时差 FF_i。

各项工作的自由时差 FF_i，计算如下：$FF_7=0$

$$FF_2=\min\{LAG_{2,3}，LAG_{2,4}，LAG_{2,5}\}=\min\{0，4，2\}=0$$

（5）计算工作的最迟开始时间 LS_i 和最迟完成时间 LF_i。

①凡是与终点节点相联系的工作，其最迟完成时间即为终点的完成时间，如：

$$LF_7=LF_{11}=24；LS_7=LF_7-D_7=24-14=10；LS_9=LF_9-D_9=24-6=18$$

②相邻两工作的时距为 STS 时，如两工作 E、H 之间的时距为 $STS_{6,9}=4$。

$$LS_6=LS_9-STS_{6,9}=20-4=16；LF_6=LS_6+D_6=16+10=26$$

节点 6（工作 E）的最迟完成时间为 26d，大于总工期 24d，这是不合理的，必须对节点 6（工作 E）的最迟完成时间按下述方法进行调整。

③在计算最迟时间参数中出现某工作的最迟完成时间大于总工期时，应把该工作用虚箭线与终点节点连起来。

这时工作 E 的最迟时间除受工作 H 的约束之外，还受到终点节点的决定性约束，故

$$LF_6=24；LS_6=24-10=14$$

④若明确中间相邻两工作的时距后，计算如下：

$$LF_5=\min\{LS_9-FTS_{5,9}；LF_8-FTF_{5,8}\}=\min\{16-0；24-14\}=10$$

$$LS_5=LF_5-D_5=10-10=0$$

$$LF_4=\min\{LS_7-STS_{4,7}+D_4；LF_7-FTF_{4,7}；LS_6-STS_{4,6}+D_4\}$$

$$=\min\{10-3+14；24-6；14-6+14\}=18$$

$$LS_4=LF_4-D_4=18-14=4$$

（6）关键工作和关键线路的确定。

从图 3-50 看，关键线路为起点→ D → F →终点。D 和 F 两工作的总时差为最小（零）是关键工作。同一般网络计划一样，把总时差为零的工作连接起来所形成的线路就是关键线路。因此用计算总时差的方法也可以确定关键线路。还可以利用 LAG 来寻找关键线路，即从终点向起点方向寻找，把 $LAG=0$ 的线路向前连通，直到起点，这条线路就是关键线路。但是这并不意味着 $LAG=0$ 的线路都是关键线路，只有 $LAG=0$ 从起点至终点贯通的线路才是关键线路。

任务二　建筑工程项目进度计划实施

一、建筑工程项目进度计划的审核

项目经理应对建筑工程项目进度计划进行审核，主要审核内容有：

1）项目总目标和所分解的子目标的内在联系是否合理；进度安排能否满足施工合同中工期的要求；是否符合开竣工日期的规定；分期施工是否满足分批交工的需要和配套交工的要求。

2）施工进度中的内容是否全面，有无遗漏项目，能否保证施工质量、安全需求。

3）施工程序和作业顺序安排是否正确合理。

4）各类资源供应计划是否能保证进度计划的实现，供应是否均衡。

5）总分包之间和各专业之间在施工时间和位置的安排上是否合理，有无干扰。

6）总分包之间的进度计划是否相互协调，专业分工与计划的衔接是否明确、合理。

7）对实施进度计划的风险是否分析清楚，是否有相应的防范对策和应变预案。

8）各项保证进度计划实现的措施是否周到、可行、有效。

二、建筑工程项目进度计划的实施

进度计划的实施就是按照进度计划开展施工活动，落实并完成计划。施工进度计划逐步实施的过程是项目施工逐步完成的过程。为保证各项施工活动按进度计划所确定的顺序和时间进行，保证各阶段目标和总目标的实现，项目经理部应做好以下工作。

1. 编制月（旬）作业计划

为顺利实施进度计划，每月末项目经理应提出下期目标和作业项目，根据下期目标、当前施工进度、现场施工环境、劳动力、机械等资源条件，通过现场调度会协调后编制月（旬）作业计划。使进度计划更具体、更切合实际、更适应现场情况的变化，更可行。月（旬）作业计划中，要明确本月（旬）应完成的施工任务、完成计划所需的各种资源量，提高劳动生产率、保证质量以及合理使用资源的措施。

2. 签发施工任务书

施工任务书是下达施工任务，实行责任承包，实施全面管理的技术文件或原始记录。施工任务书包括施工任务单和限额领料单，其主要内容见表3-8、表3-9。

施工员根据作业计划按班组编制施工任务书，签发后向班组下达并落实施工任务。在实施过程中，有关人员做好记录，任务完成后收回，作为原始记录和业务核算资料保存。

表 3-8 施工任务单

项目名称________　　编　　号________　　开工日期________

部位名称________　　签 发 人________　　交 底 人________

施工班组________　　签发日期________　　回收日期________

<table>
<tr><td rowspan="3">定额编号</td><td rowspan="3">分项工程名称</td><td rowspan="3">单位</td><td colspan="3">定额工数</td><td colspan="4">实际完成情况</td><td>考勤记录</td></tr>
<tr><td rowspan="2">工程量</td><td>时间定额</td><td rowspan="2">定额工数</td><td rowspan="2">工程量</td><td rowspan="2">实需工数</td><td rowspan="2">实耗工数</td><td rowspan="2">工效（%）</td><td rowspan="16"></td></tr>
<tr><td>定额系数</td></tr>
<tr><td></td><td></td><td></td><td></td><td></td><td></td><td></td><td></td><td></td><td></td></tr>
<tr><td></td><td></td><td></td><td></td><td></td><td></td><td></td><td></td><td></td><td></td></tr>
<tr><td></td><td></td><td></td><td></td><td></td><td></td><td></td><td></td><td></td><td></td></tr>
<tr><td></td><td></td><td></td><td></td><td></td><td></td><td></td><td></td><td></td><td></td></tr>
<tr><td></td><td></td><td></td><td></td><td></td><td></td><td></td><td></td><td></td><td></td></tr>
<tr><td></td><td></td><td></td><td></td><td></td><td></td><td></td><td></td><td></td><td></td></tr>
<tr><td></td><td></td><td></td><td></td><td></td><td></td><td></td><td></td><td></td><td></td></tr>
<tr><td>材料名称</td><td>单位</td><td>定额数量</td><td>实需数量</td><td>实耗数量</td><td colspan="5" rowspan="3">施工要求及注意事项</td></tr>
<tr><td></td><td></td><td></td><td></td><td></td></tr>
<tr><td></td><td></td><td></td><td></td><td></td></tr>
<tr><td></td><td></td><td></td><td></td><td></td><td colspan="2">验收内容</td><td colspan="3">签证人</td></tr>
<tr><td></td><td></td><td></td><td></td><td></td><td colspan="2">质量分</td><td colspan="3"></td></tr>
<tr><td></td><td></td><td></td><td></td><td></td><td colspan="2">安全分</td><td colspan="3"></td></tr>
<tr><td></td><td></td><td></td><td></td><td></td><td colspan="2">文明施工分</td><td colspan="3"></td></tr>
</table>

计划施工日期：　月　日至　月　日　　　　实际施工日期：　月　日至　月　日

表 3-9 限额领料单

年 月 日

<table>
<tr><td colspan="2">单位工程</td><td></td><td colspan="2">施工预算工程量</td><td colspan="2"></td><td colspan="2">任务单编号</td><td colspan="2"></td></tr>
<tr><td colspan="2">分项工程</td><td></td><td colspan="2">实际工程量</td><td colspan="2"></td><td colspan="2">执行班组</td><td colspan="2"></td></tr>
<tr><td>材料名称</td><td>规格</td><td>单位</td><td>施工定额</td><td>计划用量</td><td>实际用量</td><td>计划单价</td><td>金额</td><td>级配</td><td>节约</td><td>超用</td></tr>
<tr><td></td><td></td><td></td><td></td><td></td><td></td><td></td><td></td><td></td><td></td><td></td></tr>
<tr><td></td><td></td><td></td><td></td><td></td><td></td><td></td><td></td><td></td><td></td><td></td></tr>
<tr><td></td><td></td><td></td><td></td><td></td><td></td><td></td><td></td><td></td><td></td><td></td></tr>
<tr><td></td><td></td><td></td><td></td><td></td><td></td><td></td><td></td><td></td><td></td><td></td></tr>
</table>

3. 做好施工进度记录

在计划实施过程中，各级进度计划的执行者都要跟踪做好施工记录，实事求是地记录计划执行中每项工作的开始日期、工作进程和完成日期，记录现场发生的各种情况、干扰因素的排除情况，为施工进度计划的检查、分析、调整、总结提供真实、准确的原始资料。

4. 做好施工调度工作

施工调度是指掌握计划实施情况，组织施工中各阶段、各环节、各专业和各工种的互相配合，协调各方面关系，采取措施，排除各种干扰、矛盾，加强薄弱环节，发挥生产指挥作用，实现连续、均衡、顺利施工，完成各项作业计划，实现进度目标。施工调度的具体工作有：

1）执行施工合同中对进度、开工及延期开工、暂停施工、工期延误、工程竣工的承诺。

2）控制进度措施的落实应具体到执行人，并明确目标、任务、检查方法和考核办法。

3）监督检查施工准备工作、作业计划的实施，协调各方面的进度关系。

4）督促资源供应单位按计划供应劳动力、施工机具、材料构配件、运输车辆等，并对临时出现的问题及时采取措施。

5）由于工程变更引起资源需求的数量变更和品种变化时，应及时调整供应计划。

6）按施工平面图管理施工现场，遇到问题做必要的调整，保证文明施工。

7）及时了解气候和水、电供应情况，采取相应的防范和调整措施。

8）及时发现和处理施工中各种事故和意外事件。

9）协助分包人解决项目进度控制中的相关问题。

10）定期、及时召开现场调度会议，贯彻项目各方负责人的决策，发布调度令。

11）当发包人提供的资源供应进度发生变化，不能满足施工进度要求时，应敦促发包人执行原计划，并对造成的工期延误及经济损失进行索赔。

施工进度控制过程如图 3-51 所示。

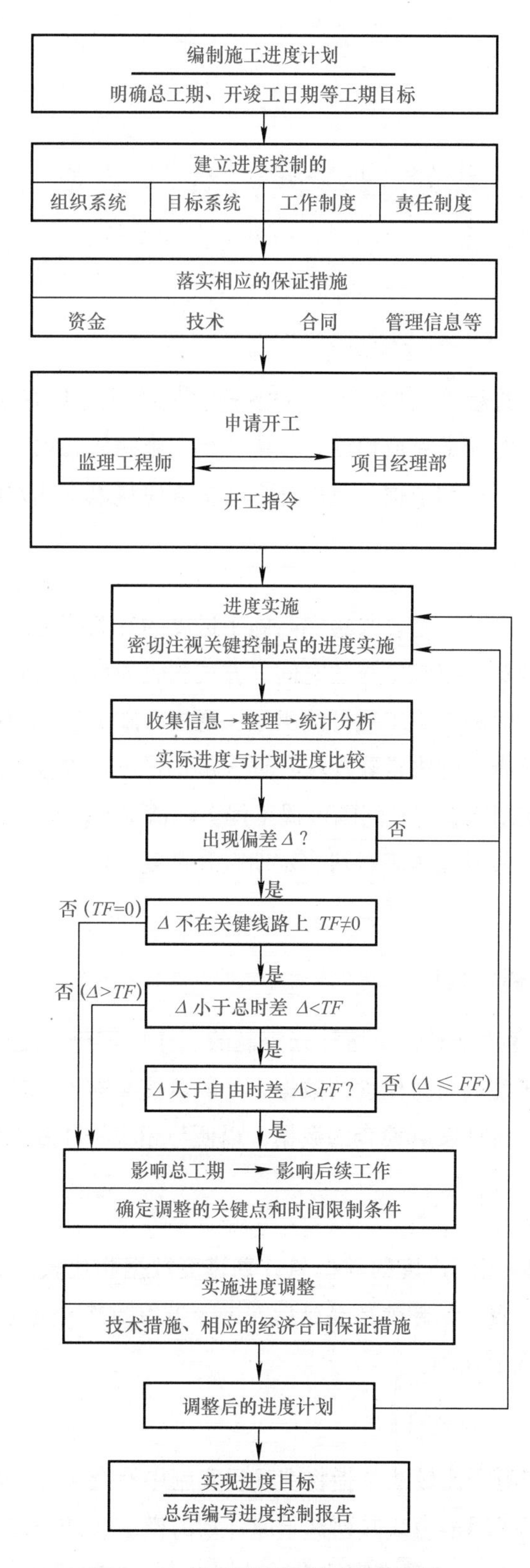

图3-51　施工进度控制过程示意图

任务三　建筑工程项目进度检查与调整

一、建筑工程项目进度计划的检查

在建筑工程项目实施过程中，进度计划的检查贯穿于始终。只有跟踪检查实际进展情况，掌握实际进展及各工作队组任务完成程度，收集计划实施的信息和有关数据，才能为进度计划的控制提供必要的信息资料和依据。进度计划的检查应从以下几方面着手：

（一）跟踪检查实际施工进度

跟踪检查实际施工进度，就是要收集实际施工进度的有关数据，为分析施工进度状况，制订进度调整措施提供依据。跟踪检查的时间、方式和收集数据的质量，将直接影响进度控制的质量和效果。检查的时间与施工项目的类型、规模、施工条件和对进度要求程度有关，通常有两类：一是日常检查，即由常驻现场管理人员每日进行检查，用施工记录和施工日志的方法记录下来；二是定期检查，其间隔可视工程实际情况，每月、半月、旬或周检查一次。检查方式可以采用定期收集进度报表资料，定期召开进度工作汇报会，定期检查进度的实际执行情况。

（二）整理统计实际进度数据

在收集施工实际进度数据时，应按计划控制的工作内容进行统计整理，以相同的量和形象进度，形成与计划进度具有可比性的数据。一般可按实物工程量、工作量、劳动消耗量及其累计百分比来整理、统计实际检查的数据，以便与相应的计划完成量相对比。

（三）对比分析进度完成情况

用已整理统计的反映实际进度的数据与计划进度数据相比较。通过对比分析，确定实际进度与计划进度是否一致，是超前还是延后，进一步为调整决策提供依据。

常用的比较方法有以下几种。

横道图法

1．横道图比较法

横道图比较法是指将在项目实施中检查实际进度收集到的信息，经整理后直接用横道线并列标于原计划的横道线处，进行直观比较的方法，如图 3-52 所示。其中实线表示计划进度，加粗部分表示工程实际进度。

工作序号	工作名称	工作时间	进度 / 周															
			1	2	3	4	5	6	7	8	9	10	11	12	13	14	15	16
1	挖土 1	2																
2	挖土 2	6																
3	混凝土 1	3																
4	混凝土 2	3																
5	防水处理	6																
6	回填土	2																

图 3-52　某基础工程实际进度与计划进度比较图

2．S 形曲线比较法

它是一种以横坐标表示时间，纵坐标表示累计完成任务量，先绘出一条计划累计完成任务量曲线，然后随着工程的实际进展，将工程项目实际累计完成任务量曲线也绘在同一坐标图中，进行实际进度与计划进度比较分析的一种方法，如图 3-53 所示。

3．香蕉形曲线比较法

香蕉形曲线是由两条 S 形曲线组合起来的闭合曲线。一般来说，按任何一个计划，都可以绘出两条曲线：一是以各项工作最早开始时间安排进度而绘制的 S 曲线，称为 ES 曲线；二是以各项工作最迟开始时间安排进度而绘制的曲线，称为 LS 曲线。两条 S 曲线都是从计划的开始时刻开始到完成时刻结束，因此两条曲线是闭合的。在一般情况下，ES 曲线上的各点均落在 LS 曲线相应的左侧，形成一个形如香蕉的曲线，如图 3-54 所示。

香蕉曲线法

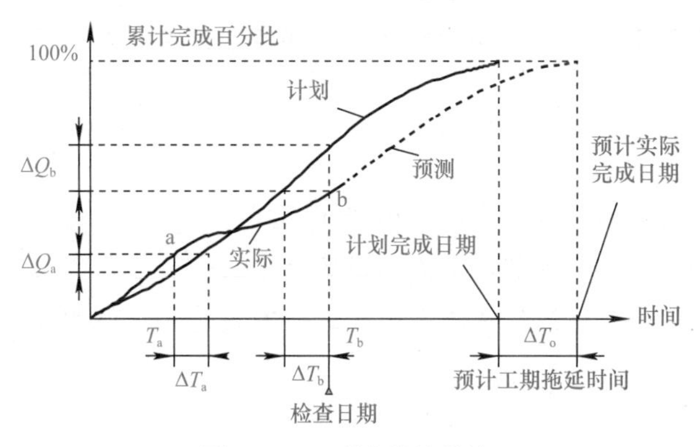

图 3-53　S 形曲线比较法

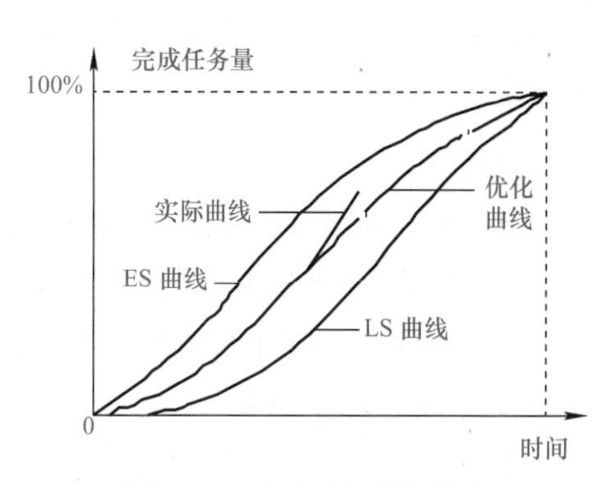

图 3-54　香蕉形曲线比较法

在项目实施过程中，进度控制的理想状态是任一时刻按实际进度描出的点，均落在该香蕉曲线的区域内，如图 3-54 中的实际进度线。

4．前锋线比较法

前锋线法

前锋线比较法是利用时标网络计划图检查和判定工程进度实施情况的方法。其具体做法是：

1）将一般网络计划图变换为时标网络计划图，并在图的上下方绘制出时间坐标，使各工作箭线长度与所需工作时间一致，如图3-55所示。

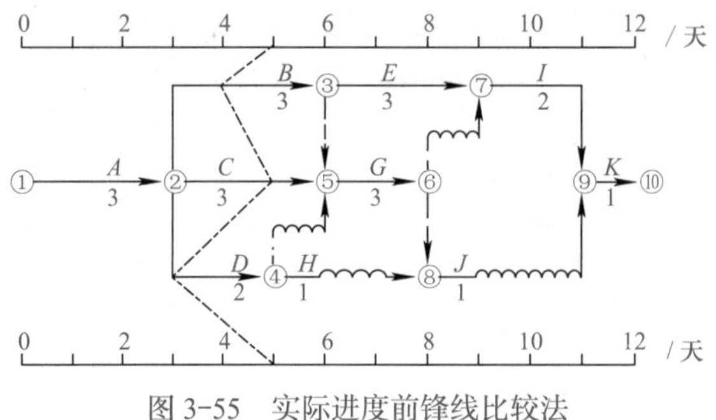

图3-55　实际进度前锋线比较法

2）在时标网络计划图上标注出检查日的各工作箭线实际进度点，并将上下方的检查日点与实际进度点依次连接，即得到一条（一般为折线）实际进度前锋线。

3）前锋线的左侧为已完施工，右侧为尚需工作时间。

4）其判别规则是：工作箭线的实际进度点与检查日点重合，说明该工作按时完成计划；若实际进度点在检查日点左侧，表示该工作未完成计划，其长度的差距为拖后时间；若实际进度点在检查日点右侧，表示该工作超额完成计划，其长度的差距为提前时间。

应用案例3-15

案例概况

某工程网络计划如图3-56所示，在第5d检查时，发现工作*A*已完成，工作*B*已进行1d，工作*C*已进行2d，工作*D*尚未开始。试用前锋线法进行实际进度与计划进度比较。

案例解析

1）按已知网络计划图绘制实际进度前锋线法网络计划如图3-57所示。

2）按第5d检查实际进度情况绘制前锋线，如图3-57点画线所示。

3）实际进度与计划进度比较。从图3-57前锋线可以看出：工作*B*拖延1d，工作*C*与计划一致，工作*D*拖延2d。

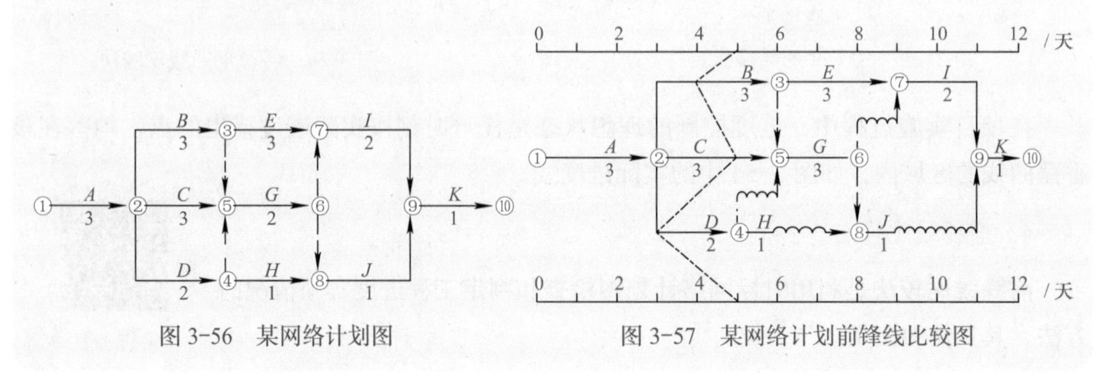

图3-56　某网络计划图

图3-57　某网络计划前锋线比较图

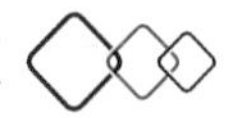

（四）进度检查结果的处理

对施工进度检查的结果，要形成报告，其基本内容有：对施工进度执行情况做综合描述，实际进度与计划目标相比较的偏差状况及其原因分析，解决问题措施，计划调整意见等。

二、建筑工程项目进度计划的调整

（一）分析进度偏差产生的影响

根据实际进度与计划进度的对比结果，即可判断实际进度是否与计划进度相偏离。当出现进度偏差时，必须分析此偏差对后续工作和总工期的影响程度，然后决定是否进行计划的调整，以及调整的方法和措施。由于偏差的大小及偏差所处的位置不同，对后续工作及总工期的影响程度也是不同的，因此，可利用网络计划中工作的总时差和自由时差进行判断。具体分析步骤如下。

（1）判断进度偏差是否大于总时差。如果工作进度偏差大于其总时差，则无论该工作是否为关键工作，其实际进度偏差必将影响后续工作和项目总工期，应根据项目工期及后续工作的限制条件调整原计划；如果工作进度偏差未超出其总时差，说明此偏差不会影响项目总工期，但是否对后续工作产生影响，还需进一步判断。

（2）判断进度偏差是否大于自由时差。如果工作进度偏差大于其自由时差，说明此偏差必将对后续工作产生影响，应根据后续工作的限制条件调整原计划；如果工作进度偏差未超出其自由时差，说明此偏差对后续工作无影响，可不对原计划进行调整。

经过以上分析，进度控制人员便可根据对后续工作及项目总工期的不同影响而采取相应的进度调整措施，以便获得新的进度计划，用于指导工程项目的施工。

（二）进度计划在实施中的调整方法

进度计划调整的方法

为了实现进度目标，当进度控制人员发现问题时，必须对后续工作的进度计划进行调整，但由于可行的调整方案可能有多种，究竟采取什么调整方案和调整方式，就必须对具体的实施进度进行分析才能确定。进度调整的方法有以下几种。

1．改变工作间的逻辑关系

这种方法是通过改变关键线路和超过计划工期的非关键线路上的有关工作之间的逻辑关系，达到缩短工期的目的。只有在工作之间的逻辑关系允许改变的情况下，才能采用这种方法。这种调整方法可将顺序施工的某些工作改变成平行施工或搭接施工，或划分为若干个施工段组织流水施工。但由于增加了各工作间的相互搭接时间，因而进度控制工作显得更加重要，实施中必须做好协调工作。另外，若原始计划是按搭接施工或流水施工方式编制的，而且安排较紧凑的话，其可调范围（即总工期缩短的时间）会受到限制。

2．缩短某些工作的持续时间

这种方法是不改变工作间的逻辑关系，只缩短某些工作的持续时间，从而加快施工进度以保证实现计划工期。这些被压缩持续时间的工作是位于因实际施工进度的拖延而引起总工期延长的关键线路和某些非关键线路上的工作，而且这些工作的持续时间还必须允许压缩。具体压缩方法就是采用网络计划工期优化的方法。一般考虑以下两种情况。

1）网络计划中某项工作进度拖延的时间已超过自由时差，但未超过总时差。这种拖延不会对总工期产生影响，只对后续工作产生影响，因此，只对有影响的后续工作进行调整如下：

①通过跟踪检查，确定受影响的后续工作。

②确定受影响的后续工作允许拖延的时间限制，以此作为进度调整的限制条件。

③按检查时的实际进度重新计算网络参数，确定受影响的后续工作的允许开始时间。

④判断各允许开始时间是否满足进度调整的限制条件。若满足，可不必调整计划；若不满足，则可利用工期优化的方法来确定压缩的工作对象及其压缩的时间来满足限制条件。

2）网络计划中某项工作进度拖延的时间已超过总时差。这将会对后续工作及总工期产生影响，其进度计划的调整方法视限制条件不同可分为以下几种情况：

①项目总工期不允许拖延。这时需采用工期—费用优化方法，以原计划总工期为目标，在关键线路上寻找缩短持续时间付出代价最小的工作，压缩其持续时间，以满足原计划总工期要求；

②项目总工期允许拖延。这时只需用实际数据取代原始数据，重新计算网络计划时间参数，确定出最后完成的总工期；

③项目总工期允许拖延的时间有限。此时可以把总工期的限制时间作为规定工期，用实际数据对还未实施的网络部分进行工期—费用优化，压缩网络计划中某些工作的持续时间，以满足工期要求。

以上三种进度调整方法，均是以总工期为限制条件来进行的。除此之外，还应考虑网络计划中某些后续工作在时间上的限制条件。

3．改变施工方案

当上述两种方法均无法达到进度目标时，只能选择更为先进快速的施工机具、施工方法来加快施工进度。

三、计算机辅助建筑工程项目进度控制的意义

国外有很多用于进度计划编制的商业软件，自20世纪70年代末期和80年代初期开始，我国也开始研制进度计划的软件，这些软件都是在工程网络计划原理的基础上编制的。应用这些软件可以实现计算机辅助建筑工程项目进度计划的编制和调整，以确定工程网络计划的时间参数。

计算机辅助工程网络计划编制的意义如下：

1）解决当工程网络计划计算量大，而手工计算难以承担的困难。

2）确保工程网络计划计算的准确性。

3）有利于工程网络计划及时调整。

4）有利于编制资源需求计划等。

正如前述，进度控制是一个动态编制和调整计划的过程，初始的进度计划和在项目实施过程中不断调整的计划，以及与进度控制有关的信息应尽可能对项目各参与方透明，以便各方为实现项目的进度目标协同工作。为使业主方各工作部门和项目各参与方便捷地获取进度信息，可利用项目信息门户作为基于互联网的信息处理平台辅助进度控制。

任务四　建筑工程项目进度管理总结

一、建筑工程项目进度报告

1. 概述

《建设工程项目管理规范》（以下简称《规范》）规定，建筑工程项目进度计划检查后，应按下列内容编制进度报告：进度执行情况的综合描述，实际进度与计划进度的对比分析资料，进度计划实施的问题及原因分析，进度执行情况对质量、安全、成本等的影响情况，采取的措施和对未来计划进度的预测。

进度报告可以按上述内容单独编制。进度报告还可以与质量、成本、安全及其他报告，合并编写，提出综合进展报告。

2. 进度报告等级

根据进度报告的用途和送达对象可以分为 3 个级别：一是项目概要级，描述整个项目的进度状况，可以报告给项目经理、企业经理、业务部门或项目的利益相关者；二是项目管理级，描述项目的部分进度，如施工项目的分部工程或单位工程，可报告给项目经理和业务部门；三是业务管理级，描述重点对象或关键点的进度状况，供项目管理者或业务部门使用，以便采取应急措施。

3. 进度报告的种类

以上述三个进度报告级别为基础，进度报告可进行四种分类：第一类是按目的分类，包括日历进度情况，关键点进度和例外情况报告等；第二类是按阶段分类，包括设计、采购、施工，试运转或其中的细分阶段的进度；第三类是以报告的周期分类，按日、周、旬、月、季等周期进行报告；第四类是按用途分类，分管理用的、分析用的等。

4. 进度报告的内容

第一，说明报告的目的。

第二，说明报告的对象。

第三，说明进度的具体情况，包括：①项目实施概况，管理概况，进度总体状况；②设计文件提供进度；③材料、物资供应进度；④项目施工进度；⑤劳务状况；⑥变更指令状况；⑦资金供应进度状况；⑧进度趋势及风险预测等。

第四，报告编写人。一般由进度管理负责人编写，也可以是相关管理人员。

二、建筑工程项目进度管理总结

在建筑工程项目竣工后，项目经理部应及时进行进度管理总结。现代管理十分重视管理总结，其原因是它对实现管理循环和进行信息反馈起着重要作用，符合管理中的封闭原理和信息反馈原理。总结分析是对进度管理进行资料积累的重要途径，是对管理进行评价的前提，是提高管理水平的阶梯。

1. 进度管理总结的依据

进度管理总结依据下列资料：进度计划，进度计划执行的实际记录，进度计划检查结果，进度计划的调整资料。以上资料都是在进度控制的过程中产生的，只要注意积累，就不难得到。

2. 进度管理总结的内容

进度管理总结应包括下列内容：

1）合同时间目标及计划时间目标的完成情况。

2）资源利用情况。

3）成本情况。

4）进度管理经验。

5）进度管理中存在的问题及分析。

6）科学的进度计划方法的应用情况。

7）进度管理改进意见。

8）其他。

3. 进度管理总结的方法

1）在计划编制和执行中，应认真积累资料，为总结提供信息储备。

2）在总结之前进行实际调查，取得原始记录中没有的情况和信息。

3）召开总结分析会议。

4）提倡采用定量的对比分析方法。

5）尽量采用计算机储存资料、计算、分析与绘图，以提高总结分析的速度和准确性。

6）总结分析资料要分类归档。

情境小结

本情境依据建设工程项目管理规范，结合目前工程实践进度管理实践，介绍了建筑工程项目进度管理的概念、原理、任务、目标及措施；建筑工程项目进度计划的编制、实施；建筑工程项目进度计划的检查和调整；建筑工程项目进度管理总结等知识。

为了有效地管理项目进度，应做进度计划的编制、控制和总结等方面的工作。通过该情境的学习，把握建筑工程项目进度目标的分解；依据目标编制进度计划（包括横道计划和网络计划等）；采用横道计划、实际进度前锋线、S 形曲线法和香蕉形曲线等进度检查方法定期或不定期地对进度计划进行检查；发现有进度偏差时，应采取改变工作间的逻辑关系、缩短某些工作的持续时间、改变施工方案等进度调整的方法进行进度控制；待进度计划完成后，项目经理部还应及时进行进度管理总结等工作。

学生在学习过程中，应注意理论联系实际；通过解析多个案例，初步掌握理论知识，再通过有效地完成项目进度管理实践，提高实践动手能力。

习 题

一、单项选择题

1. 建筑工程项目进度管理目标应在（　　）的基础上制订。

A. 项目定义　　B. 项目分解　　C. 项目规划　　D. 项目实施

2. 施工项目进度控制中，首先要考虑影响进度的各类因素出现的可能性及其影响程度；其次是在施工项目进度控制中具有应变性等特点的进度管理原理是（　　）。

A. 系统原理　　B. 动态控制原理

C. 弹性原理　　D. 封闭循环原理

3. 签订并实施关于工期和进度的承包责任制度是（　　）。

A. 组织措施　　B. 技术措施　　C. 合同措施　　D. 经济措施

4. 建筑工程进度网络计划与横道计划相比，其主要优点是能够（　　）。

A. 明确表达各项工作之间的逻辑关系

B. 直观表达工程进度计划的计算工期

C. 明确表达各项工作之间的搭接时间

D. 直观表示各项工作的持续时间

5. 建筑工程组织流水施工时，用来表达流水施工在施工工艺方面进展状态的参数之一是（　　）。

A. 流水施工段　　B. 流水强度　　C. 流水节拍　　D. 流水步距

6. 建筑工程组织流水施工时，相邻专业工作队之间的流水步距相等，且施工段之间没有空闲时间的是（　　）。

A. 非节奏流水施工和成倍节拍流水施工

B. 成倍节拍流水施工和无节奏流水施工

C. 固定节拍流水施工和成倍节拍流水施工

D. 成倍节拍流水施工和一般异节拍流水施工

7. 某分部工程有3个施工过程，各分为4个流水节拍相等的施工段，各施工过程的流水节拍分别为6、4、4天。如果组织成倍节拍流水施工，则专业工作队数和流水施工工期分别为（　　）。

A. 3个和20天　　B. 4个和25天　　C. 5个和24天　　D. 7个和20天

8. 某分部工程由4个施工过程组成，分为3个施工段组织流水施工，其流水节拍（天）见表3-10。则流水施工工期为（　　）天。

A. 23　　B. 21　　C. 22　　D. 20

表3-10　某分部工程流水节拍

施工过程	施工段		
	一	二	三
Ⅰ	2	4	3
Ⅱ	3	5	4
Ⅲ	4	3	4
Ⅳ	3	4	4

9. 建设工程组织无节拍流水施工时，其特点之一是（　　）。

A. 各专业队能够在施工段上连续作业，各施工段上的流水节拍不尽相等

B. 相邻施工过程的流水步距等于前一施工过程中第一个施工段的流水节拍

C. 各专业队能够在施工段上连续作业，施工段之间不可能有空闲时间

D. 相邻施工过程的流水步距等于后一施工过程中最后一个施工段的流水节拍

10. 建筑工程组织流水施工时，如果存在间歇时间和提前插入时间，则（　　）。

A. 间歇时间会使流水施工工期延长，而提前插入时间会使流水施工工期缩短

B. 间歇时间会使流水施工工期缩短，而提前插入时间会使流水施工工期延长

C. 无论是间歇时间还是提前插入时间，均会使流水施工工期延长

D. 无论是间歇时间还是提前插入时间，均会使流水施工工期缩短

11. 双代号网络计划中，（　　）表示前面工作的结束和后面工作的开始。

A. 起始节点　　B. 中间节点　　C. 终止节点　　D. 虚拟节点

12. 在工程网络计划中，关键线路是指（　　）的线路。

A. 双代号网络计划中由关键节点组成

B. 单代号网络计划中由关键工作组成

C. 单代号搭接网络计划中时距之和最大

D. 双代号时标网络计划中无波形线

13. 在双代号网络计划中，关键工作是指（　　）的工作。

A. 最迟完成时间与最早完成时间差最小

B. 持续时间最长

C. 两端节点均为关键节点

D. 自由时差最小

14. 在网络计划中，如果某项工作的最早开始时间和最早完成时间分别为 3 天和 8 天，则说明该工作实际上最早应该从开工后（　　）。

A. 第三天上班时刻开始，第八天下班时刻完成

B. 第三天上班时刻开始，第九天下班时刻完成

C. 第四天上班时刻开始，第八天下班时刻完成

D. 第四天上班时刻开始，第九天下班时刻完成

15. 在某项工程双代号网络计划中，工作 N 的最早开始时间和最迟开始时间分别为第 20 天和第 25 天，其持续时间为 9 天。该工作有两项紧后工作，它们的最早开始时间分别为第 32 天和第 34 天，则工作 N 的总时差和自由时差为（　　）天。

A. 3 和 0　　B. 3 和 2　　C. 5 和 0　　D. 5 和 3

16. 工程网络计划的工期优化是通过（　　），使计算工期满足要求工期。

A. 改变关键工作之间的逻辑关系　　B. 将关键工作压缩成非关键工作

C. 压缩直接费最小的工作的持续时间　　D. 压缩关键工作的持续时间

17. 工程网络计划的费用优化是指寻求（　　）的过程。

A. 工程总成本固定条件下最短工期安排

B. 工程总成本最低时资源均衡使用

C. 工程总成本最低时工期安排

D. 资源均衡使用条件下工程总成本最低

18. 单代号网络计划中工作与其紧后工作之间的时间间隔应等于（　　）。

A. 紧后工作的最迟开始时间与该工作的最早完成时间之差

B. 其紧后工作的最早开始时间与该工作的最早完成时间之差

C. 其紧后工作的最迟开始时间与该工作的最迟完成时间之差

D. 其紧后工作的最早完成时间与该工作的最早完成时间之差

19. 某项工作有两端紧前工作 A 和 B，其持续时间分别为 3 天和 4 天，其最早开始时间是 5 天和 6 天，则本工作的最早开始时间是（　　）。

A. 5　　B. 6　　C. 8　　D. 10

20. 在双代号网络计划中，下列说法正确的是（　　）。

A. 两端为关键节点的工作一定是关键工作

B. 关键节点的最早时间与最迟时间有可能相等

C. 关键工作两端的节点不一定是关键节点

D. 由关键节点组成的线路一定是关键线路

二、多项选择题

1. 施工项目进度控制是以现代科学管理原理作为其理论基础的，其进度管理的主要原理有（　　）。

A. 系统原理　　B. 动态控制原理

C. 信息反馈原理　　D. 弹性原理

E. 规律效应性原理

2. 下列属于项目进度管理内容的是（　　）。

A. 项目进度计划　　B. 项目进度实施

C. 项目进度检查　　D. 项目进度的监测

E. 项目进度调整

3. 建筑工程项目进度管理控制措施包括（　　）等。

A. 组织措施　　B. 技术措施　　C. 合同措施　　D. 经济措施

E. 管理措施

4. 下列关于项目进度计划分类说法正确的是（　　）。

A. 项目进度计划按项目组织分类包括建设单位进度计划，设计单位进度计划，施工单位进度计划，供应单位进度计划，监理单位进度计划，工程总承包单位进度计划

B. 项目进度计划按功能进行分类，分为控制性进度计划和实施性进度计划

C. 项目进度计划按对象分类，包括建设项目进度计划，单项工程进度计划，单位工程进度计划，分部分项工程进度计划

D. 项目进度计划按功能进行分类，分为规划类进度计划和实施类进度计划

E. 项目进度计划按对象分类，包括建设项目进度计划，单项工程进度计划，单位工程进度计划

5. 施工段是用以表达流水施工的空间参数。为了合理地划分施工段，应遵循的原则包括（　　）。

A. 施工段的界限与结构界限无关，但应使同一个专业工作队在各个施工段的劳动量大致相等

B. 每个施工段内要有足够的工作面，以保证相应数量的工人、主导施工机械的生产效率，满足合理劳动组织的要求

C. 施工段的界限应设在对建筑结构整体性影响小的部位，以保证建筑结构的整体性

D. 每个施工段要有足够的工作面，以满足同一施工段内组织多个专业工作队同时施工的要求

E. 施工段的数目要满足合理组织流水施工的要求，并在每个施工段内有足够的工作量

6. 流水施工作业中的主要参数有（　　）。

A. 工艺参数　　B. 时间参数

C. 流水参数　　D. 空间参数

E. 技术参数

7. 组织流水施工时，确定流水步距时应满足的基本要求是（　　）。

A. 各施工过程按各自流水速度施工

B. 相邻专业工作队在满足连续施工的条件下，能最大限度地实现合理搭接

C. 流水步距的数目应等于施工过程数

D. 流水步距的值应等于流水节拍的最大值

E. 相邻两个施工过程（专业工作队）投入施工后尽可能保持连续作业

8. 下列关于双代号时标网络计划的表述中，正确的是（　　）。

A. 工作箭线左端节点中心所对应的时标值为该工作的最早开始时间

B. 工作箭线中波形线的水平投影长度表示该工作与其紧后工作之间的时距

C. 工作箭线中实线部分的水平投影长度表示该工作的持续时间

D. 工作箭线中不存在波形线时，表明该工作的总时差为零

E. 工作箭线中不存在波形线时，表明该工作与其紧后工作之间的时间间隔为零

9. 对工程网络计划进行优化，其目的是使该工程（　　）。

A. 计算工期满足要求工期　　B. 资源需用量降至最低

C. 总成本降低至最低　　D. 资源强度降至最低

E. 资源需用量满足资源限量要求

10. 常用的施工进度计划和实际值的比较方法是（　　）。

A. 横道图比较法　　B. S 形曲线比较法

C. 香蕉形曲线比较法　　D. 前锋线比较法

E. 目标值比较法

三、思考题

1. 流水施工中主要参数有哪些？各自有何含义？

2. 流水施工的组织方式有哪些？

3. 什么是网络图？什么是双代号和单代号网络计划？

4. 简述网络图的绘制原则。

5. 网络图的时间参数有哪些？怎么计算？

6. 时标网络计划的特点是什么？

7. 施工项目进度计划的审核由谁负责，审核的主要内容是什么？

8. 进度计划实施过程中，项目部的工作有哪些？

9. 施工进度计划检查的工作内容有哪些？

10. 项目进度调整的方法有哪些？

四、实训题

实训题（一）

目的：通过本小题熟悉并掌握流水施工组织形式、各项参数的计算及流水施工图的绘制方法。

资料：某工程有三个分项工程（1）、（2）、（3），假设这三个分项工程是连续的，其各分项工程的施工过程最小流水节拍如下：

（1）$t_1 = t_2 = t_3 = 2$ 天；

（2）$t_1 = 1$ 天，$t_2 = 2$ 天，$t_3 = 1$ 天；

（3）$t_1 = 3$ 天，$t_2 = 2$ 天，$t_3 = 1$ 天。

要求：计算该工程的流水施工的参数，并绘制流水施工图。

实训题（二）

目的：本小题的流水施工组织形式是我们很常见的施工组织形式，通过本小题掌握无节奏流水施工的各项主要参数的计算和准确绘制流水施工图的规则。

资料：某工程有四个施工过程，表3-11的数据是某工程各施工过程在施工段上的持续时间。

表3-11　流水施工的基础数据表

施工段	施工过程			
	一	二	三	四
Ⅰ	4	3	1	2
Ⅱ	2	3	4	2
Ⅲ	3	4	2	1
Ⅳ	2	4	3	2

要求：根据表3-11，计算时间参数并绘制出本工程的流水施工图。

实训题（三）

目的：熟悉并掌握单代号及双代号网络图的绘制原则和各项时间参数的计算规则，通过本小题学会网络图的绘制及计算。

资料：表 3-12 网络图资料是某工程单代号和双代号施工网络计划的基础数据，该数据资料是监理工程师审核批准的。

表 3-12　施工网络计划的基础资料

工　作	*A*	*B*	*C*	*D*	*E*	*G*	*H*
紧前工作	*D*、*C*	*E*、*H*	—	—	—	*H*、*D*	—
持续天数	5	4	3	4	2	1	6

要求：

（1）根据表 3-12 试绘出双代号网络图和单代号网络图。

（2）计算时间参数、网络计划的计算工期和确定该网络计划的关键工作。

（3）计算工作 *B*、*E*、*G* 的总时差和自由时差。

实训题（四）

目的：通过此题的训练学会根据实际施工现场的资料绘制符合工程实际情况的双代号网络图。

资料：要建一无线电发射试验基地，工程的主要活动及其所需要时间等如下：

①清理场地　　1 天

②基础工程　　8 天

③建造房屋　　6 天

④建发射塔　　10 天

⑤装电缆　　5 天

⑥安装发射设备　　3 天

⑦调试　　1 天

施工顺序如下：清理场地后，基础工程与安装电缆同时开始；基础完成后，建房与建发射塔同时进行；安装设备应在建房与安装电缆完成后开始；最后进行调试。

要求：

（1）绘制双代号网络图。

（2）整个建塔工程需要多少天？

（3）①②③④⑤⑥⑦哪些活动处在“关键线路”上？（用图上计算法计算）

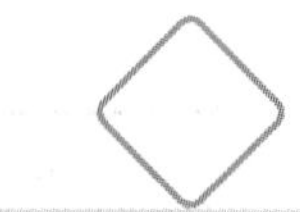

情境四 建筑工程项目成本管理

学习目标

1. 了解：建筑工程项目成本计划编制依据。

2. 熟悉：建筑工程项目成本的构成，成本计划的分类、成本核算、成本考核等内容。

3. 掌握：建筑工程项目成本管理的概念，成本计划编制方法，成本控制方法，赢得值法的意义，成本分析的方法。

引例

背景资料：

某酒店工程项目，主体已经完工，在装饰装修分部工程施工任务中，室内装修分部工程有内墙环保壁纸、内墙环保涂料、内墙釉面砖三个分项工程，在八月份工程施工中，技术经济参数见下表：

序号	项目名称	环保壁纸	环保涂料	釉面砖
1	计划单位成本 / 元	60	100	40
2	拟完成的工程量 /m^2	150	30	80
3	拟完成工程计划施工成本 / 元			
4	已完工程量 /m^2	120	30	90
5	已完成工程计划施工成本 / 元			
6	实际单位成本 / 元	55	110	45
7	已完工程实际成本 / 元			

（续）

序　　号	项 目 名 称	环 保 壁 纸	环 保 涂 料	釉　面　砖
8	成本偏差（CV）/ 元			
9	成本绩效指数（CPI）			
10	进度偏差（SV）/ 元			
11	进度绩效指数（SPI）			

问题：

1. 项目经理如何进行项目成本的过程控制?

2. 施工现场如何进行成本控制?

3. 施工项目成本控制的内容有哪些?

4. 判定内墙环保壁纸施工、内墙环保涂料施工、内墙釉面砖施工的成本偏差和进度偏差。

任务一　建筑工程项目成本计划编制

施工成本是指在建筑工程项目的施工过程中所发生的全部生产费用的总和，包括所消耗的原材料、辅助材料、构配件等的费用；周转材料的摊销费或租赁费；施工机械的使用费或租赁费；支付给生产工人的工资、奖金、工资性质的津贴；以及进行施工组织与管理所发生的全部费用支出。建筑工程项目施工成本由直接成本和间接成本组成。

根据成本运行规律，成本管理责任体系应包括组织管理层和项目经理层。组织管理层的成本管理除生产成本以外，还包括经营管理费用。项目管理层应对生产成本进行管理。组织管理层贯穿于项目投标、实施和结算过程，体现效益中心的管理职能；项目管理层则着眼于执行组织确定的施工成本管理目标，发挥现场生产成本控制中心的管理职能。

施工成本管理的任务主要包括：施工成本预测→施工成本计划→施工成本控制→施工成本核算→施工成本分析→施工成本考核。

一、建筑安装工程费项目组成

按照成本构成要素划分，建筑安装工程费由人工费、材料（包含工程设备）费、施工机具使用费、企业管理费、利润、规费和增值税组成。其中，人工费、材料费、施工机具使用费、企业管理费和利润包含在分部分项工程费、措施项目费、其他项目费中，如图 4-1 所示。

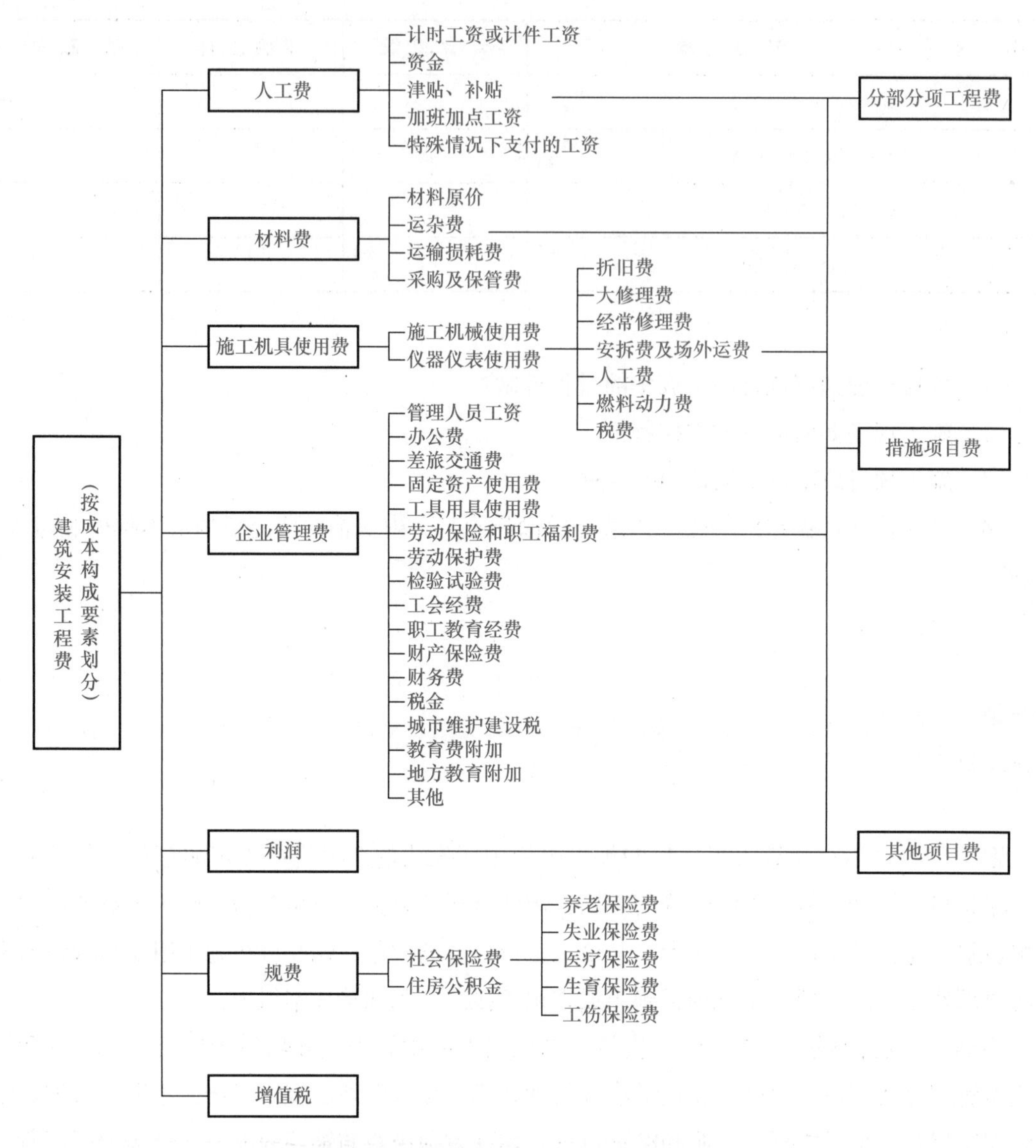

图4-1　建筑安装工程费项目组成（按成本构成要素划分）

二、建筑工程项目成本计划类型

对于一个建筑工程项目而言，其成本计划是一个不断深化的过程。在这一过程的不同阶段形成深度和作用不同的成本计划，按其作用可分为三类。

1．竞争性成本计划

竞争性成本计划即建筑工程项目投标及签订合同阶段的估算成本计划。这类成本计划以招标文件中的合同条件、投标者须知、技术规程、设计图或工程量清单等为依据，以有关价格条件说明为基础，结合调研和现场考察获得的情况，根据本企业的工料消耗标准、水平、价格资料和费用指标，对本企业完成招标工程所需要支出的全部费用的估算。在投标报价过程中，虽也着力考虑降低成本的途径和措施，但总体上较为粗略。

2. 指导性成本计划

指导性成本计划即选派项目经理阶段的预算成本计划，是项目经理的责任成本目标。它以合同标书为依据，按照企业的预算定额标准制订的设计预算成本计划，且一般情况下只是确定责任总成本指标。

3. 实施性成本计划

实施性成本计划即建筑工程项目准备阶段的施工预算成本计划，它以项目实施方案为依据，落实项目经理责任目标为出发点，采用企业的施工定额，通过施工预算的编制而形成的实施性成本计划。

以上三类成本计划互相衔接和不断深化，构成了整个工程施工成本的计划过程。其中，竞争性成本计划带有成本战略的性质，是项目投标阶段商务标书的基础，而有竞争力的商务标书又是以其先进合理的技术标书为支撑的。因此，它奠定了施工成本的基本框架和水平。指导性成本计划和实施性成本计划，都是竞争性成本计划的进一步展开和深化，是对战略性成本计划的战术安排。此外，根据项目管理的需要，成本计划又可按成本组成、项目组成、工程进度分别编制成本计划。

特别提示

施工预算和施工图预算虽仅一字之差，但区别较大。

（1）编制的依据不同。施工预算的编制以施工定额为主要依据，施工图预算的编制以预算定额为主要依据，而施工定额比预算定额划分得更详细、更具体，并对其中所包括的内容，如质量要求、施工方法以及所需劳动工日、材料品种、规格型号等均有较详细的规定或要求。

（2）适用的范围不同。施工预算是施工企业内部管理用的一种文件，与建设单位无直接关系；而施工图预算既适用于建设单位，又适用于施工单位。

（3）发挥的作用不同。施工预算是施工企业组织生产、编制施工计划、准备现场材料、签发任务书、考核工效、进行经济核算的依据，也是施工企业改善经营管理、降低生产成本和推行内部经营承包责任制的重要手段；而施工图预算则是投标报价的主要依据。

三、建筑工程项目成本计划的编制依据

成本计划是建筑工程项目成本控制的一个重要环节，是实现降低建筑工程成本任务的指导性文件。如果针对建筑工程项目所编制的成本计划达不到目标成本要求时，就必须组织项目管理班子的有关人员重新研究寻找降低成本的途径，重新进行编制。同时，编制成本计

划的过程也是动员全体建筑工程项目管理人员的过程，是挖掘降低成本潜力的过程，是检验质量管理、工期管理、物资消耗和劳动力消耗管理等是否落实的过程。

编制建筑工程项目成本计划，需在广泛收集相关资料并进行整理的基础上，根据有关设计文件、工程承包合同、施工组织设计、施工成本预测资料等，按照施工项目应投入的生产要素，结合各种因素的变化和拟采取的各种措施，估算施工项目生产费用支出的总水平，进而提出施工项目的成本计划控制指标，确定目标总成本。目标总成本确定后，应将总目标分解落实到各个机构、班组，及便进行控制的子项目或工序。最后，通过综合平衡，编制完成建筑工程项目成本计划。

建筑工程项目成本计划的编制依据包括：

1）投标报价文件。

2）企业定额、施工预算。

3）施工组织设计或施工方案。

4）人工、材料、机械台班的市场价。

5）企业颁布的材料指导价、企业内部机械台班价格、劳动力内部挂牌价格。

6）周转设备内部租赁价格、摊销损耗标准。

7）已签订的工程合同、分包合同（或估价书）。

8）结构件外加工计划和合同。

9）有关财务成本核算制度和财务历史资料。

10）施工成本预测资料。

11）拟采取的降低施工成本的措施。

12）其他相关资料。

四、建筑工程项目成本计划的编制方法

施工成本计划编制的方法

建筑工程项目成本计划的编制以成本预测为基础，关键是确定目标成本。计划的制订，需结合施工组织设计的编制过程，通过不断地优化施工技术方案和合理配置生产要素，进行工、料、机消耗的分析，制订一系列节约成本和挖潜措施，确定建筑工程项目成本计划。一般情况下，建筑工程项目成本计划总额应控制在目标成本的范围内，并使成本计划建立在切实可行的基础上。

建筑工程项目总成本目标确定之后，还需通过编制详细的实施性成本计划把目标成本层层分解，落实到施工过程的每个环节，有效地进行成本控制。

成本计划的编制方式有：

1．按建筑工程项目成本构成编制成本计划的方法

建筑工程项目成本可以按成本构成分解为人工费、材料费、施工机具使用费和企业管

理费等，按成本构成分解的成本计划，如图 4-2 所示。

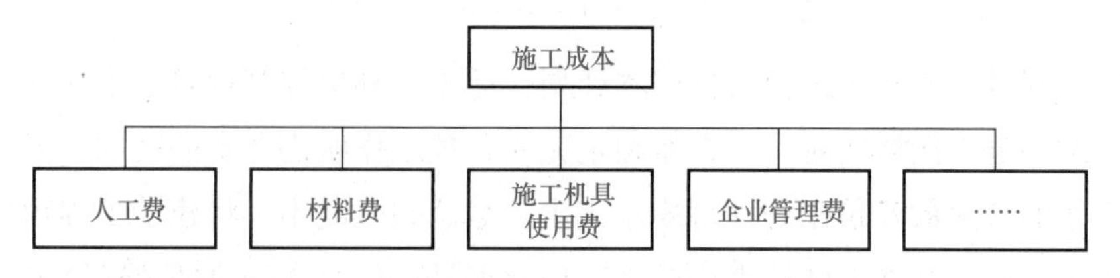

图 4-2　按成本构成分解成本计划

2．按项目组成编制建筑工程项目成本计划的方法

大中型工程项目通常是由若干单项工程组成的，而每个单项工程包括了多个单位工程，每个单位工程又是由若干个分部分项工程所组成。因此，首先要把项目总施工成本分解到单项工程和单位工程中，再进一步分解到分部工程和分项工程中，如图 4-3 所示。

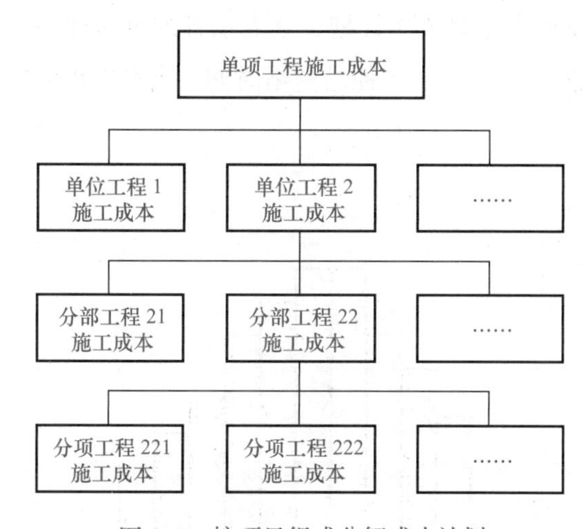

图 4-3　按项目组成分解成本计划

在完成建筑工程项目成本目标分解之后，接下来就要具体地分配成本，编制分项工程的成本支出计划，从而得到详细的成本计划表，见表 4-1。

表 4-1　分项工程成本计划表

分项工程编码	工 程 内 容	计 量 单 位	工 程 数 量	计 划 成 本	本分项总计
(1)	(2)	(3)	(4)	(5)	(6)

在编制成本支出计划时，要在项目总的方面考虑总的预备费，也要在主要的分项工程中安排适当的不可预见费，避免在具体编制成本计划时，可能发现个别单位工程或工程量表中某项内容的工程量计算有较大出入，使原来的成本预算失实，并在项目实施过程中对其尽可能地采取一些措施。

3．按工程进度编制建筑工程项目成本计划的方法

编制按工程进度的建筑工程项目成本计划，通常可利用控制项目进度的网络图进一步扩充而得。即在建立网络图时，一方面确定完成各项工作所需花费的时间；另一方面确定完成这一工作的合适的建筑工程项目成本支出计划。在实践中，将建筑工程项目分解为既能方便地表示时间，又能方便地表示成本支出计划的工作是不容易的，通常如果项目分解程度对时间控制合适的话，则对建筑工程项目成本支出计划可能分解过细，以至于不可能对每项工作确定其成本支出计划。反之亦然。因此在编制网络计划时，应在充分考虑进度控制对项目划分要求的同时，还要考虑确定建筑工程项目成本支出计划对项目划分的要求，做到二者兼顾。

通过对建筑工程项目成本目标按时间进行分解，在网络计划基础上，可获得项目进度计划的横道图，并在此基础上编制成本计划。其表示方式有两种：一种是在时标网络图上按月编制的成本计划，如图4-4所示；一种是利用时间-成本累积曲线（S形曲线）表示，如图4-5所示。

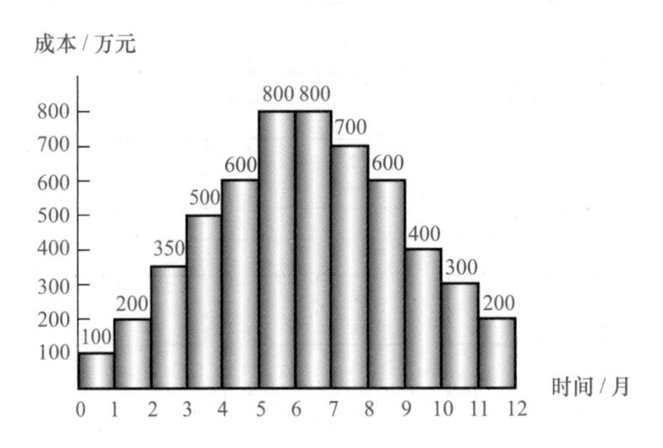

图4-4　根据时标网络图按月编制的成本计划

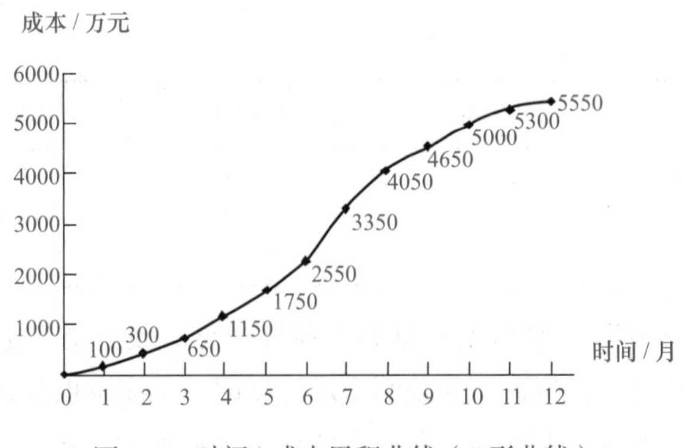

图4-5　时间-成本累积曲线（S形曲线）

时间－成本累积曲线的绘制步骤如下：

1）确定建筑工程项目进度计划，编制进度计划的横道图。

2）根据每单位时间内完成的实物工程量或投入的人力、物力和财力，计算单位时间（月或旬）的成本，在时标网络图上按时间编制成本支出计划，如图 4-4 所示。

3）计算规定时间 t 计划累计支出的成本额，其计算方法为：各单位时间计划完成的成本额累加求和，可按下式计算：

$$Q_t = \sum_{n=1}^{t} q_n \tag{4-1}$$

式中　Q_t——某时间 t 内计划累计支出成本额；

q_n——单位时间 n 的计划支出成本额；

t——某规定计划时刻。

4）按各规定的 Q_t 值，绘制 S 形曲线，如图 4-5 所示。

每一条 S 形曲线都对应某一特定的工程进度计划。因为在进度计划的非关键线路中存在许多有时差的工序或工作，因而 S 形曲线（成本计划值曲线）必然包络在由全部工作都按最早开始时间开始和全部工作都按最迟必须开始时间开始的曲线所组成的“香蕉图”内。项目经理可以根据编制的成本支出计划来合理安排资金，同时项目经理也可以根据筹措的资金来调整 S 形曲线，即通过调整非关键线路上的工序项目的最早或最迟开工时间，力争将实际的成本支出控制在计划的范围内。

一般而言，所有工作都按最迟开始时间开始，对节约资金贷款利息是有利的；但同时，也降低了项目按期竣工的保证率，因此项目经理必须合理地确定成本支出计划，达到既节约成本支出，又能控制项目工期的目的。

以上三种编制建筑工程项目成本计划的方式并不是相互独立的。在实践中，往往是将这几种方式结合起来使用，从而可以取得扬长避短的效果。例如，将按项目分解总成本与按成本构成分解总成本两种方式相结合，横向按成本构成分解，纵向按项目分解，或相反。这种分解方式有助于检查各分部分项工程成本构成是否完整，有无重复计算或漏算；同时还有助于检查各项具体的成本支出的对象是否明确或落实，并且可以从数字上校核分解的结果有无错误。或者还可将按子项目分解总成本计划与按时间分解总成本计划结合起来，一般纵向按项目分解，横向按时间分解。

应用案例 4-1

案例概况

已知某施工项目的数据资料见表 4-2，绘制该项目的时间－成本累积曲线。

表 4-2　工程数据资料

编　码	项目名称	最早开始时间	工　期	成本强度 /（万元 / 月）
11	场地平整	1	1	20
12	基础施工	2	3	15
13	主体工程施工	4	5	30
14	砌筑工程施工	8	3	20
15	屋面工程施工	10	2	30
16	楼地面施工	11	2	20
17	室内设施安装	11	1	30
18	室内装饰	12	1	20
19	室外装饰	12	1	10

案例解析

1）确定施工项目进度计划，编制进度计划的横道图，如图 4-6 所示。

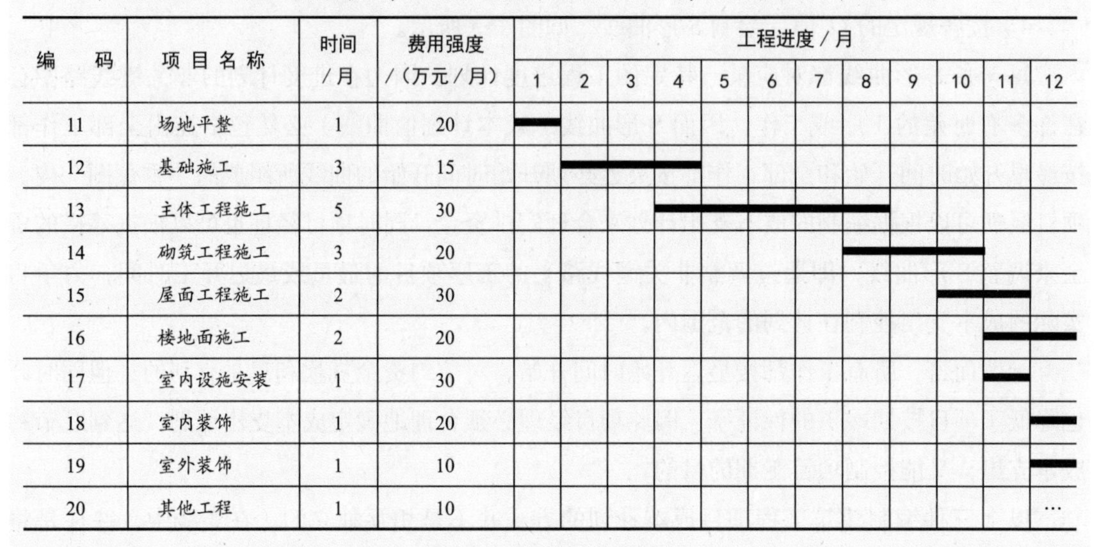

编　码	项目名称	时间 / 月	费用强度 /（万元 / 月）	工程进度 / 月											
				1	2	3	4	5	6	7	8	9	10	11	12
11	场地平整	1	20												
12	基础施工	3	15												
13	主体工程施工	5	30												
14	砌筑工程施工	3	20												
15	屋面工程施工	2	30												
16	楼地面施工	2	20												
17	室内设施安装	1	30												
18	室内装饰	1	20												
19	室外装饰	1	10												
20	其他工程	1	10												…

图 4-6　进度计划横道图

2）在横道图上按时间编制成本计划，如图 4-7 所示。

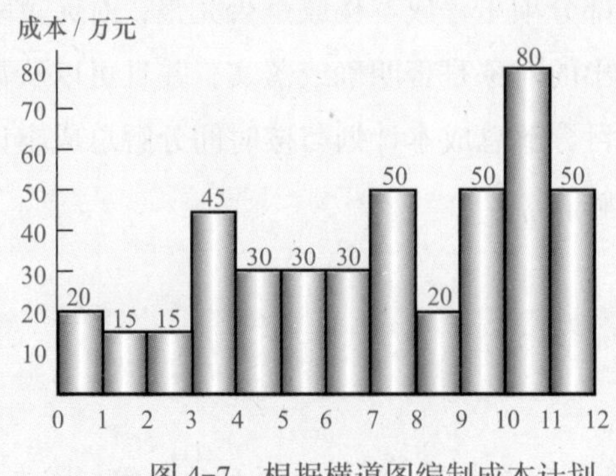

图 4-7　根据横道图编制成本计划

3）计算规定时间 t 计划累计支出的成本额。

根据式（4-1）可得如下结果：

$Q_1=20$，$Q_2=35$，$Q_3=50$，…，$Q_{10}=305$，$Q_{11}=385$，$Q_{12}=435$

4）绘制 S 形曲线，如图 4-8 所示。

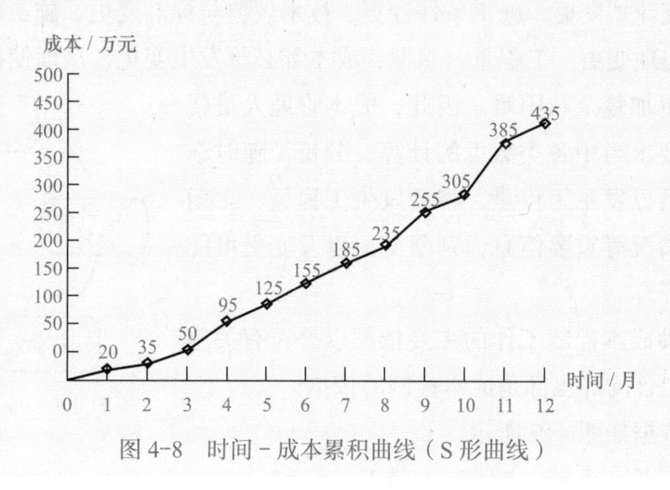

图 4-8　时间 - 成本累积曲线（S 形曲线）

任务二　建筑工程项目成本控制

成本控制是在项目成本的形成过程中，对生产经营所消耗的人力资源、物质资源和费用开支进行指导、监督、检查和调整，及时纠正将要发生和已经发生的偏差，把各项生产费用控制在计划成本的范围之内，以保证成本目标的实现。

一、建筑工程项目成本控制的依据

1．工程承包合同

建筑工程项目成本控制要以工程承包合同为依据，围绕降低工程成本这个目标，从预算收入和实际成本两方面，努力挖掘增收节支潜力，以求获得最大的经济效益。

2．建筑工程项目成本计划

建筑工程项目成本计划是根据建筑工程项目的具体情况制订的成本控制方案，既包括预定的具体成本控制目标，又包括实现控制目标的措施和规划，是成本控制的指导性文件。

3．进度报告

进度报告提供了每一时刻工程实际完成量，建筑工程项目成本实际支付情况等重要信息。建筑工程项目成本控制工作正是通过实际情况与成本计划相比较，找出二者之间的差别，分析偏差产生的原因，从而采取措施改进以后的工作。此外，进度报告还有助于管理者及时发现工程实施中存在的问题，并在事态还未造成重大损失之前采取有效措施，尽量避免损失。

4. 工程变更

在项目的实施过程中，由于各方面的原因，工程变更是很难避免的。工程变更一般包括设计变更、进度计划变更、施工条件变更、技术规范与标准变更、施工次序变更、工程数量变更等。一旦出现变更，工程量、工期、成本都必将发生变化，从而使得建筑工程项目成本控制工作变得更加复杂和困难。因此，成本管理人员就应当通过对变更要求当中各类数据的计算、分析，随时掌握变更情况，包括已发生工程量、将要发生工程量、工期是否拖延、支付情况等重要信息，判断变更以及变更可能带来的索赔额度等。

除了上述几种成本控制工作的主要依据以外，有关施工组织设计、分包合同等也都是成本控制的依据。

成本控制的依据如图4-9所示。

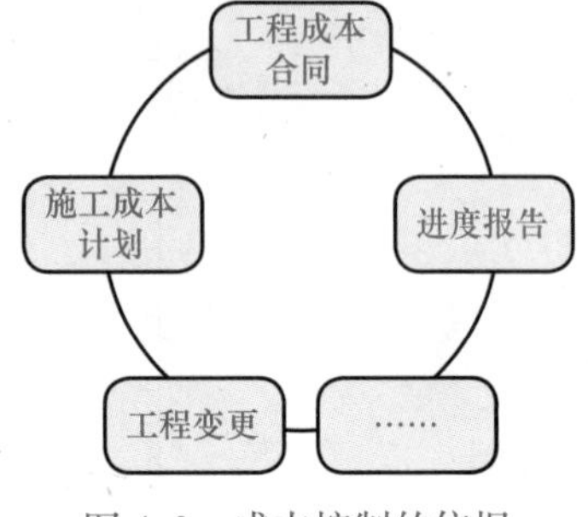

图4-9　成本控制的依据

二、建筑工程项目成本控制的步骤

在确定了建筑工程项目成本计划之后，必须定期地进行建筑工程成本计划值与实际值的比较，当实际值偏离计划值时，分析产生偏差的原因，采取适当的纠偏措施，以确保建筑工程成本控制目标的实现。其步骤如下。

1. 比较

按照某种确定的方式将建筑工程项目成本计划值与实际值逐项进行比较，以发现建筑工程项目成本计划实施是否正常，判断有无偏差。

2. 分析

在比较的基础上，对比较的结果进行分析，以确定偏差的严重性及偏差产生的原因。这一步是成本控制工作的核心，其主要目的在于找出产生偏差的原因，从而采取有针对性的措施，减少或避免相同原因的再次发生或减少由此造成的损失。

3. 预测

按照完成情况估计完成项目所需的总费用。

4. 纠偏

当建筑工程项目的实际成本出现了偏差，应当根据工程的具体情况、偏差分析和预测的结果，采取适当的措施，以期达到使成本偏差尽可能小的目的。纠偏是成本控制中最具实质性的一步。只有通过纠偏，才能最终达到有效控制施工成本的目的。

对偏差原因进行分析的目的是为了有针对性地采取纠偏措施，从而实现成本的动态控

制和主动控制。纠偏首先要确定纠偏的主要对象，偏差原因有些是无法避免和控制的，如客观原因，充其量只能对其中少数原因做到防患于未然，力求减少该原因所产生的经济损失。在确定了纠偏的主要对象之后，就需要采取有针对性的纠偏措施。纠偏可采用组织措施、经济措施、技术措施和合同措施等。

5．检查

它是指对工程的进展进行跟踪和检查，及时了解工程进展状况以及纠偏措施的执行情况和效果，为今后的工作积累经验。

建筑工程项目成本控制步骤如图 4-10 所示。

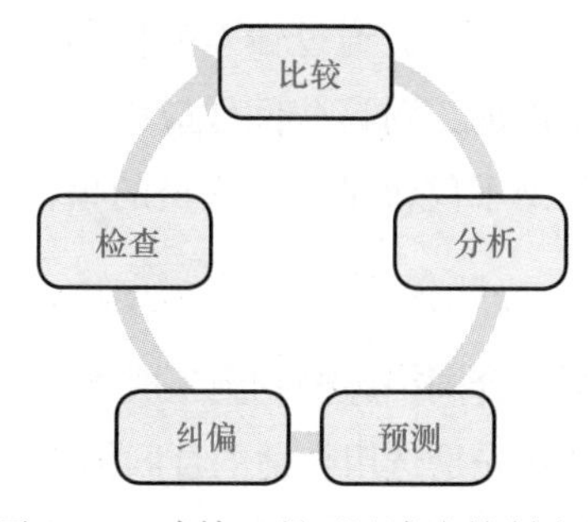

图 4-10　建筑工程项目成本控制步骤

三、建筑工程项目成本控制的措施

为了取得建筑工程项目成本控制的理想效果，应当从多方面采取措施实施控制，通常可以将这些措施归纳为组织措施、技术措施、经济措施、合同措施。

1．组织措施

组织措施是从建筑工程项目成本管理的组织方面采取的措施。成本控制是全员的活动，如实行项目经理责任制，落实建筑工程项目成本管理的组织机构和人员，明确各级建筑工程项目成本管理人员的任务和职能分工、权利和责任。建筑工程项目成本管理不仅是专业成本管理人员的工作，各级项目管理人员都负有成本控制责任。

成本控制工作只有建立在科学管理的基础之上，具备合理的管理体制、完善的规章制度、稳定的作业秩序、完整准确的信息传递，才能取得成效。组织措施是其他各类措施的前提和保障，而且一般不需要增加什么费用，运用得当可以收到良好的效果。

2．技术措施

施工过程中降低成本的技术措施是指进行技术经济分析，确定最佳的施工方案。结合施工方法，进行材料使用的比选，在满足功能要求的前提下，通过代用、改变配合比、使用添加剂等方法降低材料消耗的费用。确定最合适的施工机械、设备使用方案。结合项目的施工组织设计及自然地理条件，降低材料的库存成本和运输成本。

技术措施不仅对解决施工成本管理过程中的技术问题是不可缺少的，而且对纠正施工成本管理目标偏差也有相当重要的作用。因此，运用技术纠偏措施的关键，一是要能提出多个不同的技术方案，二是要对不同的技术方案进行技术经济分析。

3．经济措施

经济措施是最易为人们所接受和采用的措施。管理人员应编制资金使用计划，确定、分解成本管理目标。对建筑工程项目成本管理目标进行风险分析，并制订防范性对策。对各种支出，应认真做好资金的使用计划，并在施工中严格控制各项开支。及时准确地记录、收集、整理、核算实际发生的成本。对各种变更，及时做好增减账，及时落实业主签证，及时结算工程款。通过偏差分析和未完工工程预测，可发现一些潜在的问题将引起未完工程施工成本增加，对这些问题应以主动控制为出发点，及时采取预防措施。由此可见，经济措施的运用绝不仅仅是财务人员的事情。

4．合同措施

采用合同措施控制施工成本，应贯穿整个合同周期，包括从合同谈判开始到合同终结的全过程。首先是选用合适的合同结构，对各种合同结构模式进行分析、比较，在合同谈判时，要争取选用适合工程规模、性质和特点的合同结构模式。其次，在合同的条款中应仔细考虑一切影响成本和效益的因素，特别是潜在的风险因素。通过对引起成本变动的风险因素的识别和分析，采取必要的风险对策，如通过合理的方式，增加承担风险的个体数量，降低损失发生的比例，并最终使这些策略反映在合同的具体条款中。在合同执行期间，合同管理的措施既要密切关注对方合同执行的情况，以寻求合同索赔的机会；同时也要密切关注自己履行合同的情况，以防止被对方索赔。

建筑工程项目成本控制措施如图4-11所示。

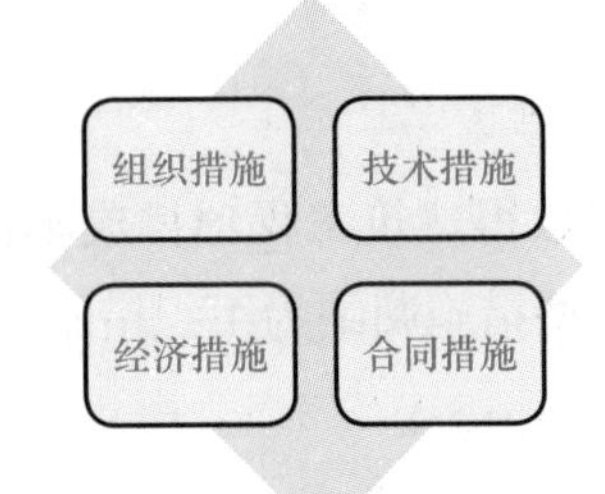

图4-11　建筑工程项目成本控制措施

四、建筑工程项目成本控制的方法

1．过程控制方法

施工阶段是控制建筑工程项目成本发生的主要阶段，它通过确定成本目标并按计划成本进行施工资源配置，对施工现场发生的各种成本费用进行有效控制，其具体的控制方法如下。

（1）人工费的控制。人工费的控制实行“量价分离”的方法，将作业用工及零星用工按定额工日的一定比例综合确定用工数量与单价，通过劳务合同进行控制。

（2）材料费的控制。材料费控制同样按照“量价分离”原则，控制材料用量和材料价格。

1）材料用量的控制。在保证符合设计要求和质量标准的前提下，合理使用材料，通过定额控制、指标控制、计量控制、包干控制有效控制材料物资的消耗，具体方法如下。

①定额控制。对于有消耗定额的材料，以消耗定额为依据，实行限额发料制度。在规定限额内分期分批领用，超过限额领用的材料，必须先查明原因，经过一定审批手续方可领料。

②指标控制。对于没有消耗定额的材料，则实行计划管理和按指标控制的办法。根据以往项目的实际耗用情况，结合具体施工项目的内容和要求，制订领用材料指标，据以控制发料。超过指标的材料，必须经过一定的审批手续方可领用。

③计量控制。准确做好材料物资的收发计量检查和投料计量检查。

④ 包干控制。在材料使用过程中，对部分小型及零星材料（如钢钉、钢丝等）根据工程量计算出所需材料量，将其折算成费用，由作业者包干控制。

2）材料价格的控制。

材料价格主要由材料采购部门控制。由于材料价格是由买价、运杂费、运输中的合理损耗等组成，因此控制材料价格，主要是通过掌握市场信息，应用招标和询价等方式控制材料、设备的采购价格。

建筑工程项目的材料物资，包括构成工程实体的主要材料和结构件，以及有助于工程实体形成的周转使用材料和低值易耗品。从价值角度看，材料物资的价值，约占建筑安装工程造价的 60% ～ 70%，其重要程度自然是不言而喻。由于材料物资的供应渠道和管理方式各不相同，所以控制的内容和所采取的控制方法也有所不同。

（3）施工机械使用费的控制。合理选择施工机械设备，合理使用施工机械设备对成本控制具有十分重要的意义，尤其是高层建筑施工。据某些工程实例统计，高层建筑地面以上部分的总费用中，垂直运输机械费用约占 6% ～ 10%。由于不同的起重运输机械各有不同的用途和特点，因此在选择起重运输机械时，首先应根据工程特点和施工条件确定采取何种不同起重运输机械的组合方式。在确定采用何种组合方式时，首先应满足施工需要，同时还要考虑到费用的高低和综合经济效益。

施工机械使用费主要由台班数量和台班单价两方面决定，为有效控制施工机械使用费支出，主要从以下几个方面进行控制：

① 合理安排施工生产，加强设备租赁计划管理，减少因安排不当引起的设备闲置。

② 加强机械设备的调度工作，尽量避免窝工，提高现场设备利用率。

③ 加强现场设备的维修保养，避免因不正当使用造成机械设备的停置。

④ 做好机上人员与辅助生产人员的协调与配合，提高施工机械台班产量。

（4）施工分包费用的控制。分包工程价格的高低，必然对项目经理部的建筑工程项目成本产生一定的影响。因此，对分包价格的控制是建筑工程项目成本控制的重要工作之一。项目经理部应在确定施工方案的初期就要确定需要分包的工程范围。决定分包范围的因素主要是建筑工程项目的专业性和项目规模。对分包费用的控制，主要是要做好分包工程的询价、订立平等互利的分包合同、建立稳定的分包关系网络、加强施工验收和分包结算等工作。

2．赢得值（挣值）法

赢得值法（Earned Value Management，EVM）目前为国际上先进的工程公司普遍采用的进行工程项目的费用、进度综合分析控制的方法。用赢得值法进行费用、进度综合分析控制，基本参数有三项，即已完工作预算费用、计划工作预算费用和已完工作实际费用。

赢得值法

（1）赢得值法的三个基本参数。

1）已完工作预算费用。

已完工作预算费用为 BCWP（Budgeted Cost for Work Performed），是指在某一时间已

经完成的工作（或部分工作），以批准认可的预算为标准所需要的资金总额，由于业主正是根据这个值为承包人完成的工作量支付相应的费用，也就是承包人获得（挣得）的金额，故称为赢得值或挣值。

已完工作预算费用（BCWP）= 已完成工作量 × 预算单价 （4-2）

2）计划工作预算费用。

计划工作预算费用，简称 BCWS（Budgeted Cost for Work Scheduled），即根据进度计划，在某一时刻应当完成的工作（或部分工作），以预算为标准所需要的资金总额，一般来说，除非合同有变更，BCWS 在工程实施过程中应保持不变。

计划工作预算费用（BCWS）= 计划工作量 × 预算单价 （4-3）

3）已完工作实际费用。

已完工作实际费用，简称 ACWP（Actual Cost for Work Preformed），即到某一时刻为止，已完成的工作（或部分工作）实际花费的总金额。

已完工作实际费用（ACWP）= 已完成工作量 × 实际单价 （4-4）

（2）赢得值法的四个评价指标。

在这三个基本参数的基础上，可以确定赢得值法的四个评价指标，它们也都是时间的函数。

1）费用偏差 CV（Cost Variance）。

费用偏差（CV）= 已完工作预算费用（BCWP）− 已完工作实际费用（ACWP） （4-5）

当费用偏差 CV<0 时，即表示项目运行超出预算费用；

当费用偏差 CV>0 时，表示项目运行节支，实际费用没有超出预算费用。

2）进度偏差 SV（Schedule Variance）。

进度偏差（SV）= 已完工作预算费用（BCWP）− 计划工作预算费用（BCWS） （4-6）

当进度偏差 SV<0 时，表示进度延误，即实际进度落后于计划进度；

当进度偏差 SV>0 时，表示进度提前，即实际进度快于计划进度。

3）费用绩效指数（CPI）。

费用绩效指数（CPI）= 已完工作预算费用（BCWP）÷ 已完工作实际费用（ACWP） （4-7）

当费用绩效指数（CPI）<1 时，表示超支，即实际费用高于预算费用；

当费用绩效指数（CPI）>1 时，表示节支，即实际费用低于预算费用。

4）进度绩效指数（SPI）。

进度绩效指数（SPI）= 已完工作预算费用（BCWP）÷ 计划工作预算费用（BCWS） （4-8）

当进度绩效指数（SPI）<1 时，表示进度延误，即实际进度比计划进度拖后；

当进度绩效指数（SPI）>1 时，表示进度提前，即实际进度比计划进度快。

评价指标汇总见表 4-3。

表 4-3　评价指标汇总表

指　标	符　号	形　式	结　论
费用偏差	CV	BCWP－ACWP	CV<0 时，运行费用 > 预算费用 CV>0 时，运行费用 < 预算费用
进度偏差	SV	BCWP－BCWS	SV<0 时，实际进度 < 计划进度 SV>0 时，实际进度 > 计划进度
费用绩效指数	CPI	BCWP÷ACWP	CPI<1 时，实际费用 > 预算费用 CPI>1 时，实际费用 < 预算费用
进度绩效指数	SPI	BCWP÷BCWS	SPI<1 时，实际进度 < 计划进度 SPI>1 时，实际进度 > 计划进度

费用（进度）偏差反映的是绝对偏差，结果很直观，有助于费用管理人员了解项目费用出现偏差的绝对数额，并依此采取一定措施，制订或调整费用支出计划和资金筹措计划。但是，绝对偏差有其不容忽视的局限性。如同样是 10 万元的费用偏差，对于总费用 1000 万元的项目和总费用 1 亿元的项目而言，其严重性显然是不同的。因此，费用（进度）偏差仅适合于对同一项目作偏差分析。费用（进度）绩效指数反映的是相对偏差，它不受项目层次的限制，也不受项目实施时间的限制，因而在同一项目和不同项目比较中均可采用。

在项目的费用、进度综合控制中引入赢得值法，可以克服过去进度、费用分开控制的缺点，即当我们发现费用超支时，很难立即知道是由于费用超出预算，还是由于进度提前。相反，当发现费用低于预算时，也很难立即知道是由于费用节省，还是由于进度拖延。而引入赢得值法即可定量地判断进度、费用的执行效果。

3. 偏差分析的表达方法

偏差分析可以采用不同的表达方法，常用的有横道图法、表格法和曲线法。

（1）横道图法。用横道图法进行费用偏差分析，是用不同的横道标识已完工作预算费用（BCWP）、计划工作预算费用（BCWS）和已完工作实际费用（ACWP），横道的长度与其金额成正比例，如图 4-12 所示。

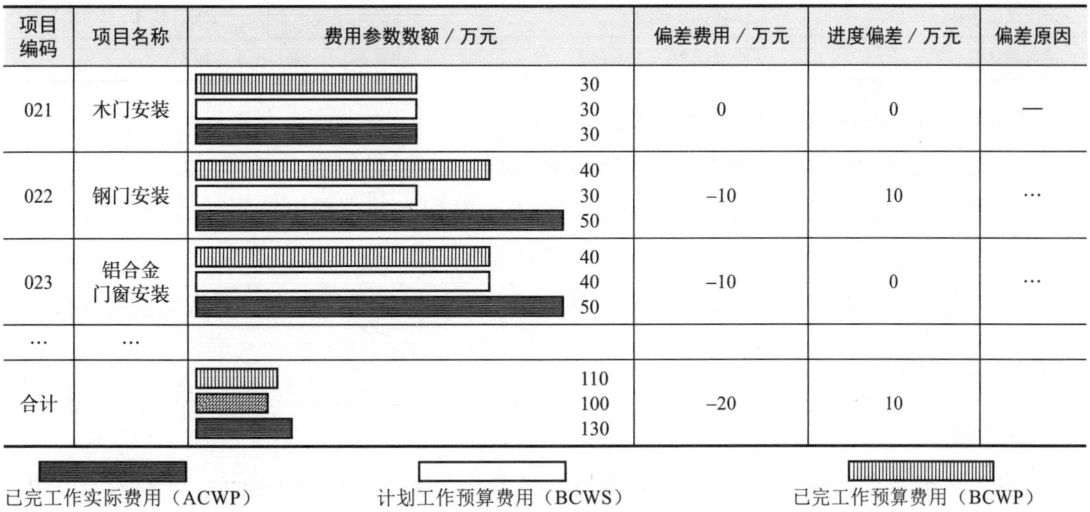

项目编码	项目名称	费用参数数额 / 万元	偏差费用 / 万元	进度偏差 / 万元	偏差原因
021	木门安装	30 30 30	0	0	—
022	钢门安装	40 30 50	–10	10	…
023	铝合金门窗安装	40 40 50	–10	0	…
…	…				
合计		110 100 130	–20	10	

已完工作实际费用（ACWP）　计划工作预算费用（BCWS）　已完工作预算费用（BCWP）

图 4-12　横道图法的费用偏差分项

横道图法具有形象、直观、一目了然等优点，它能够准确表达出费用的绝对偏差，而且能一眼感受到偏差的严重性。但这种方法反映的信息量少，一般在项目的较高管理层应用。

偏差分析表达方法——表格法

（2）表格法。表格法是进行偏差分析最常用的一种方法。它将项目编号、名称、各费用参数以及费用偏差数据综合归纳入一张表格中，并且直接在表格中进行比较。由于各偏差参数都在表中列出，使得费用管理者能够综合地了解并处理这些数据。

表4-4是用表格法进行偏差分析的例子。

表4-4 表格分析法

项目编码	（1）	021	022	023
项目名称	（2）	木门安装	钢门安装	铝门窗安装
单位	（3）			
预算单价	（4）			
计划工作量	（5）			
计划工作预算费用（BCWS）	（6）=（5）×（4）	30	30	40
已完成工作量	（7）			
已完工作预算费用（BCWP）	（8）=（7）×（4）	30	40	40
实际单价	（9）			
其他款项	（10）			
已完工作实际费用（ACWP）	（11）=（7）×（9）+（10）	30	50	50
费用局部偏差（CV）	（12）=（8）−（11）	0	−10	−10
费用绩效指数（CPI）	（13）=（8）÷（11）	1	0.8	0.8
费用累计偏差	（14）=∑（12）	−20		
进度局部偏差（SV）	（15）=（8）−（6）	0	10	0
进度绩效指数（SPI）	（16）=（8）÷（6）	1	1.33	1
进度累计偏差	（17）=∑（15）	10		

用表格法进行偏差分析具有如下优点：

1）灵活、适用性强。可根据实际需要设计表格，进行增减项。

2）信息量大。可以反映偏差分析所需的资料，从而有利于费用控制人员及时采取针对性措施，加强控制。

3）表格处理可借助于计算机，从而节约大量数据处理所需的人力，并大大提高速度。

应用案例4-2

案例概况

某工程项目有2000m^2缸砖面层地面施工任务，交由一个分包商施工，计划6个月内完工，计划的各工作项目单价和计划完成的工作量见表4-5，该工程进行了三个月以后，发现某些工作项目实际已完成的工作量及实际单价与原计划有偏差，数值见表4-5。

表 4-5　该工程工程量和单价

工作项目名称	平整场地	室内回填土	垫层	铺缸砖	踢脚
单位（m^2）	100	100	10	100	100
计划工作量（三个月）	150	20	60	100	13.55
计划单价（元）	16	46	450	1520	1620
已完成工作量（三个月）	150	18	48	70	9.5
实际单价（元）	16	46	450	1800	1650

问题：

1）计算出并用表格法列出至第三个月，月末各工作的计划工作预算费用（BCWS）、已完工作预算费用（BCWP）、已完工作实际费用（ACWP），并分析费用局部偏差值、费用绩效指数（CPI）、进度局部偏差值、进度绩效指数（SPI），以及费用累计偏差和进度累计偏差。

2）用横道图法表明各项工作的进展以及偏差情况，标明其偏差情况。

案例解析

1）用表格法分析费用偏差，见表 4-6。

表 4-6　表格分析法

(1) 项目编码		001	002	003	004	005	结　论
(2) 项目名称	计算方法	平整场地	回填土	垫层	铺缸砖	踢脚	
(3) 单位（m^2）		100	100	10	100	100	001 工程费用、进度与计划吻合
(4) 计划工作量（三个月）	(4)	150	20	60	100	13.55	002 工程费用与计划吻合；进度延后0.09千元、延后10%
(5) 计划单价（元）	(5)	16	46	450	1520	1620	
(6) 计划工作预算费用（BCWS）	(6)＝(4)×(5)	2400	920	27000	152000	21951	003 工程费用与计划吻合；进度延后5.4千元、延后20%
(7) 已完成工作量（三个月）	(7)	150	18	48	70	9.5	
(8) 已完工作预算费用（BCWP）	(8)＝(7)×(5)	2400	828	21600	106400	15390	004 工程超支19.6千元、超支15%；进度延后45.6千元、延后30%
(9) 实际单价（元）	(9)	16	46	450	1800	1650	
(10) 已完工作实际费用（ACWP）	(10)＝(7)×(9)	2400	828	21600	126000	15675	
(11) 费用局部偏差（CV）	(11)＝(8)－(10)	0	0	0	−19600	−285	005 工程超0.29千元、超支2%；进度延后6.6千元、延后30%
(12) 费用绩效指数（CPI）	(12)＝(8)÷(10)	1.0	1.0	1.0	0.85	0.98	
(13) 费用累计偏差	(13)＝∑(11)	−19885					
(14) 进度局部偏差（SV）	(14)＝(8)－(6)	0	−92	−5400	−45600	−6561	总费用超支19.89千元；总进度延后57.65千元
(15) 进度绩效指数（SPI）	(15)＝(8)÷(6)	1.0	0.90	0.80	0.70	0.70	
(16) 进度累计偏差	(16)＝∑(14)	−57653					

2）横道图费用偏差分析，如图4-13所示。

项目编号	项目名称	费用数额/千元	费用偏差/千元	进度偏差/千元	结论
001	平整场地	2.40 2.40 2.40	0	0	费用、进度与计划吻合
002	回填土	0.92 0.83 0.83	0	−0.09	费用吻合、进度延后0.09千元
003	垫层	27.00 21.60 21.60	0	−5.40	费用吻合、进度延后5.4千元
004	铺缸砖	152.00 106.40 126.00	−19.6	−45.60	费用超支19.6千元、进度延后45.6千元
005	踢脚	21.95 15.39 15.68	−0.29	−6.56	费用超支0.29千元、进度延后6.56千元
	合计	204.27 146.62 166.50	−19.89	−57.65	总费用超支19.89千元、进度延后57.65千元

计划工作预算费用（BCWS）　已完工作预算费用（BCWP）　已完工作实际费用（ACWP）

图4-13　横道图费用偏差分析

（3）曲线法。在项目实施过程中，以上三个参数可以形成三条曲线，即计划工作预算费用、已完工作预算费用、已完工作实际费用曲线，如图4-14所示。

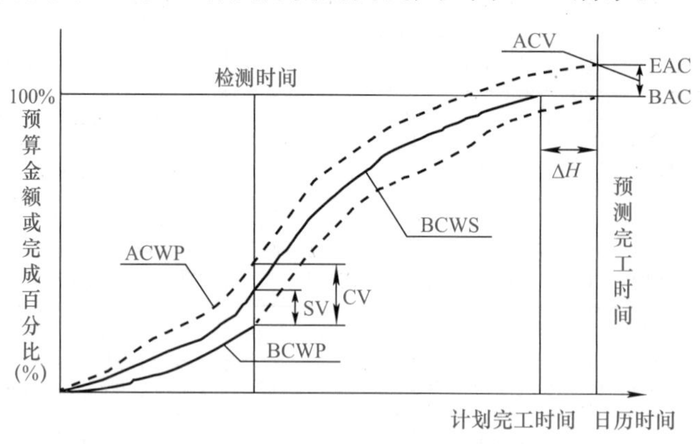

图4-14　赢得值法评价曲线

图中：CV=BCWP−ACWP，由于两项参数均以已完工作作为计算基准，所以两项参数之差，反映项目进展的费用偏差。

SV=BCWP−BCWS，由于两项参数均以预算值（计划值）作为计算基准，所以两项参数之差，反映项目进展的进度偏差。

采用赢得值法进行费用、进度综合控制，还可以根据当前的进度、费用偏差情况，通

过原因分析，对趋势进行预测，预测项目结束时的进度、费用情况。图 4-14 中：

BAC（Budget At Completion）—— 项目完工预算，指编计划时预计的项目完工费用；

EAC（Estimate At Completion）—— 预测项目完工估算，指计划执行过程中根据当前进度、费用偏差情况预测的项目完工总费用；

ACV（At Completion Variance）—— 预测项目完工时的费用偏差。

ACV=BAC−EAC

4. 偏差原因分析与纠偏措施

（1）偏差原因分析。偏差分析一个重要目的就是要找出引起偏差的原因，采取针对性的措施，减少或避免同样事情再次发生。偏差原因分析时，应将已经导致偏差的原因和潜在的原因逐一列出，导致不同工程项目产生费用偏差的原因具有一定的共性，因而可以借鉴已完工程项目的费用偏差原因进行比较、归纳、总结，为本项目采取预防措施提供依据。产生费用偏差的原因有以下几种，物价上涨、设计原因、业主原因、施工原因和客观原因，如图 4-15 所示。

成本控制——偏差原因分析

物价上涨	设计原因	业主原因	施工原因	客观原因
• 人工费涨价	• 设计失误	• 增加内容	• 施工方案不当	• 自然因素
• 材料费涨价	• 设计标准变化	• 投资规划不当	• 材料代用	• 社会因素
• 设备费涨价	• 图纸不及时	• 工程手续不全	• 施工质量问题	• 法规变化
• 利率汇率变化	• 其他	• 组织不到位	• 赶工期	• 基础处理
		• “三通一平”未完	• 工期延误	• 其他
		• 其他		

图 4-15　费用偏差原因

（2）纠偏措施。通常要压缩已经超支的费用，而不损害其他目标是不可能的，只有当给出的措施比原计划的措施更为有利，或提高生产效率，成本才能降低。一般有以下措施。

1）更改设计方案。

2）更换施工方案。

3）重新选择供货商。

4）改变工序逻辑关系。

5）变更工程范围。

6）索赔。

任务三　建筑工程项目成本核算

一、建筑工程项目成本核算的要求

成本核算与分析是建筑工程项目成本管理的重要环节和工作组成，也是项目成本动态控制的重要手段。核算的基本功能就在于将日常各个环节成本活动所形成的统计资料、会计资料以及各类成本台账资料，通过归集整理计算出已完工程或已完施工相对应的实际成本，进而与相同范围的计划成本进行比较，揭示其偏差状况，分析偏差原因，制订有效地纠偏措施，保持项目成本在工程进展过程始终处于受控状态。

二、建筑工程项目成本核算的范围

建筑工程项目成本核算包括两个基本环节：①按照规定的成本开支范围对施工费用进行归集和分配，计算出施工费用的实际发生额；②根据成本核算对象，采用适当的方法，计算出该建筑工程项目的总成本和单位成本。建筑工程项目成本管理需要正确及时地核算施工过程中发生的各项费用，计算建筑工程项目的实际成本。建筑工程项目成本核算所提供的各种成本信息是成本预测、成本计划、成本控制、成本分析和成本考核等各个环节的依据。

建筑工程项目成本一般以单位工程为成本核算对象，但也可以按照承包工程项目的规模、工期、结构类型、施工组织和施工现场等情况，结合成本管理要求，灵活划分成本核算对象。建筑工程项目成本核算的基本内容包括：

1. 人工费核算

人工费包括两种情况，即内包人工费和外包人工费。内包人工费是指两层分开后企业所属的劳务分公司（内部劳务市场自有劳务）与项目经理部签订的劳务合同结算的全部工程价款。其适用于类似外包工式的合同定额结算支付办法，按月结算计入项目单位工程成本。外包人工费是按项目经理部与劳务基地（内部劳务市场外来劳务）或直接与单位施工队伍签订的包清工合同，以当月验收完成的工程实物量，计算出定额工日数乘以合同人工单价确定人工费。并按月凭项目经济员提供的“包清工工程款月度成本汇总表”（分外包单位和单位工程）预提计入项目单位工程成本。

2. 材料费核算

工程耗用的材料，根据限额领料单、退料单、报损报耗单，大堆材料耗用计算单等，由项目料具员按单位工程编制“材料耗用汇总表”，据以计入项目成本。

3. 周转材料费核算

1）周转材料实行内部租赁制，以租费的形式反映其消耗情况，按“谁租用谁负担”的原则，进行核算并计入项目成本。

2）按周转材料租赁办法和租赁合同，由出租方与项目经理部按月结算租赁费。租赁费按租用的数量、时间和内部租赁单价计算计入项目成本。

3）周转材料在调入移出时，项目经理部都必须加强计量验收制度，如有短缺、损坏一律按原价赔偿，计入项目成本（缺损数 = 进场数 − 退场数）。

4）租用周转材料的进退场运费，按其实际发生数，由调入项目负担。

5）对模板卡具、脚手扣件等零件除执行项目租赁制外，考虑到其比较容易散失，故按规定实行定额预提摊耗，摊耗数计入项目成本。单位工程竣工，必须进行盘点，盘点后的实物数与前期逐月按控制订额摊耗后的数量差，按实调整清算计入成本。

6）实行租赁制的周转材料，一般不再分配负担周转材料差价。退场后发生的修理费用，应由出租单位做出租成本核算，不再向项目另行收费。

4．结构件费核算

1）项目结构件的使用必须要有领发手续，并根据这些手续，按照单位工程使用量编制“结构件耗用月报表”。

2）项目结构件的单价，以项目经理部与外加工单位签订的合同为准，计算耗用金额计入成本。

3）根据实际施工形象进度、已完施工产值的统计、各类实际成本报耗三者在月度时点上的三同步原则（配比原则的引申与应用），结构件耗用的品种和数量应与施工产值对应。结构件数量金额账的结存数，应与项目成本员的账面余额相符。

4）结构件的高进高出价差核算，同材料费的高进高出价差核算一致。结构件内三材数量、单价、金额均按报价书核定，或按竣工结算单的数量按实结算。

5）部位分项分包，如铝合金门窗、卷帘门等，按照企业通常采用的类似结构件管理和核算方法，项目经济员必须做好月度已完工程部分验收记录，正确计报部位分项分包产值，并书面通知项目成本员及时、正确、足额计入成本。预算成本的折算、归类可与实际成本的出账保持同口径。分包合同价可包括制作费和安装费等有关费用，工程竣工按部位分包合同结算书，据实调整成本。

5．机械使用费核算

1）机械设备实行内部租赁制，以租赁费形式反映其消耗情况，按“谁租用谁负担”的原则，核算其项目成本。

2）按机械设备租赁办法和租赁合同，由企业内部机械设备租赁市场与项目经理部按月结算租赁费。租赁费根据机械使用台班，停置台班和内部租赁单价计算，计入项目成本。

3）机械进出场费，按规定由承租项目负担。

4）项目经理部租赁的各类大中小型机械，其租赁费全额计入项目机械费成本。

5）根据内部机械设备租赁市场运行规则要求，结算原始凭证由项目指定专人签证台班和停班数，据以结算费用。向外单位租赁机械，按当月租赁费用全额计入项目机械成本。

6．其他措施费核算

项目施工生产过程中实际发生的其他直接费，有时并不“直接”，凡能分清受益对象的，应直接计入受益成本核算对象的工程施工——“其他直接费”，如与若干个成本核算对象有关的，可先归集到项目经理部的“其他直接费”账科目（自行增设），再按规定的方法分配计入有关成本核算对象的工程施工——“其他直接费”成本项目内。

1）施工过程中的材料二次搬运费，按项目经理部向劳务分公司汽车队托运汽车包天或包月租费结算，或以运输公司的汽车运费计算。

2）临时设施摊销费按项目经理部搭建的临时设施总价（包括活动房）除以项目合同工期求出每月应摊销额，临时设施使用一个月摊销一个月，摊销完为止。项目竣工搭拆差额（盈亏）据实调整实际成本。

3）生产工具用具使用费。大型机动工具、用具等可以套用类似内部机械租赁办法以租费形式计入成本，也可按购置费用一次摊销法计入项目成本，并做好在用工具实物借用记录，以便反复利用。工用具的修理费按实际发生数计入成本。

4）除上述以外的其他直接费内容，均应按实际发生的有效结算凭证计入项目成本。

7. 分包工程成本核算

建筑工程项目总承包方或其施工总承包方，根据建筑工程项目施工需要或出于风险管理的考虑，在建设法规许可的前提下，可将单位工程中的某些专业工程、专项工程，以及群体建筑工程项目的某些单位或单项工程进行分发包。此时，总分包人之间所签订的分包合同价款及其实际结算金额，应列入总承包方相应工程的成本核算范围。分包合同价款与分包工程计划成本的比较，反映分包费成本的预控效果；分包工程实际结算款与分包工程计划成本的比较，反映分包费成本的实际控制效果。必须指出，分包工程的实际成本由分包方进行核算，总承包方不可能也没有必要掌握分包方的真实的实际成本。

在建筑工程项目成本管理的实践中，施工分包的方式是多种多样的，除了以上俗称按部位分包外，还有施工劳务分包即包清工、机械作业分包等，即使按部位分包也还有包清工和包工包料（即双包）之分。对于各类分包费用的核算，要根据分包合同价款并对分包单位领用、租用、借用总包方的物资、工具、设备、人工等费用，根据项目经理部管理人员开具的、且经过分包单位指定专人签字认可的专用结算单据，如“分包单位领用物资结算单”及“分包单位租用工器具设备结算单”等结算依据，入账抵作已付分包工程款，进行核算。

8. 间接费核算

为了明确项目经理部的经济责任，正确合理地反映项目管理的经济效益，对施工间接费实行项目与项目之间“谁受益，谁负担，多受益，多负担，少受益，少负担，不受益，不负担”的原则。组织的管理费用、财务费用作为期间费用，不再构成项目成本，组织与项目在费用上分开核算。凡属于项目发生的可控费用均下沉到项目去核算，组织不再硬性将公司本部发生费用向下分摊。

9. 项目月度施工成本报告编制

项目经理部应在跟踪核算分析的基础上，编制月度项目成本报告，上报组织成本部门进行指导和考核。成本管理员将来自工程成本分类账与结算资料汇于一表，使得项目经理及时掌握工程项目的收支情况和运行成本状况。

建筑工程项目成本核算制是明确施工成本核算的原则、范围、程序、方法、内容、责

任及要求的制度。项目管理必须实行施工成本核算制，它和项目经理责任制等共同构成了项目管理的运行机制。组织管理层与项目管理层的经济关系、管理责任关系、管理权限关系，以及项目管理组织所承担的责任成本核算的范围、核算业务流程和要求等，都应以制度的形式作出明确的规定。

项目经理部要建立一系列项目业务核算台账和施工成本会计账户，实施全过程的成本核算，具体可分为定期的成本核算和竣工工程成本核算，如每天、每周、每月的成本核算。定期的成本核算是竣工工程全面成本核算的基础。

形象进度、产值统计、实际成本归集三同步，即三者的取值范围应是一致的。形象进度表达的工程量、统计施工产值的工程量和实际成本归集所依据的工程量均应是相同的数值。

对竣工工程的成本核算，应区分为竣工工程现场成本和竣工工程完全成本，分别由项目经理部和企业财务部门进行核算分析，其目的在于分别考核项目管理绩效和企业经营效益。

任务四　建筑工程项目成本分析和考核

一、建筑工程项目成本分析的依据

建筑工程项目成本分析，就是根据会计核算、业务核算和统计核算提供的资料，对成本的形成过程和影响成本升降的因素进行分析，以寻求进一步降低成本的途径；另一方面，通过成本分析，可从账簿、报表反映的成本现象看清成本的实质，从而增强项目成本的透明度和可控性，为加强成本控制，实现项目成本目标创造条件。

1．会计核算

会计核算主要是价值核算。会计是对一定单位的经济业务进行计量、记录、分析和检查，做出预测，参与决策，实行监督，旨在实现最优经济效益的一种管理活动。它通过设置账户、复式记账、填制和审核凭证、登记账簿、成本计算、财产清查和编制会计报表等一系列有组织、有系统的方法，来记录企业的一切生产经营活动，然后据以提出一些用货币来反映的有关各种综合性经济指标的数据。资产、负债、所有者权益、营业收入、成本、利润会计六要素指标，主要是通过会计来核算。由于会计记录具有连续性、系统性、综合性等特点，所以它是建筑工程项目成本分析的重要依据。

2．业务核算

业务核算是各业务部门根据业务工作的需要而建立的核算制度；它包括原始记录和计算登记表，如单位工程及分部分项工程进度登记，质量登记，工效、定额计算登记，物资消耗定额记录，测试记录等。业务核算的范围比会计、统计核算要广，会计和统计核算一般是对已经发生的经济活动进行核算，而业务核算，不但可以对已经发生的，而且还可以对尚未发生或正在发生的经济活动进行核算，看是否可以做，是否有经济效果。它的特点是对个别的经济业务进行单项核算。例如各种技术措施、新工艺等项目，可以核算已经完成的项目是否达到原定的目的，取得预期的效果，也可以对准备采取措施的项目进行核算和审查，看是否有效果，值不值得采纳。业务核算的目的，在于迅速取得资料，在经济活动中及时采取措施进行调整。

3．统计核算

统计核算是利用会计核算资料和业务核算资料，把企业生产经营活动客观现状的大量数据，按统计方法加以系统整理，表明其规律性。它的计量尺度比会计宽，可以用货币计算，也可以用实物或劳动量计量。它通过全面调查和抽样调查等特有的方法，不仅能提供绝对数指标，还能提供相对数和平均数指标，可以计算当前的实际水平，确定变动速度，可以预测发展的趋势。

二、建筑工程项目成本分析的方法

1．成本分析的基本方法

成本分析的基本方法包括：比较法、因素分析法、差额计算法、比率法等，本单元主要介绍因素分析法。

（1）比较法。比较法，又称为“指标对比分析法”，就是通过技术经济指标的对比，检查目标的完成情况，分析产生差异的原因，进而挖掘内部潜力的方法。这种方法，具有通俗易懂、简单易行、便于掌握的特点，因而得到了广泛的应用，但在应用时必须注意各技术经济指标的可比性。比较法的应用，通常有下列形式。

1）将实际值与目标值对比。以此检查目标完成情况，分析影响目标完成的积极因素和消极因素，以便及时采取措施，保证成本目标的实现。在进行实际值与目标值对比时，还应注意目标本身有无问题。如果目标本身出现问题，则应调整目标，重新正确评价实际工作的成绩。

2）本期实际值与上期实际值对比。通过本期实际值与上期实际值对比，可以看出各项技术经济指标的变动情况，反映施工管理水平的提高程度。

3）与本行业平均水平、先进水平对比。通过这种对比，可以反映本项目的技术管理和经济管理与行业的平均水平和先进水平的差距，进而采取措施赶超先进水平。

（2）因素分析法。因素分析法又称为连环置换法。这种方法可用来分析各种因素对成本的影响程度。在进行分析时，首先要假定众多因素中的一个因素发生了变化，而其他因素则不变，然后逐个替换，分别比较其计算结果，以确定各个因素的变化对成本的影响程度。因素分析法的计算步骤如下：

1）确定分析对象，并计算出实际与目标数的差异。

2）确定该指标是由哪几个因素组成的，并按其相互关系进行排序（排序规则是：先实物量，后价值量；先绝对值，后相对值）。

3）以目标数为基础，将各因素的目标数相乘，作为分析替代的基数。

4）将各个因素的实际值按照上面的排列顺序进行替换计算，并将替换后的实际数保留下来。

5）将每次替换计算所得的结果，与前一次的计算结果相比较，两者的差异即为该因素对成本的影响程度。

6）各个因素的影响程度之和，应与分析对象的总差异相等。

应用案例 4-3

案例概况

商品混凝土目标成本为 443040 元，实际成本为 473697 元，比目标成本增加 30657 元，资料见表 4-7。

表 4-7 商品混凝土目标成本与实际成本对比表

项 目	单 位	目 标	实 际	差 额
产量	m^3	600	630	+30
单价	元 /m^3	710	730	+20
损耗率	%	4	3	–1
成本	元	443040	473697	+30657

案例解析

分析成本增加的原因：

1）分析对象是商品混凝土的成本，实际成本与目标成本的差额为 30657 元. 该指标是由产量、单价、损耗率三个因素组成的，排序见表 4-8。

2）以目标数 443040 元（=600×710×1.04）为分析替代的基础

第一次替代产量因素，以 630 替代 600：

630×710×1.04=465192 元；

第二次替代单价因素，以 730 替代 710，并保留上次替代后的值：

630×730×1.04=478296 元；

第三次替代损耗率因素，以 1.03 替代 1.04，并保留上两次替代后的值：

630×730×1.03=473697 元。

3）计算差额：

第一次替代与目标数的差额 =465192–443040=22152 元；

第二次替代与第一次替代的差额 =478296–465192=13104 元；

第三次替代与第二次替代的差额 =473697–478296=–4599 元。

4）产量增加使成本增加了 22152 元，单价提高使成本增加了 13104 元，而损耗率下降使成本减少了 4599 元。

5）各因素的影响程度之和 =22152+13104–4599=30657 元，与实际成本与目标成本的总差额相等。

为了使用方便，也可以通过运用因素分析表来求出各因素变动对实际成本的影响程度，其具体形式见表 4-8。

表 4-8　商品混凝土成本变动因素分析表

顺　　序	连环替代计算	差异 / 元	因 素 分 析
目标数	600×710×1.04	—	—
第一次替代	630×710×1.04	22152	由于产量增加 30m^3，成本增加 22152 元
第二次替代	630×730×1.04	13104	由于单价提高 20 元，成本增加 13104 元
第三次替代	630×730×1.03	–4599	由于损耗下降 1%，成本降低 4599 元
合计	22152+13104–4599=30657	30657	

（3）差额计算法。差额计算法是因素分析法的一种简化形式，它利用各个因素的目标值与实际值的差额来计算其对成本的影响程度。

（4）比率法。比率法是指用两个以上的指标的比例进行分析的方法。它的基本特点是：先把对比分析的数值变成相对数，再观察其相互之间的关系。常用的比率法有以下几种。

1）相关比率法。由于项目经济活动的各个方面是相互联系，相互依存，又相互影响的，因而可以将两个性质不同而又相关的指标加以对比，求出比率，并以此来考察经营成果的好坏。例如，产值和工资是两个不同的概念，但它们的关系又是投入与产出的关系。在一般情况下，都希望以最少的工资支出完成最大的产值。因此，用产值工资率指标来考核人工费的支出水平，就很能说明问题。

2）构成比率法。又称为比重分析法或结构对比分析法。通过构成比率，可以考察成本总量的构成情况及各成本项目占成本总量的比重，同时也可看出量、本、利的比例关系（即预算成本、实际成本和降低成本的比例关系），从而为寻求降低成本的途径指明方向。

3）动态比率法。动态比率法是将同类指标不同时期的数值进行对比，求出比率，以分析该项指标的发展方向和发展速度。动态比率的计算，通常采用基期指数和环比指数两种方法。

2. 综合成本的分析方法

综合成本是指涉及多种生产要素，并受多种因素影响的成本费用，如分部分项工程成本，月（季）度成本、年度成本等。由于这些成本都是随着项目施工的进展而逐步形成的，与生产经营有着密切的关系。因此，做好上述成本的分析工作，无疑将促进项目的生产经营管理，提高项目的经济效益。

（1）分部分项工程成本分析。分部分项工程成本分析是建筑工程项目成本分析的基础。分部分项工程成本分析的对象为已完成分部分项工程。分析的方法是：进行预算成本、目标成本和实际成本的“三算”对比，分别计算实际偏差和目标偏差，分析偏差产生的原因，为今后的分部分项工程成本寻求节约途径。

分部分项工程成本分析的资料来源是：预算成本来自投标报价成本，目标成本来自施工预算，实际成本来自施工任务单的实际工程量、实耗人工和限额领料单的实耗材料。

由于建筑工程项目包括很多分部分项工程，不可能也没有必要对每一个分部分项工程都进行成本分析。特别是一些工程量小、成本费用微不足道的零星工程。但是，对于那些主要分部分项工程则必须进行成本分析，而且要做到从开工到竣工进行系统的成本分析。这是一项很有意义的工作，因为通过主要分部分项工程成本的系统分析，可以基本上了解项目成本形成的全过程，为竣工成本分析和今后的项目成本管理提供一份宝贵的参考资料。分部分项工程成本分析表见表 4-9。

表 4-9　分部分项工程成本分析

单位工程：__________

分部分项工程名称：__________　工程量：__________　施工班组：__________　施工日期：__________

工料名称	规格	单位	单价	预算成本		计划成本		实际成本		实际与预算比较		实际与计划比较	
				数量	金额	数量	金额	数量	金额	数量	金额	数量	金额
合　计													
实际与预算比较 %（预算 =100）													
实际与计划比较 %（计划 =100）													
节超原因说明													

编制单位：__________　成本员：__________　填表日期：__________

（2）月（季）度成本分析。月（季）度成本分析是建筑工程项目定期的、经常性的中间成本分析。对于具有一次性特点的建筑工程项目来说，有着特别重要的意义。因为通过月（季）度成本分析，可以及时发现问题，以便按照成本目标指定的方向进行监督和控制，保证项目成本目标的实现。

月（季）度成本分析的依据是当月（季）的成本报表。分析的方法通常有以下几种。

1）通过实际成本与预算成本的对比，分析当月（季）的成本降低水平；通过累计实际成本与累计预算成本的对比，分析累计的成本降低水平，预测实现项目成本目标的前景。

2）通过实际成本与目标成本的对比，分析目标成本的落实情况，以及目标管理中的问题和不足，进而采取措施，加强成本管理，保证成本目标的落实。

3）通过对各成本项目的成本分析，可以了解成本总量的构成比例和成本管理的薄弱环节。例如，在成本分析中，发现人工费、机械费和间接费等项目大幅度超支，就应该对这些费用的收支配比关系认真研究，并采取对应的增收节支措施，防止今后再超支。如果是属于规定的“政策性”亏损，则应从控制支出着手，把超支额压缩到最低限度。

4）通过主要技术经济指标的实际与目标对比，分析产量、工期、质量、“三材”节约率、机械利用率等对成本的影响。

5）通过对技术组织措施执行效果的分析，寻求更加有效的节约途径。

6）分析其他有利条件和不利条件对成本的影响。

（3）年度成本分析。企业成本要求一年结算一次，不得将本年成本转入下一年度。而项目成本则以项目的寿命周期为结算期，要求从开工到竣工到保修期结束连续计算，最后结算出成本总量及其盈亏。由于项目的施工周期一般较长，除进行月（季）度成本核算和分析外，还要进行年度成本的核算和分析。这不仅是为了满足企业汇编年度成本报表的需要，同时也是项目成本管理的需要。因为通过年度成本的综合分析，可以总结一年来成本管理的成绩和不足，为今后的成本管理提供经验和教训，从而可对项目成本进行更有效的管理。

年度成本分析的依据是年度成本报表。年度成本分析的内容，除了月（季）度成本分析的六个方面内容以外，重点针对下一年度施工进展情况规划切实可行的成本管理措施，以保证施工项目成本目标的实现。

（4）竣工成本的综合分析。凡是有几个单位工程而且是单独进行成本核算（即成本核算对象）的建筑工程项目，其竣工成本分析应以各单位工程竣工成本分析资料为基础，再加上项目经理部的经营效益（如资金调度、对外分包等所产生的效益）进行综合分析。如果建筑工程项目只有一个成本核算对象（单位工程），就以该成本核算对象的竣工成本资料作为成本分析的依据。

单位工程竣工成本分析，应包括以下三方面内容：

1）竣工成本分析。

2）主要资源节超对比分析。

3）主要技术节约措施及经济效果分析。

通过以上分析，可以全面了解单位工程的成本构成和降低成本的来源，对今后同类工程的成本管理很有参考价值。

三、建筑工程项目成本考核

1. 成本考核的概念

成本考核是指在建筑工程项目完成后，对建筑工程项目成本形成中的各责任者，按建筑工程项目成本目标责任制的有关规定，将成本的实际指标与计划、定额、预算进行对比和考核，评定成本计划的完成情况和各责任者的业绩，并以此给予相应的奖励和处罚。通过成本考核，做到有奖有惩，赏罚分明，才能有效地调动每一位员工在各自施工岗位上努力完成目标成本的积极性，为降低建筑工程项目成本和增加企业的积累，做出自己的贡献。

成本考核是衡量成本降低的实际成果，也是对成本指标完成情况的总结和评价。

成本考核制度包括考核的目的、时间、范围、对象、方式、依据、指标、组织领导、评价与奖惩原则等内容。

2. 成本考核的方法

以建筑工程项目成本降低额和成本降低率作为成本考核的主要指标，要加强组织管理

层对项目管理部的指导，并充分依靠技术人员、管理人员和作业人员的经验和智慧，防止项目管理在企业内部异化为靠少数人承担风险的以包代管模式。成本考核也可分别考核组织管理层和项目经理部。

项目管理组织对项目经理部进行考核与奖惩时，既要防止虚盈实亏，也要避免实际成本归集差错等的影响，使成本考核真正做到公平、公正、公开，在此基础上兑现建筑工程项目成本管理责任制的奖惩或激励措施。

建筑工程项目成本管理的每一个环节都是相互联系和相互作用的。成本预测是成本决策的前提，成本计划是成本决策所确定目标的具体化。成本计划控制则是对成本计划的实施进行控制和监督，保证决策的成本目标的实现，而成本核算又是对成本计划是否实现的最后检验，它提供的成本信息又对下一个建筑工程项目成本预测和决策提供基础资料。成本考核是实现成本目标责任制的保证和实现决策目标的重要手段。

情境小结

本情境依据《建设工程项目管理规范》，结合建筑工程项目成本管理实践，介绍了建筑工程项目成本管理的概念、计划编制、成本控制、成本核算、成本分析与考核等知识。

为了把握建筑工程项目成本管理，本情景重点阐述了建筑工程项目成本计划的编制方法、成本控制的方法和措施、建筑工程项目成本分析的方法。以制订建筑工程项目成本计划为基础，依据目标成本计划，采用横道图法、S 形曲线法、赢得值法分析成本偏差，依据因素分析法定量分析费用偏差引起的因素，实施进行成本核算和成本考核。

学生在学习过程中，应注意理论联系实际，通过解析案例，初步掌握理论知识，再通过有效地完成施工项目成本管理的实践，提高实践动手能力。

习　题

一、单项选择题

1. 一般情况下，建筑工程项目计划成本总额应控制在（　　）的范围内，并使成本计划建立在切实可行的基础上。

A. 报价成本　　B. 合同成本　　C. 预测成本　　D. 目标成本

2. 建筑工程项目成本控制的实施步骤为（　　）。

A. 预测→分析→比较→纠偏→检查　　B. 分析→检查→预测→比较→纠偏

C. 比较→分析→预测→纠偏→检查　　D. 比较←预测←分析←检查←纠偏

3. 下列关于建筑工程项目成本分析依据的说法中正确的是（　　）。

A. 会计核算主要是成本核算

B. 业务核算是对个别的经济业务进行的单项核算

C. 统计核算必须对企业的全部经济活动做出完整、全面、时序的反映

D. 业务核算具有连续性、系统性、综合性的特点

4. 下列费用中，属于企业管理费的是（　　）。

A. 采购及保管费　B. 加班加点费　C. 财产保险费　D. 养老保险费

5. 下列属于建筑工程项目成本控制经济措施的是（　　）。

A. 进行技术经济分析，确定最佳的施工方案

B. 通过生产要素的优化配置、合理使用、动态管理，控制实际成本

C. 密切注视对方合同执行的情况，以寻求合同索赔的机会

D. 对建筑工程项目成本管理目标进行风险分析，并制订防范性对策

6. 建筑工程项目成本分析方法中，（　　）可以分析各种因素对成本形成的影响。

A. 比较法　B. 因素分析法　C. 差额计算法　D. 比率法

7. 赢得值法计算过程中，成本偏差的计算公式为（　　）。

A. 已完工作预算成本 − 计划完成工作预算成本

B. 计划完成工作预算成本 − 已完成工作实际成本

C. 已完成工作预算成本 − 已完成工作实际成本

D. 已完成工作实际成本 − 计划完成工作预算成本

8. 建筑工程项目成本分析是对（　　）的过程和结果进行分析，也是对成本升降的因素进行分析，为加强成本控制创造有利条件。

A. 初步预测　B. 成本计划　C. 成本控制　D. 成本核算

9. 建筑安装工程费由人工费、材料费、施工机具使用费、企业管理费、利润、规费和（　　）组成。

A. 措施费　B. 增值税

C. 城市维护建设税　D. 间接费

10. 工程项目成本计划是建筑工程项目（　　）的一个重要环节，是实现降低建筑工程成本任务的指导性文件。

A. 初步预测　B. 成本计划　C. 成本控制　D. 成本核算

11. 从一般工程项目来说，所有工作都按（　　）开始，对节约资金贷款利息是有利的；但同时，也降低了项目按期竣工的保证率，因此项目经理必须合理地确定成本支出计划，达到既节约成本支出，又能控制项目工期的目的。

A. 最早开始时间　B. 最早完成时间

C. 最迟开始时间　D. 最迟完成时间

12. 建筑工程项目成本计划的编制以（　　）为基础，关键是确定目标成本。

A. 初步预测　B. 成本计划　C. 成本控制　D. 成本核算

13. 材料费控制按照“量价分离”原则，控制材料用量和材料价格。在保证符合设计要求和质量标准的前提下，合理使用材料，通过定额管理、计量管理等手段有效控制材料物资的消耗，具体方法有定额控制、指标控制、计量控制和（　　）。

A. 人工控制　　B. 包干控制　　C. 跟踪控制　　D. 核算控制

14. 施工机械使用费主要由台班数量和（　　）两方面决定。

A. 台班效率　　B. 台班时间　　C. 台班单价　　D. 操作人员

15. 产生费用偏差的原因有：物价上涨、设计原因、业主原因、施工原因和客观原因。以下说法属于业主原因的是（　　）。

A. 设计标准变化　　B. 工程手续不全　　C. 材料代用　　D. 基础处理

16. 在项目的费用、进度综合控制中可采用赢得值法，克服过去进度、费用分开控制的缺点，即当发现费用超支时，很难立即知道是由于费用超出预算，还是由于进度提前。而引入赢得值法即可（　　）地判断进度、费用的执行效果。

A. 定性　　B. 定量　　C. 综合　　D. 单项

17. 用表格法进行偏差分析具有许多优点，（　　）是表格法的优点。

A. 一目了然　　B. 形象直观　　C. 信息量大　　D. 趋势预测

18. 建筑工程项目成本核算，一般以（　　）为成本核算对象，但也可以按照承包工程项目的规模、工期、结构类型、施工组织和施工现场等情况，结合成本管理要求，灵活划分成本核算对象。

A. 群体工程　　B. 单位工程　　C. 分部工程　　D. 分项工程

19. 在因素分析法中，影响成本变化的几个因素按其相互关系进行排序，一般排序规则是（　　）。

A. 先绝对值，后相对值；先实物量，后价值量

B. 先价值量，后实物量；先相对值，后绝对值

C. 先实物量，后价值量；先相对值，后绝对值

D. 先实物量，后价值量；先绝对值，后相对值

20. 成本考核是衡量（　　）的实际成果，也是对成本指标完成情况的总结和评价。

A. 成本计划　　B. 成本控制　　C. 成本分析　　D. 成本降低

二、多项选择题

1. 建筑安装工程费中人工费、材料费、（　　）包括在分部分项工程费、措施项目费、其他项目费中。

A. 施工机具使用费　　B. 增值税　　C. 企业管理费

D. 利润　　E. 规费

2. 对于一个建筑工程项目而言，其成本计划是一个不断深化的过程。在这一过程的不同阶段形成深度和作用不同的成本计划，按其作用可分为（　　）几种类型。

A. 预测成本计划　　B. 核算成本计划

C. 竞争性成本计划　　D. 实施性成本计划

E. 指导性成本计划

3. 成本计划的编制方式有若干种，下面说法正确的有（　　）。

A. 按工程进度编制施工成本计划　　B. 按赢得值法编制施工成本计划

C. 按因素分析法编制施工成本计划　　D. 按项目组成编制施工成本计划

E. 按施工成本组成编制施工成本计划

4. 为了取得建筑工程项目成本控制的理想效果，应当从多方面采取措施实施控制，通常可以将这些措施归纳为（　　）。

A. 全员参与措施　　B. 组织措施　　C. 法律措施

D. 收支平衡措施　　E. 合同措施

5. 某商品混凝土的目标产量为600m^3，单价为700元/m^3，损耗率为5%，实际产量为620m^3，单价为710元，损耗率为4%。运用因素分析法分析，以下说法正确的是（　　）。

A. 三个因素的排序为：产量→单价→损耗率

B. 目标数为457808元

C. 目标数为441000元

D. 第一次替代为目标数的差额为14700元

E. 第二次替代与第一次替代的差额为14910元

6. 下面描述中表明工程费用节支的说法有（　　）。

A. 费用绩效指数CPI>1　　B. 费用绩效指数CPI<1

C. 费用偏差CV>0　　D. 费用偏差CV<0

E. 进度绩效指数SPI<1

7. 建筑工程项目成本分析的依据是（　　）资料。

A. 统计核算　　B. 成本核算　　C. 会计核算

D. 业务核算　　E. 审计核算

8. 建筑工程项目成本分析的方法有（　　）。

A. 赢得值法　　B. 比较法　　C. 因素分析法

D. 曲线法　　E. 比率法

9. 建筑工程项目成本控制的依据是（　　）。

A. 施工合同　　B. 进度报告　　C. 成本计划

D. 工程变更　　E. 汇率变化

10. 建筑工程项目成本考核是指在施工项目完成后，对成本形成中的各责任者，按成本目标责任制的有关规定，将成本的实际指标与（　　）进行对比和考核，评定建筑工程项目成本计划的完成情况和各责任者的业绩，并以此给以相应的奖励和处罚。

A. 初步预测　　B. 定额　　C. 成本计划

D. 成本核算　　E. 工程预算

三、思考题

1. 建筑工程安装费的组成要素有哪些?
2. 编制建筑工程项目成本的三种方法的核心内容有哪些?
3. 建筑工程项目成本控制的依据和步骤是什么?
4. 赢得值法的优势是什么?
5. 建筑工程项目成本核算的作用是什么?
6. 建筑工程项目成本的依据是什么?
7. 因素分析法的特点有哪些?
8. 建筑工程成本考核有什么意义?
9. 建筑工程项目成本管理有什么意义?

四、实训题

实训题（一）

目的：通过实训，掌握建筑工程项目成本计划的编制和成本控制的方法。

资料：某幼儿园工程的计划进度与实际进度见表 4-10，表中实线表示计划进度，线上的数据为每周计划完成工作预算成本，虚线表示实际进度，线上方数据为每周实际发生成本，假设各分项工程每周计划完成总工程量和实际完成的总工程量相等，且匀速进展。

要求：1. 编制周施工成本计划。

2. 分析第 4 周和第 7 周末的成本偏差和进度偏差。

3. 计算第 8 周末的成本绩效指数和进度绩效指数。

4. 分析成本和进度状况。

表 4-10　工程进度计划与实际进度　（单位：万元）

分项工程	进度计划 / 周								
	1	2	3	4	5	6	7	8	9
A	9 9	9 8							
B		10	10 9	10 10	 9				
C					7 8	7 7	7 6		
D							5 4	5 4	5 5

实训题（二）

目的：通过实训，掌握施工成本分析的方法。

资料：某项目经理部承接了一栋框架结构办公楼，内外墙采用 KP_1 黏土空心砖砌筑。目标成本为241570元，实际成本为258825元，比目标成本超支17255元，用因素分析法分析砌筑量、单价、损耗率等的变动对实际成本的影响程度，有关对比数据见表4-11。

表4-11 砌筑工程目标成本与实际成本对比

项 目	单 位	目 标	实 际	差 额
砌筑量	千块	850	875	+25
单价	元/千块	280	290	+10
损耗率	%	1.5	2	+0.5
成本	元	241570	258825	17255

要求：用成本分析法分析成本增加的原因。

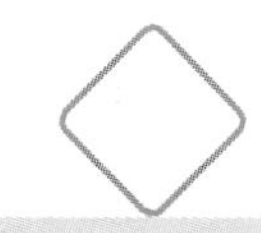

建筑工程项目安全生产、绿色建造和环境管理

学习目标

1. 了解：建筑工程绿色建造与环境管理的目的和原则，建筑工程现场环境保护的有关规定。

2. 熟悉：建筑工程职业健康安全管理的特点，安全生产管理的制度，安全事故的调查处理，环境影响因素，职业健康安全与环境管理的概念。

3. 掌握：施工安全管理的任务，安全技术措施，安全技术交底，安全检查，安全事故分类，施工环境保护的措施等内容。

引例

背景资料：

位于城市市区内的某建筑工地进行现场清整工作。工人们在施工现场门口按照文明施工的要求做好了各种标志，并树立了未经许可不得入内的警示牌，还把清理出来的废木料、废油毡等就地焚烧，从工地外叫来废品回收人员收购废品。收购完后，废品回收人员未经许可又进入工地拣拾废品，不慎落入未经临边防护5m深的基坑内当场死亡。

问题：

1. 请思考该工人把清理出来的废木料、废油毡等就地焚烧的做法是否妥当？
2. 就废品回收人员当场死亡的这起事故，直接原因、间接原因有哪些？

任务一　建筑工程职业健康安全管理概述

建筑工程职业健康安全与环境管理概述

建筑施工企业建立并实施职业健康安全与环境管理体系，是建筑工程项目管理的一项主要内容，是强化企业管理的需求，也是体现企业现代化的重要标志。随着经济一体化和中国加入WTO，企业实施并通过国际通行的职业健康安全和环境管理体系

的认证标准，可以向社会展示企业良好的形象，实现与国际接轨，这是开拓并走向国际市场的通行证，将为企业增强市场竞争能力，提高企业经济效益和社会效益带来巨大影响。

一、建筑工程职业健康安全管理

1．职业健康安全管理的概念

（1）职业健康安全与劳动保护。职业健康安全（OSH）是国际上通用的词语，通常是指影响工作场所内的员工或其他工作人员（包括临时工和承包方员工）访问者和其他人员健康安全的条件和因素。

（2）职业健康安全管理。根据《职业健康安全管理体系要求》（GB/T 28001—2011），职业健康安全管理是组织管理体系的一部分，其管理的主体是组织，管理的对象是一个组织的活动、产品或服务中能与职业健康安全发生相互作用的不健康、不安全条件和因素及能与环境发生相互作用的要素。

因此，组织在职业健康安全管理中，应建立职业健康安全的方针和目标，识别与组织运行活动有关的危险源及其风险，通过风险评价，对不可接受的风险采取措施进行管理和控制。组织在环境管理中，应建立环境管理的方针和目标，识别与组织运行活动有关的环境因素，通过环境影响评价，对能够产生重大环境影响的环境因素进行管理和控制。应当特别指出的是，组织运行活动的环境因素给环境造成的影响不一定都是有害的，有些环境因素会对环境造成有益影响。无论是对环境的有害因素还是有益因素，组织都要采取措施进行管理和控制。

2．职业健康安全管理的目的

建筑工程职业健康安全管理的目的。建筑工程项目职业健康安全管理的目的是防止和减少生产安全事故、保护产品生产者的健康与安全、保障人民群众的生命和财产免受损失。控制影响工作场所内员工、临时工作人员、合同方人员、访问者和其他有关部门人员健康和安全的条件和因素，考虑和避免因管理不当对员工健康和安全造成的危害，是职业健康安全管理的有效手段和措施。

3．职业健康安全管理的任务

职业健康安全管理的任务是为达到建筑工程职业健康安全管理的目的而进行的组织、计划、控制、领导和协调的活动，包括制订、实施、实现、评审和保持职业健康安全所需的组织结构、计划活动、职责、惯例、程序、过程和资源。

二、职业健康安全管理的特点

依据建筑工程产品的特性，建筑工程职业健康安全管理具有以下特点：

1）建筑产品的固定性和生产的流动性及受外部环境影响因素多，决定了职业健康安全管理的复杂性。

2）建筑产品生产的单件性决定了职业健康安全管理的多变性。

3）产品生产过程的连续性和分工性决定了职业健康安全管理的协调性。

4）产品的委托性决定了职业健康安全管理的不符合性。

5）产品生产的阶段性决定了职业健康安全管理的持续性。

6）产品的时代性、社会性与多样性决定了职业健康安全管理的经济性。

应用案例 5-1

案例概况

某市建工集团五公司承接了市中心地段的一个艺术中心工程。施工期间，施工现场临时道路没有进行硬化处理，大量尘土、泥浆被带到场外，不经清扫便洒水，使现场进出口附近道路泥泞，污水横流；施工车辆离开现场前，虽然进行了冲洗，但污水却排到了场外主要街道上；土方车辆和清运垃圾车辆出场时，尽管采取了封闭措施，但仍有少量遗撒。给过往居民带来诸多不良影响，暴露出施工单位在文明施工、环境保护管理方面措施不力、管理不到位。经举报受到了有关部门责令限期整改并罚款的处理。

问题：

1. 本例中发生的是建筑工程项目施工中对环境造成的常见不良影响之一。建筑工程项目中常见的重要环境因素有哪些？

2. 针对以上所述事件如何处理施工现场泥泞及污水横流问题？

3. 施工现场的运输车辆在环保方面应如何管理？

案例分析

1. 建筑业常见的重要环境因素有：噪声、粉尘、废弃物、废水、废气、化学品等。

2. 根据现场管理规定：施工现场主要道路应进行硬化；现场的污水应进行二次沉淀后排入市政管网或循环再利用。

3. 施工现场的运输车辆进场前应进行冲洗，出场前应进行封闭覆盖，并再次冲洗轮胎，经检查后方能离开现场。

任务二　建筑工程安全生产管理

一、建筑工程安全生产管理制度

现阶段已经比较成熟的安全生产管理制度有：

1）安全生产责任制度。

2）安全教育制度。

3）安全检查制度。

4）安全措施计划制度。

5）安全监察制度。

6）伤亡事故和职业病统计报告处理制度。

7）“三同时”制度。

8）安全预评价制度。

1．安全生产责任制度

安全生产责任制度是最基本的安全管理制度，是所有安全生产管理制度的核心。安全生产责任制是按照安全生产管理方针和“管生产的同时必须管安全”的原则，将各级负责人员、各职能部门及其工作人员和各岗位生产工人在安全生产方面应做的事情及应负的责任加以明确规定的一种制度。具体来说，就是将安全生产责任分解到施工单位的主要负责人、项目负责人、班组长以及每个岗位的作业人员身上。安全生产责任制的主要内容如下：

1）安全生产责任制主要包括施工企业主要负责人的安全责任，负责人或其他副职的安全责任，项目负责人的安全责任，生产、技术、材料等各职能管理负责人及其工作人员的安全责任，技术负责人的安全责任，专职安全生产管理人员的安全责任，施工员的安全责任，班组长的安全责任和岗位人员的安全责任等。

2）项目对各级、各部门安全生产责任制应规定检查和考核办法，并定期进行考核，对考核结果及兑现情况应有记录。

3）项目独立承包的工程在签订承包合同中必须有安全生产工作的具体指标和要求。总包单位在签订分包合同的同时要签订安全生产合同。分包队伍的资质应与工程要求相符，在安全合同中应明确总分包单位各自的职责，原则上，实行总承包的由总包单位负责，分包单位向总包单位负责，服从总包单位对施工现场的安全管理。

4）项目主要工种应有相应的安全技术操作规程，一般包括：砌筑、抹灰、混凝土、木工、钢筋等工种，特种作业应另行补充。应将安全操作规程列为日常安全活动和安全教育的主要内容，并应悬挂在操作岗位前。

5）施工现场应按工程项目的大小配备专（兼）职安全人员。可按建筑面积1万m^2以下的工地至少有1名专职人员；1万m^2以上的工地设置2～3名专职人员；5万m^2以上的工地，按不同专业组成安全管理组进行安全监督检查。

2．安全教育制度

《建筑企业职工安全培训教育暂行规定》的有关规定，企业安全教育一般包括对管理人员、特种作业员工的安全教育。

（1）管理人员的安全教育。

1）企业领导的安全教育。对企业法定代表人的安全教育每年不少于30学时，主要内容包括：①国家有关安全生产的方针、政策、法律、法规及有关规章制度；②安全生产管理职责、企业安全生产管理知识及安全文化；③有关事故案例及事故应急处理措施等。

2）项目经理、项目技术负责人和技术干部的安全教育。项目经理的安全教育每年不少于30学时，专职管理和技术人员每年不少于40学时，其他管理和技术人员每年不少于20学时。教育的主要内容包括：安全生产方针、政策和法律、法规，项目经理部安全生产责任，典型事故案例剖析，本系统安全及其相应的安全技术知识。

3）班组长和安全员的安全教育。班组长和安全员每年不少于40学时的安全教育学习。其主要内容：安全生产法律、法规、安全技术及技能、职业病和安全文化的知识，本企业、本班组和工作岗位的危险因素、安全注意事项，本岗位安全生产职责，典型事故案例，事故抢救与应急处理措施。

（2）特种作业人员的安全教育。

1）特种作业的定义。对操作者本人，尤其对他人或周围设施的安全有重大危害因素的作业，称为特种作业。直接从事特种作业的人，称为特种作业人员。

2）特种作业人员的范围。依据《特种作业人员安全技术考核管理规定》，特种作业人员的范围有：电工作业、焊接与热切割作业、高处作业、制冷与空调作业、煤矿安全作业、金属非金属矿山安全作业、石油天然气安全作业、冶金（有色）生产安全作业、危险化学品安全作业、烟花爆竹安全作业、安监总局认定的其他作业。

特种作业人员应具备的条件是：必须年满十八周岁以上，工作认真负责，身体健康，没有妨碍从事特种作业的疾病和生理缺陷；具有本工种作业所需的文化程度和安全、专业技术知识及实践经验。

3）特种作业人员的安全教育。由于特种作业人员较一般作业的危险性更大，所以，特种作业人员必须经过安全培训和严格考核。对特种作业人员的安全教育应注意以下三点：①特种作业人员上岗前，必须经过专门的安全技术和操作技能的培训教育，这种培训教育要实行理论教学与操作技术训练相结合的原则，重点放在提高其安全操作技术和预防事故的实际能力上。②培训后，经考核合格后方可取得特种作业操作证，有效期6年。③取得操作证的特种作业人员，必须定期进行复审。复审期限除机动车辆驾驶按国家有关规定执行外，其他特种作业人员3年进行一次。凡未经复审者不得继续从事相关特种作业。

（3）企业员工的安全教育。企业员工的安全教育主要有新员工上岗前的三级安全教育、改变工艺和变换岗位安全教育、经常性安全教育三种形式。

1）新员工上岗前的三级安全教育。三级安全教育通常是指进厂、进车间、进班组三级，对建筑工程来说，具体指企业（公司）、项目部（或工区、工程处、施工队）、班组三级。

企业新员工上岗前必须进行三级安全教育，企业新员工须按规定通过三级安全教育和实际操作训练，并经考核合格后方可上岗。

企业（公司）级安全教育由企业主管领导负责，企业职业健康安全管理部门会同有关部门组织实施，内容应包括安全生产法律、法规，通用安全技术、职业卫生和安全文化基本知识，本企业安全生产规章制度及状况、劳动纪律和有关事故案例等内容。

项目级安全教育由项目负责人组织实施，专职或兼职安全员协办，内容包括工程项目的概况，安全生产状况和规章制度，主要危险因素及安全事项，预防工伤事故和职业病的主要措施，典型事故案例及事故应急处理措施等。

班组级安全教育由班组长组织实施，内容包括遵章守纪，岗位安全操作规程，岗位间工作衔接配合的安全生产事项，典型事故及发生后应采取的紧急措施，劳动防护用品的性能及正确使用的方法等内容。

2）改变工艺和变换岗位时安全教育。企业或项目在实施新工艺、新技术或使用新设备、新材料时，必须对有关人员进行相应级别的安全教育，要按新的安全操作规程教育和培训参加操作的岗位员工和有关人员，使其了解新工艺、新设备、新产品的安全性能及安全技术，以适应新的岗位作业的安全要求。

当组织内部员工发生从一个岗位调到另外一个岗位，或从某工种改变为另一工种或因放长假离岗一年以上重新上岗的情况，企业必须进行相应的安全技术培训和教育，以使其掌握现岗位安全生产特点和要求。

3）经常性安全教育。无论何种安全教育都不可能是一劳永逸的，安全教育同样如此，必须坚持不懈、经常不断地进行，这就是经常性安全教育。在经常性安全教育中，安全思想、安全意识教育最重要。进行安全思想、安全意识教育，要通过采取多种多样形式的安全教育活动，激发员工搞好安全生产的热情，促使员工重视和真正实现安全生产。经常性安全教育的形式有：每天的班前班后会上说明安全注意事项，安全活动日，安全生产会议，事故现场会，张贴安全生产招贴画、宣传标语及标志等。

3．安全检查制度

安全检查制度是清除隐患、防止事故、改善劳动条件的重要手段，是企业安全生产管理工作的一项重要内容。通过安全检查可以发现企业及生产过程中的危险因素，以便有计划地采取措施，保证安全生产。

（1）安全检查的主要类型。

1）全面安全检查。全面安全检查包括职业健康安全管理方针、管理组织机构及其安全管理的职责、安全设施、操作环境、防护用品、卫生条件、运输管理、危险品管理、火灾预防、安全教育和安全检查制度等项内容。对全面检查的结果必须进行汇总分析，详细探讨所出现问题及相应对策。

2）经常性安全检查。工程项目部和班组应开展经常性安全检查，及时排除事故隐患。工作人员必须在工作前，对所用的机械设备和工具进行仔细检查，发现问题立即上报。下班前，还必须进行班后检查，做好设备的维修保养和清整场地等工作，保证交接安全。

3）专业或专职安全管理人员的专业安全检查。由于操作人员在进行设备检查时，往往是根据自身的安全知识和经验进行主观判断，因而有很大的局限性，不能反映客观实际情况，流于形式。而专业或专职安全管理人员则有较丰富的安全知识和经验，通过其认真

检查就能够得到较为理想的效果。专业或专职安全管理人员在进行安全检查时，必须不徇私情，按章检查，发现违章操作情况要立即纠正，发现隐患及时指出并提出相应防护措施，并及时上报检查结果。

4）季节性安全检查。要对防风沙、防涝抗旱、防雷电、防暑防害等工作进行季节性检查，根据各个季节自然灾害的发生规律，及时采取相应的防护措施。

5）节假日检查。在节假日，坚持上班的人员较少，往往放松思想警惕，容易发生意外，而且一旦发生意外事故，也难以进行有效的救援和控制。因此，节假日必须安排专业安全管理人员进行安全检查，对重点部位进行巡视。同时配备一定数量的安全保卫人员，搞好安全保卫工作，绝不能麻痹大意。

6）要害部门重点安全检查。对于企业要害部门和重要设备必须进行重点检查。由于其重要性和特殊性，一旦发生意外事故，会造成重大的伤害，给企业的经济效益和社会效益带来不良的影响。为了确保安全，对设备的运转和零件的状况要定时进行检查，发现损伤立刻更换，决不能“带病”作业；一到有效年限即使没有故障，也应予以更新，不能因小失大。

（2）安全检查的主要内容。

1）查思想。检查企业领导和员工对安全生产方针的认识程度，建立健全安全生产管理和安全生产规章制度。

2）查管理。主要检查安全生产管理是否有效，安全生产管理和规章制度是否得到落实。

3）查隐患。主要检查生产作业现场是否符合安全生产要求，检查人员应深入作业现场，检查工人的劳动条件、卫生设施、安全通道，零部件的存放，防护设施状况，电气设备、压力容器、化学用品的储存，粉尘及有害作业部位点的达标情况，车间内的通风照明设施，个人劳动防护用品的使用是否符合规定等。要特别注意对一些要害部位和设备加强检查，如锅炉房，变电所，各种剧毒、易燃、易爆等场所。

4）查整改。主要检查对过去提出的安全问题和发生生产事故的原因及安全隐患是否采取了安全技术措施和安全管理措施，进行整改的效果如何。

5）查事故处理。检查对伤亡事故是否及时报告，对责任人是否已作出严肃处理。

在安全检查中必须成立一个适应安全检查工作需要的检查组，配备适当的人力物力。检查结束后应编写安全检查报告，说明已达标项目、未达标项目、存在问题、原因分析，做出纠正和预防措施的建议。

（3）施工安全生产规章制度的检查。为了实施安全生产管理制度，工程承包企业应结合本身的实际情况，建立健全一整套本企业的安全生产规章制度，并落实到具体的工程项目施工任务中，在安全检查时，应对企业的施工安全生产规章制度进行检查。施工安全生产规章制度一般应包括以下内容：①安全生产奖励制度；②安全值班制度；③各种安全技术操作规程；④危险作业管理审批制度；⑤易燃、易爆、剧毒放射性、腐蚀性等危险物品生产、储运、使用的安全管理制度；⑥防护物品的发放和使用制度；⑦安全用电制度；⑧加班加点审批制度；⑨危险场所动火作业审批制度；⑩防火、防暴、防雷、防静电制度。

4．安全措施计划制度

安全措施计划制度是指企业进行生产活动时，必须编制安全措施计划，它是企业有计划地改善劳动条件和安全卫生设施，防止工伤事故和职业病的重要措施之一，对企业加强劳动保护，改善劳动条件，保障职工的安全和健康，促进企业生产经营的发展都起着积极作用。

（1）安全措施计划的范围。安全措施计划的范围应包括改善劳动条件、防止事故发生、预防职业病和职业中毒等内容，具体包括：

1）安全技术措施。安全技术措施是预防企业员工在工作过程中发生工伤事故的各项措施，包括防护装置、保险装置、信号装置和防爆炸装置等。

2）职业卫生措施。职业卫生措施是预防职业病和改善职业卫生环境的必要措施，其中包括粉尘、防毒、防噪声、通风、照明、取暖、降温等措施。

3）辅助用房间及措施。辅助用房间及措施是为了保证生产过程安全卫生所必需的房间及一切设施，包括更衣室、休息室、淋浴室、消毒室、妇女卫生室、厕所和冬季作业取暖等。

4）安全宣传教育措施。安全宣传教育措施是为了宣传普及有关安全生产法律、法规，基本知识所需要的措施。其主要内容包括：安全生产教材、图书、资料、安全生产展览、安全生产规章制度、安全操作方法训练设施，劳动保护和安全技术的研究与试验等。

（2）编制安全技术措施计划的依据。

1）国家发布的有关职业健康安全政策、法规和标准。

2）在安全检查中发现的尚未解决的问题。

3）造成伤亡事故和职业病的主要原因和所采取的措施。

4）生产发展需要所应采取的安全技术措施。

5）安全技术革新项目和员工提出的合理化建议。

（3）编制安全技术措施计划的一般步骤。编制安全技术措施计划可以按照下列步骤进行：

1）工作活动分类。

2）危险源识别。

3）风险确定。

4）风险评价。

5）制订安全技术措施计划。

6）评价安全技术措施计划的充分性。

5．安全监察制度

安全监察制度是指国家法律、法规授权的行政部门，代表政府对企业的生产过程实施职业安全卫生监察，以政府的名义，运用国家权力对生产单位在履行职业安全卫生职责和执行职业安全卫生政策、法律、法规和标准的情况依法进行监督、检举和惩戒制度。

安全监察具有特殊的法律地位。执行机构设在行政部门，设置原则、管理体制、职责、

权限、监察人员任免均由国家法律、法规所确定。职业安全卫生监察机构与被监察对象没有上下级关系，只有行政执法机构和法人之间的法律关系。

职业安全卫生监察机构的监察活动是以国家整体利益出发，依据法律、法规对政府和法律负责，既不受行业部门或其他部门的限制，也不受用人单位的约束。

职业安全卫生监察机构对违反职业安全卫生法律、法规、标准的行为，有权采取行政措施，并具有一定的强制特点。这是因为它是以国家的法律、法规为后盾的，任何单位或个人必须服从，以保证法律的实施，维护法律的尊严。

6. 伤亡事故和职业病统计报告处理制度

伤亡事故和职业病统计报告及处理制度是我国职业健康安全的一项重要制度。这项制度的内容包括：

1）依照国家法规的规定进行事故的报告。

2）依照国家法规的规定进行事故的统计。

3）依照国家法规的规定进行事故的调查和处理。

7. “三同时”制度

“三同时”制度是指凡是我国境内新建、改建、扩建的基本建设项目（工程），技术改建项目（工程）和引进的建设项目，其安全生产设施必须符合国家规定的标准，必须与主体工程同时设计、同时施工、同时投入生产和使用。安全生产设施主要是指安全技术方面的设施、职业卫生方面的设施、生产辅助性设施。

《中华人民共和国劳动法》第五十三条规定：“新建、改建、扩建工程的劳动安全卫生设施必须与主体工程同时设计、同时施工、同时投入生产和使用”。

《中华人民共和国劳动法》第二十四条规定：“生产经营单位新建、改建、扩建工程项目的安全设施生产设施，必须与主体工程同时设计、同时施工、同时投入生产和使用。安全设施投资应当纳入建设工程概算”。

新建、改建、扩建工程的初步设计要经过行业主管部门、安全生产管理部门、卫生部门和工会的审查，同意后方可进行施工；工程项目完成后，必须经过主管部门、安全生产管理行政部门、卫生部门和工会的竣工检验；建设工程项目投产后，不得将安全设施闲置不用，生产设施必须与安全设施同时使用。

8. 安全预评价制度

安全预评价是在建设工程项目前期，应用安全评价的原理和方法对工程项目的危险性、危害性进行预测性评价。

开展安全预评价工作，是贯彻落实“安全第一、预防为主”方针的重要手段，是企业实施科学化、规范化安全管理的工作基础。科学、系统地开展安全评价工作，不仅直接起到了消除危险有害因素、减少事故发生的作用，有利于全面提高企业的安全管理水平，而且有利于系统地、有针对性地加强对不安全状况的治理、改造，最大限度地降低安全生产风险。

二、施工安全技术措施

1. 安全控制

（1）安全控制的概念。安全控制是生产过程中涉及的计划、组织、监控、调节和改进等一系列致力于满足生产安全所进行的管理活动。

（2）安全控制的目标。安全控制的目标是减少和消除生产过程中的事故，保证人员健康安全和财产免受损失。具体作用包括：

1）减少或消除人的不安全行为的目标。

2）减少或消除设备、材料的不安全状态的目标。

（3）施工安全控制的特点。施工安全控制的特点主要有以下几个方面：

1）控制面广。由于建设工程规模较大，生产工艺复杂、工序多，在建造过程中流动作业多，高处作业多，作业位置多变，遇到的不确定因素多，安全控制工作涉及范围大、控制面广。

2）控制的动态性。

① 由于建设工程项目的单件性，使得每项工程所处的环境不同，所面临的危险因素和防范措施也会有所改变，员工在转移工地后，熟悉一个新的工作环境需要一定的时间，有些工作制度和安全技术措施也会有所调整，员工同样需要有的熟悉的过程。

② 建设工程项目施工的分散性。因为现场施工是分散于施工现场的各个部位，尽管有各种规章制度和安全技术交底的环节，但是面对具体的生产环境时，仍然需要自己的判断和处理，还必须适应不断变化的情况。

3）控制系统交叉性。建设工程项目是开放系统，受自然环境和社会环境影响很大，同时也会对社会和环境造成影响，安全控制需要把工程系统、环境系统及社会系统结合起来。

4）控制的严谨性。由于建设工程施工的危害因素复杂、风险程度高、伤亡事故多，所以预防控制措施必须严谨，如有疏漏就可能发展到失控，而酿成事故，造成损失和伤害。

① 确定每项具体建设工程项目的安全目标。按“目标管理”方法在以项目经理为首的项目管理系统内进行分解，从而确定每个岗位的安全目标，实现全员安全控制。

② 编制建设工程项目安全技术措施计划。工程施工安全措施计划是对生产过程中的不安全因素，用技术手段加以消除和控制的文件，是落实“预防为主”方针的具体体现，是进行工程项目安全控制的指导性文件。

③ 安全技术措施计划的落实和实施。安全技术措施计划的落实和实施包括建立健全安全生产责任制，设置安全生产设施，采用安全技术和应急措施，进行安全教育和培训、安全检查、事故处理、沟通和交流信息，通过一系列安全措施的贯彻，使生产作业的安全状况处于受控状态。

④ 安全技术措施计划的验证。安全技术措施计划的验证是通过施工过程中对安全技术措

施计划实施情况的安全检查，纠正不符合安全技术措施计划的情况，保证安全技术措施的贯彻和实施。

⑤ 持续改进。根据安全技术措施计划的验证结果，对不适宜的安全技术措施计划进行修改、补充和完善。

2．施工安全技术措施的一般要求

（1）施工安全技术措施必须在工程开工前制订。施工安全技术措施是施工组织设计的重要组成部分，应在工程开工前与施工组织设计一同编制。为保证各项安全设施的落实，在工程图纸会审时，就应特别注意考虑安全施工的问题，并在开工前制订好安全技术措施，使得用于该工程的各种安全设施有较充分的时间进行采购、制作和维护等准备工作。

（2）施工安全技术措施要有全面性。按照有关法律法规的要求，在编制工程施工组织设计时，应当根据工程特点制订相应的施工安全技术措施。对于大中型工程项目、结构复杂的重点工程，除必须在施工组织设计中编制施工安全技术措施外，还应编制专项工程施工安全技术措施，详细说明有关安全方面的防护要求和措施，确保单位工程或分部分项工程的施工安全。对爆破、拆除、起重吊装、水下、基坑支护和降水、土方开挖、脚手架、模板等危险性较大的作业，必须编制专项安全施工技术方案。

（3）施工安全技术措施要有针对性。施工安全技术措施是针对每项工程的特点制订的，编制安全技术措施的技术人员必须掌握工程概况、施工方法、施工环境、条件等资料，并熟悉安全法规、标准等，才能制订有针对性的安全技术措施。

（4）施工安全技术措施应力求全面、具体、可靠。施工安全技术措施应把可能出现的各种不安全因素考虑周全，制订的对策措施方案应力求全面、具体、可靠，这样才能真正做到预防事故的发生。但是，全面具体不等于罗列一般通常的操作工艺、施工方法以及日常安全工作制度、安全纪律等。这些制度性规定，安全技术措施中不需要再作抄录，但必须严格执行。

（5）施工安全技术措施必须包括应急预案。由于施工安全技术措施是在相应的工程施工实施之前制订的，所涉及的施工条件和危险情况大都是建立在可预测的基础上，而建设工程施工过程是开放的过程，在施工期间的变化是经常发生的，还可能出现预测不到的突发性事件或灾害（如地震、火灾、台风、洪水等）。所以，施工安全技术措施必须包括面对突发性事件或紧急状态的各种应急措施、人员逃生和救援预案，以便在紧急情况下，能及时启动应急预案，减少损失，保护人员安全。

（6）施工安全技术措施要有可行性和可操作性。施工安全技术措施应能够在每个施工工序之中得到贯彻实施。既要考虑保证安全要求，又要考虑现场环境条件和施工技术条件能够做得到。

3．主要的工程施工安全技术措施

建筑工程结构复杂多变，工程施工涉及专业和工种很多，安全技术措施内容很广泛。但归纳起来，可分为一般工程施工安全技术措施、特殊工程施工安全技术措施、季节性施工安全技术措施和应急措施等。

（1）一般工程施工安全技术措施。一般工程是指结构共性较多的工程，其施工生产作业既有共性，也有不同之处。由于施工条件、环境等不同，同类工程不同之处在共性措施中就无法解决。应根据有关法规的规定，结合以往的施工经验和教训，制订安全技术措施。一般工程施工安全技术措施主要有以下几个方面：

1）土石方开挖工程，应根据开挖深度、土质类别，选择开挖方法，确保边坡稳定或采取的支护结构措施，防止边坡滑动和塌方。

2）脚手架、吊篮等选用及设计搭设方案和安全防护措施。

3）高处作业的上下安全通道。

4）安全网（平网、立网）的设置要求和范围。

5）对施工电梯、井架（龙门架）等垂直运输设备，位置搭设要求，稳定性、安全装置等的要求。

6）施工洞口的防护方法和主体交叉施工作业区的隔离措施。

7）场内运输道路及人行通道的布置。

8）编制临时用电的施工组织设计和绘制临时用电图纸，在建工程（包括脚手架具）的外边缘与外电架空线路的间距达到最小安全距离采取的防护措施。

9）防火、防毒、防爆、防雷等安全措施。

10）在建工程与周围人行通道及民房的防护隔离设置，起重机回转半径达到项目现场范围以外的要求设置安全隔离设施。

（2）特殊工程施工安全技术措施。结构比较复杂、技术含量高的工程称为特殊工程。对于结构复杂、危险性大的特殊工程，应编制单项的安全技术措施。如，爆破、大型吊装、沉箱、沉井、烟囱、水塔、特殊架设作业，高层脚手架、井架和拆除工程必须制订专项施工安全技术措施，并注明设计依据，做到有计算、有详图、有文字说明。

（3）季节性施工安全技术措施。季节性施工安全技术措施是考虑不同季节的气候条件对施工生产带来的不安全因素，可能造成的各种突发性事件，从技术上、管理上采取的各种预防措施。一般工程的施工组织设计或施工方案的安全技术措施中，都需要编制季节性施工安全措施。对危险性大、高温期长的建设工程，应单独编制季节性的施工安全措施。季节性主要指夏季、雨季和冬季。各种季节性施工安全的主要内容是：

1）夏季气候炎热，高温时间持续较长，主要是做好防暑降温工作，避免员工中暑和因长时间暴晒造成的职业病。

2）雨季进行作业时，主要应做好防触电、防雷击、防水淹泡、防塌方、防台风和防洪等工作。

3）冬季进行作业，主要应做好防冻、防风、防火、防滑、防煤气中毒等工作。

（4）应急措施。应急措施是在事故发生或各种自然灾害发生的情况下的应对措施。为了在最短的时间内达到救援、逃生、防护的目的，必须在平时就准备好各种应急措施和预案，并进行模拟训练，尽量使损失减小到最低限度。应急措施可包括：

1）应急指挥和组织机构。

2）施工场内应急计划、事故应急处理程序和措施。

3）施工场外应急计划和向外报警程序及方式。

4）安全装置、报警装置、疏散口装置、避难场所等。

5）有足够数量并符合规格的安全进出通道。

6）急救设备（担架、氧气瓶、防护用品、冲洗设施等）。

7）通信联络与报警系统。

8）与应急服务机构（医院、消防等）建立联系渠道。

9）定期进行事故应急训练和演习。

施工安全技术措施——应急措施

三、施工安全技术交底

施工安全技术交底是在建设工程施工前，项目部的技术人员向施工班组和作业人员进行有关工程安全施工的详细说明，并由双方签字确认。安全技术交底一般由技术管理人员根据分部分项工程的实际情况、特点和危险因素编写，是操作者的法令性文件。

1．施工安全技术交底的基本要求

1）施工安全技术交底要充分考虑到各分部分项工程的不安全因素，其内容必须具体、明确、针对性强。

2）施工安全技术交底应优先采用新的安全技术措施。

3）在工程开工前，应将工程概况、施工方法、安全技术措施等情况，向工地负责人、工长及全体职工进行交底。

4）对于有两个以上施工队或工种配合施工时，要根据工程进度情况定期或不定期地向有关施工队或班组进行交叉作业施工的安全技术交底。

5）在每天工作前，工长应向班组长进行安全技术交底。班组长每天也要对工人进行有关施工要求、作业环境等方面的安全技术交底。

6）要以书面形式进行逐级书面和口头的安全技术交底工作，交底人和被交底人要在交底记录上签字。

7）安全交底记录要按单位工程归放一起，以备查验。

2．施工安全技术交底制度

1）大规模群体性工程，如果有多个施工承包单位时，由建设单位向各单位工程的施工总承包单位作建设安全要求及重大安全技术措施交底。

2）大型或特大型工程项目，由总承包公司的总工程师组织有关部门向项目经理部和分包商进行安全技术措施交底。

3）一般工程项目，由项目经理部技术负责人和现场经理向有关施工人员和分包商技术负责人进行安全技术措施交底。

4）分包商技术负责人，要对其管辖的施工人员进行详细的安全技术措施交底。

5）项目专业责任工程师，要对所管辖的分包商工长进行专业工程施工安全技术措施交底，对分包工长向操作班组所进行的安全技术交底进行监督、检查。

6）专业责任工程师要对劳务分包方的班组进行分部分项工程安全技术交底，并监督指导其安全操作。

7）施工班组长在每天作业前，应将作业要求和安全事项向作业人员进行交底，并将交底的内容和参加交底的人员名单记入班组的施工日志中。

3. 施工安全技术交底的主要内容

1）建筑工程项目、单位工程和分部分项工程的概况、施工特点和施工安全要求。

2）确保施工安全的关键环节、危险部位、安全控制点及采取相应的技术、安全和管理措施。

3）做好“四口”“五临边”的防护设施，其中“四口”为通道口、楼梯口、电梯井口、预留洞口；“五临边”为未安栏杆的阳台周边，无外架防护的屋面周边，框架工程的楼层周边，卸料平台的外侧边及上下跑道、斜道的两侧边。

4）项目管理人员应做好的安全管理事项和作业人员应注意的安全防范事项。

5）各级管理人员应遵守的安全标准和安全操作规程的规定及注意事项。

6）安全检查要求，注意及时发现和消除的安全隐患。

7）对于出现异常征兆、事态或发生事故的应急救援措施。

8）对于安全技术交底未尽的其他事项的要求（应按哪些标准、规定和制度执行）。

应用案例 5-2

案例概况

某工程八层以上的外立面装饰施工基本完成，架子班班长王某征得技术负责人同意后，安排三名作业人员进行两段3～5轴的八至十二层阳台外立面钢管悬挑脚手架拆除作业。下午3时左右，三人拆除了十二层至十一层全部和十层部分悬挑脚手架外立面以及连接十层阳台栏杆上固定脚手架拉杆和楼层立杆、拉杆。当拆至近九层时，悬挑脚手架突然失稳倾覆，致使正在第三层悬挑脚手架体上的两名作业人员章某、于某随悬挑脚手架分别坠落到地面和二层阳台上（坠落高度分别为32m和29m）。事故发生后，项目部立即送往医院抢救，因两人伤势过重，经抢救无效死亡。

问题：

1. 简要分析造成这起事故的原因。

2. 如何避免此类事故再次发生？

案例分析

1. 造成这起事故的原因是：①作业前，三名工人没有对将拆除的悬挑脚手架进行检查、加固，就在上部将水平拉杆拆除，以致拉杆拆除后，架体失稳倾覆，这是造成本次事故的直接原因；②该工程的作业人员在拆除前未认真按规定佩戴和使用安全带以及没有做好危险作业防护工作，是造成本次事故的间接原因。

2. 要避免此类事故发生应建立健全安全组织并定期进行安全检查加强安全防护，每天作业前应进行安全技术交底，强调作业人员应执行安全操作规程，争取做到“三消灭”——消灭违章作业、消灭违章指挥、消灭惯性事故。

任务三　建筑工程安全事故的分类和处理

事故是指人们在进行有目的的活动过程中，发生了违背人们意愿的不幸事件，使其有目的的行动暂时或永久地停止。事故可能造成人员的伤亡、疾病、伤害、损坏、财产损失或其他损失。事故通常包含的含义有：

1）事故是意外的，它出乎人们的意料，不是希望看到的事情。

2）事件是引发事故，或可能引起事故的情况，主要是指活动、过程本身的情况，其结果尚不确定，若造成不良结果则形成事故，若侥幸未造成事故也应引起注意。

3）事故涵盖的范围是：死亡、疾病、工伤事故，设备、设施破坏事故，环境污染或生态破坏事故。

根据我国有关法规和标准，目前应用比较广泛的伤亡事故分类主要有以下几种。

一、职业伤害事故的分类

1. 按安全事故伤害分类

根据《企业职工伤亡事故分类标准》（GB 6441—1986）规定，按伤害程度分类为：

安全事故分类

1）轻伤，指损失工作日在 105 个工作日以下的失能伤害。

2）重伤，指损失工作日等于或超过 105 个工作日的失能伤害。

3）死亡。

2. 按安全事故类别分类

根据《企业职工伤亡事故分类标准》，将事故类别分为 20 类，即物体打击、车辆伤害、机械伤害、起重伤害、触电、淹溺、灼烫、火灾、高处坠落、坍塌、冒顶片帮、透水、放炮、瓦斯爆炸、火药爆炸、容器爆炸、其他爆炸、中毒和窒息、其他伤害。

3. 按安全事故受伤性质分类

受伤性质是指人体受伤的类型，实质上是从医学的角度给予创伤的具体名称，常见的有：电伤、挫伤、割伤、刺伤、扭伤、倒塌压埋伤、冲击伤等。

4. 按生产安全事故造成的人员伤亡或直接经济损失分类

根据中华人民共和国国务院令第493号《生产安全事故报告和调查处理条例》第三条规定：生产安全事故（以下简称事故）造成的人员伤亡或直接经济损失，事故一般分为以下等级：

1）特别重大事故，是指造成30人以上死亡，或者100人以上重伤（包括急性工业中毒，下同），或者1亿元以上直接经济损失的事故。

2）重大事故，是指造成10人以上30人以下死亡，或者10人以上100人以下重伤，或者5000万元以上1亿元以下直接经济损失的事故。

3）较大事故，是指造成3人以上10人以下死亡，或者10人以上50人以下重伤，或者1000万元以上5000万元以下直接经济损失的事故。

4）一般事故，是指造成3人以下死亡，或者10人以下重伤，或者1000万元以下100万元以上直接经济损失的事故。

本等级划分所称的“以上”包括本数，所称的“以下”不包括本数。

二、职业伤害事故的处理

1. 安全事故处理的原则（四不放过的原则）

强化安全生产监管监察行政执法。各级安全生产监督监察机构要增强执法意识，做到严格、公正、文明执法。依法对生产经营单位安全生产情况进行监督检查，指导督促生产经营单位建立健全安全生产责任制，落实各项防范措施。组织开展好企业安全评估，搞好分类指导和重点监管。对严重忽视安全生产的企业及其负责人或业主，要依法加大行政执法和经济处罚力度。认真查处各类事故，坚持事故原因未查清楚不放过、责任人员未处理不放过、整改措施未落实不放过、有关人员未受到教育不放过的“四不放过”原则，不仅要追究事故直接责任人的责任，同时要追究有关负责人的领导责任。

2. 安全事故报告

依据《生产安全事故报告和调查处理条例》及《建设工程安全生产管理条例》，安全事故的报告要求及内容如下。

1）施工单位事故报告要求。生产安全事故发生后，受伤者或最先发现事故的人员应立即用最快的传递手段，将发生事故的时间、地点、伤亡人数、事故原因等情况，向施工单位负责人报告；施工单位负责人接到报告后，应在 1 小时内向事故发生地县级以上人民政府建设主管部门和有关部门报告。

情况紧急时，事故现场有关人员可以直接向事故发生地县级以上人民政府建设主管部门和有关部门报告。

实行施工总承包的建设工程，由总承包单位负责上报事故。

2）建设主管部门事故报告要求。建设主管部门接到事故报告后，应当依照下列规定上报事故情况，并通知安全生产监督管理部门、公安机关、劳动保障行政主管部门、工会和人民检察院：

①较大事故、重大事故及特别重大事故逐级上报至国务院建设主管部门；

②一般事故逐级上报至省、自治区、直辖市人民政府建设主管部门；

③建设主管部门依照本条规定上报事故情况，应当同时报告本级人民政府。国务院建设主管部门接到重大事故和特别重大事故的报告后，应当立即报告国务院。

必要时，建设主管部门可以越级上报事故情况。

建设主管部门按照上述规定逐级上报事故情况时，每级上报的时间不得超过 2 小时。

3）事故报告的内容。

①事故发生的时间、地点和工程项目、有关单位名称；

②事故的简要经过；

③事故已经造成或者可能造成的伤亡人数（包括下落不明的人数）和初步估计的直接经济损失；

④事故的初步原因；

⑤事故发生后采取的措施及事故控制情况；

⑥事故报告单位或报告员；

⑦其他应当报告的情况。

3. 安全事故调查

（1）参加调查组的单位。

1）轻伤、重伤事故，由企业负责人或者其指定人员组织生产、技术、安全等有关人员以及工会成员参加的事故调查组，进行调查。

2）死亡事故，由企业主管部门会同企业所在地社区的市（或者相当于设区的市一级）安全行政主管部门、劳动部门、公安部门、工会组成事故调查组，进行调查。

3）重大伤亡事故，按照企业的隶属关系由省、自治区、直辖市企业主管部门或者国务院有关主管部门会同同级安全行政管理部门、劳动部门、公安部门、监察部门、工会组成事故调查组，进行调查。

4）事故调查组应当邀请人民检察院派员参加，还可以邀请其他部门的人员参加和有关专家参加。

（2）事故调查组成员。事故调查组成员应当符合下列条件：

1）具有事故调查所需要的某一方面的专长。

2）与所发生事故没有直接利害关系。

（3）事故调查组的职责。

1）查明事故发生原因、过程和人员伤亡、经济损失情况。

2）确定事故责任者。

3）提出事故处理意见和防范措施的建议。

4）写出事故调查报告。

事故调查组有权向发生事故的企业和有关单位、有关人员了解有关情况和索取有关资料，任何单位和个人不得拒绝。

事故调查组在查明事故情况后，如果对事故的分析和事故责任者的处理不能取得一致的意见，劳动部门有权提出结论性意见；如果仍有不同意见，应当报上级劳动部门及有关部门处理；仍不能达成一致意见的，报同级人民政府裁决。但不得超过事故处理工作的时限。

任何单位和个人不得阻碍、干涉事故调查组的正常工作。

4. 安全事故处理

（1）施工单位的事故处理。

1）事故现场处理。事故处理是落实“四不放过”原则的核心环节。当事故发生后，事故发生单位应当严格保护事故现场，做好标识，排除险情，采取有效措施抢救伤员和财产，防止事故蔓延扩大。

事故现场是追溯判断发生事故原因和事故责任人的客观物质基础。因抢救人员、疏导交通等原因，需要移动现场物件时，应当做出标志，绘制现场简图并做出书面记录，妥善保存现场重要痕迹、物证，有条件的可以拍照和录像。

2）事故登记。施工现场要建立安全事故登记表，作为安全事故档案，对发生事故人员的姓名、性别、年龄、工种等级，负伤时间、伤害程度、负伤部位及情况、简要经过及原因记录归档。

3）事故分析记录。施工现场要有安全事故分析记录，对发生轻伤、重伤、死亡、重大设备事故及未遂事故必须按“四不放过”的原则组织分析，查处主要原因，分清责任，提出防范措施，应吸取的教训要记录清楚。

4）要坚持安全事故月报制度，若当月无事故也要报空表。

（2）建设主管部门的事故处理。

1）建设主管部门应当依照有关人民政府对事故的批复和对有关法律法规的规定，对事故相关责任者实施行政处罚。处罚权限不属于本级建设主管部门的，应当在收到事故调查报告批复后15个工作日内，将事故调查报告（附具有关证据材料）、结案批复、本级建设主管部门对有关责任者的处理建议等转送有权限的建设主管部门。

2）建设主管部门应当依照有关法律法规的规定，对因降低安全生产条件导致事故发生的施工单位给予暂扣或吊销安全生产许可证的处罚；对事故负有责任的相关单位给予罚款、停业整顿、降低资质等级或吊销资质证书的处罚。

3）建设主管部门应当依照有关法律法规的规定，对事故发生负有责任的注册执业资格人员给予罚款、停止执业或吊销其注册执业资格证书的处罚。

应用案例 5-3

案例概况

某建筑公司承建了某住宅小区工程。2019 年 6 月 22 日 11 时，该工地见习机工汪某在未断电停机又无其他人员看管的情况下，站在混凝土搅拌机的上料斗上，用水管冲洗搅拌机内的残余混凝土，不小心使水管碰到控制料斗起落的板把，带动料斗升起，汪某的左脚被别在机械中，胸部被料斗和机身挤住，被发现后立即组织抢救，送医院后抢救无效死亡。

经事故调查，在维修保养机械作业中，劳动组合不合理，分工不明确；交代任务不清，形成局部交叉作业，使搅拌机周围环境受到影响。作业人员缺乏安全知识和自我保护意识，现场没有指派专人监护。

问题：

1. 简要分析造成这起事故的原因。

2. 从中可以得到哪些事故教训？

案例分析

1. 造成这起事故的原因是：①带电清理搅拌机鼓内残余混凝土是造成这起事故的直接原因；②机工汪某缺乏安全操作知识和经验，违反操作规定是造成这起事故的主要原因；③安全教育不到位，安全意识淡薄。

2. 从中可以得到的事故教训是：①日常安全教育工作开展得不够，责任不明确；②安全管理和劳动组织不严密，监督检查不力，维修保养时没有专人监护；③加强对操作工的安全教育和安全操作培训，增强自我保护意识，严格奖罚制度。

任务四　绿色建造与环境管理

一、绿色建造

建筑工程项目环境管理

1. 绿色建造的目的

绿色建造是一种综合考虑资源、能源消耗的现代建造模式，其目标是使得工程建设从规划决策、设计、建设施工、使用到报废处理的全生命周期中，对环境负面影响最小，资源和能源消耗最省，使企业效益和社会环境效益协调化。

2．绿色建造的基本原则

1）和谐原则。建筑作为人类基本的生活、生产场所，其自身体系和谐、系统和谐、关系和谐是绿色建筑的重要的和谐原则。

2）舒适原则。在不以牺牲建筑的舒适度和功能的前提下，寻求舒适要求与资源占有及能源消耗相统一的建造模式，形成绿色化、生态化及符合可持续发展要求的建筑综合集成系统。

3）经济高效原则。绿色建筑的建造、使用、维护要与当地技术水平、地域特点相适应，本着符合人与自然生态安全与和谐共生的前提，选择适宜投资、适宜成本来实现绿色建造。

二、环境管理

1．环境保护的目的

1）保护和改善环境质量，从而保护人们的身心健康。

2）合理开发和利用自然资源，减少或消除有害物质进入环境，加强生物多样性的保护，维护生物资源的生产能力，使之得以恢复。

2．环境保护的基本原则

1）经济建设与环境保护协调发展的原则。

2）预防为主、防治结合、综合治理的原则。

3）依靠群众保护环境的原则。

4）环境经济责任原则，即污染者付费的原则。

3．环境保护的主要内容

1）预防和治理由生产和生活活动所引起的环境污染。

2）防止由建设和开发活动引起的环境破坏。

3）保护有特殊价值的自然环境。

4）其他。如防止臭氧层破坏、防止气候变暖、国土整治、城乡规划、植树造林、控制水土流失和荒漠化等。

4．施工现场的环境因素影响

建设工程施工现场环境因素对环境的影响类型见表5-1。

表 5-1　施工现场环境因素对环境的影响

序　号	环 境 因 素	产生的地点、工序和部位	环 境 影 响
1	噪声的污染	施工机械、运输设备、电动工具运行中	影响人体健康、居民休息
2	粉尘的污染	施工场地平整、土堆、砂堆、石灰、现场路面、进出车辆车轮带泥砂、水泥搬运、混凝土搅拌、木工房锯末、喷砂、除锈、衬里	污染大气、影响居民身体健康
3	运输的遗撒	现场渣土、商品混凝土、生活垃圾、原材料运输当中	污染路面、影响居民生活
4	危险化学品、油品的泄漏或挥发	实验室、油漆库、油库、化学材料库及其作业面	污染土地影响人员健康
5	有毒有害废弃物排放	施工现场、办公区、生活区废弃物	污染土地、水体、大气
6	生产、生活污水的排放	现场搅拌站、厕所、现场洗车处、生活区服务设施、食堂等	污染水体
7	生产用水、用电消耗	现场、办公室、生活区	资源浪费
8	办公用纸的消耗	办公室、现场	资源浪费
9	光污染	现场焊接、切割作业、夜间照明	影响居民生活、休息和临近人员健康
10	离子辐射	放射源储存、运输、使用中	严重危害居民、人员健康
11	混凝土防冻剂（氨味）的排放	混凝土使用当中	影响人员健康
12	混凝土搅拌站噪声、粉尘、运输遗撒污染	混凝土搅拌站	严重影响周围居民生活、休息

5．施工现场环境保护的有关规定

1）工程的施工组织设计中应有防治扬尘、噪声、固体废弃物和废水等污染环境的有效措施，并在施工作业中认真组织实施。

2）施工现场应建立环境保护管理体系，责任落实到人，并保证有效运行。

3）对施工现场防治扬尘、噪声、水污染及环境保护管理工作进行检查。

4）定期对职工进行环保法规知识培训考核。

三、建筑工程项目环境保护措施

1．施工现场水污染的处理

1）搅拌机前台、混凝土输送泵及运输车辆清洗处应设置沉淀池，废水未经沉淀处理不得直接排入市政污水管网，经二次沉淀后方可排入市政污水管网或回收用于洒水降尘。

2）施工现场现制水磨石作业的污水，禁止随地排放。作业时要严格控制污水流向，在合理位置设置沉淀池，经沉淀后方可排入市政污水管网。

3）对于施工现场气焊用的乙炔发生罐产生的污水严禁随地倾倒，要求专用容器集中存放，并倒入沉淀池处理，以免污染环境。

4）现场要设置专用的油漆油料库，并对库房地面做防渗处理，储存、使用及保管要采取措施和专人负责，防止油料泄漏而污染土壤水体。

5）施工现场的临时食堂，用餐人数在100人以上的，应设置简易有效的隔油池，使产生的污水经过隔油池后再排入市政污水管网。

6）禁止将有害废弃物做土方回填，以免污染地下水和环境。

2. 施工现场噪声污染的处理

噪声污染治理

（1）施工噪声的类型。

1）机械性噪声，如柴油打桩机、推土机、挖土机、搅拌机、风钻、风铲、混凝土振动器、木材加工机械等发出的噪声。

2）空气动力性噪声，如通风机、鼓风机、空气锤打桩机、电锤打桩机、空气压缩机、铆枪等发出的噪声。

3）电磁性噪声，如发电机、变压器等发出的噪声。

4）爆炸性噪声，如放炮作业过程中发出的噪声。

（2）施工噪声的处理。

1）施工现场的搅拌机、固定式混凝土输送泵、电锯、大型空气压缩机等强噪声机械设备应搭设封闭性机械棚，并应尽可能离居民区远一些设置，以减少强噪声的污染。

2）尽量选用低噪声或备有消声降噪设备的机械。

3）凡在居民密集区进行强噪声施工作业时，要严格控制施工作业时间，晚间作业不超过22时，早晨作业不早于6时。特殊情况下需昼夜施工时，应尽量采取降噪措施，并会同建设单位做好周围居民的工作，同时报工地所在的环保部门备案后方可施工。

4）施工现场要严格控制人为的大声喧哗，增强施工人员防噪声扰民的自觉意识。加强施工现场环境噪声的长期监测，要有专人监测管理，并做好记录。凡超过国家标准《建筑施工场界环境噪声排放标准》（GB 12523—2011）标准（表5-2）的，要及时进行调整，达到施工噪声不扰民的目的。

表5-2　建筑施工场界环境噪声排放限值

噪声限值/[dB(A)]	
昼间	夜间
70	55

3. 施工现场空气污染的处理

1）施工现场外围设置的围挡不得低于1.8m，以便避免或减少污染物向外扩散。

2）施工现场的主要运输道路必须进行硬化处理。现场应采取覆盖、固化、绿化、洒水等有效措施，做到不泥泞、不扬尘。

3）应有专人负责环保工作，并配备相应的洒水设备，及时洒水，减少扬尘污染。

4）对现场有毒有害气体的产生和排放，必须采取有效措施进行严格控制。

5）对于多层或高层建筑物内的施工垃圾，应采用封闭的专用垃圾道或容器吊运，严禁随意临空抛洒造成扬尘。现场内还应设置封闭式垃圾站，施工垃圾和生活垃圾分类存放。施工垃圾应及时清运，清运时应尽量洒水或覆盖以减少扬尘。

6）拆除旧建筑物、构筑物时，应配合洒水，减少扬尘污染。

7）水泥和其他易飞扬的细颗粒散体材料应密闭存放，使用过程中应采取有效的措施防止扬尘。

8）对于土方、渣土的运输，必须采取封盖措施。现场出入口处设置冲洗车辆的设施，出场时必须将车辆清洗干净，不得将泥砂带出现场。

9）市政道路施工铣刨作业时，应采用冲洗等措施，控制扬尘污染。灰土和无机料应采用预拌进场，碾压过程中应洒水降尘。

10）混凝土搅拌，对于城区内施工，应使用商品混凝土，从而减少搅拌扬尘；在城区外施工，搅拌站应搭设封闭的搅拌棚，搅拌机上应设置喷淋装置（如 JW-1 型搅拌机雾化器）方可施工。

11）对于现场内的锅炉、茶炉、大灶等，必须设置消烟除尘设备。

12）在城区、郊区城镇和居民稠密区、风景旅游区、疗养区及国家规定的文物保护区内施工的工程，严禁使用敞口锅熬制沥青。凡进行沥青防潮防水作业时，要使用密闭和带有烟尘处理装置的加热设备。

4．施工现场固体废物的处理

（1）施工现场固体废物的处理规定。在工程建设中产生的固体废物处理，必须根据《中华人民共和国固体废物污染环境防治法》的有关规定进行。

1）建设产生固体废物的项目以及建设贮存、利用、处置固体废物的项目，必须依法进行环境影响评价，并遵守国家有关建设项目环境保护管理的规定。

2）建设生活垃圾处置的设施、场所，必须符合国务院环境保护行政主管部门和国务院建设行政主管部门规定的环境保护和环境卫生标准。

3）工程施工单位应当及时清运工程施工过程中产生的固体废物，并按照环境卫生行政主管部门的规定进行利用或者处置。

4）从事公共交通运输的经营单位，应当按照国家有关规定，清扫、收集运输过程中产生的生活垃圾。

5）从事城市新区开发、旧区改建和住宅小区开发建设的单位，以及机场、码头、车站、公园、商店等公共设施、场所的经营管理单位，应当按照国家有关环境卫生的规定，配套建设生活垃圾收集设施。

（2）固体废物的类型。施工现场产生的固体废物主要有三种，包括拆建废物、化学废物及生活固体废物。

1）拆建废物，包括渣土、砖瓦、碎石、混凝土碎块、废木材、废钢铁、废弃装饰材料、废水泥、废石灰、碎玻璃等。

2）化学废物，包括废油漆材料、废油类（汽油、机油、柴油等）、废沥青、废塑料、废玻璃纤维等。

3）生活固体废物，包括炊厨废物、丢弃食品、废纸、废电池、生活用具、煤灰渣、粪便等。

（3）固体废物的治理方法。废物处理是指采用物理、化学、生物处理等方法，将废物在自然循环中，加以迅速、有效、无害的分解处理。根据环境科学理论，可将固体废物的治理方法概括为无害化、安定化和减量化三种。

1）无害化（也称安全化）是将废物内的生物化或化学性的有害物质，进行无害化或安全化处理。例如，利用焚化处理的化学法，将微生物杀灭，促使有毒物质氧化或分解。

2）安定化是指为了防止废物中的有机物质腐化分解，产生臭味或衍生成有害微生物，将此类有机物质通过有效的处理方法，不再继续分解或变化。如，以厌氧性的方法处理生活废物，使其实时产生甲烷气，使处理后的残余物完全腐化安定，不再发酵腐化分解。

3）减量化大多废物疏松膨胀、体积庞大，不但增加运输费用，而且占用堆填处置场地大。减量化废物处理是将固体废物压缩或液体废物浓缩，或将废物无害焚化处理，烧成灰烬，使其体积缩小至1/10以下，以便运输堆填。

（4）固体废物的处理。

1）物理处理包括压实浓缩、破碎、分选、脱水干燥等。这种方法可以浓缩或改变固体废物结构，但不破坏固体废物的物理性质。

2）化学处理包括氧化还原、中和、化学浸出等。这种方法能破坏固体废物中的有害成分，从而达到无害化，或将其转化成适于进一步处理、处置的形态。

3）生物处理包括氧化处理、厌氧处理等。

4）热处理包括焚化、热解、焙烧、烧结等。

5）固化处理包括水泥固化法和沥青固化法等。

6）回收利用和循环再造包括将拆建物料再作为建筑材料利用；做好挖填土方的平衡设计，减少土方外运；重复使用场地围挡、模板、脚手架等物料；将可用的废金属、沥青等物料循环再用。

四、建筑工程项目文明施工管理

文明施工是环境管理的一部分，鉴于施工现场的特殊性和国家有关部门以及各地对建筑业文明施工的重视，另行列出有关要求。由于各地对施工现场文明施工的要求不尽一致，项目经理部在进行文明施工管理时应按照当地的要求进行。文明施工管理应当与当地的社区文化、民族特点及风土人情有机结合，树立项目管理良好的社会形象。

建筑工程项目文明施工措施的主要内容如下：

1. 现场大门和围挡设置

1）施工现场设置钢制大门，大门牢固、美观。高度不宜低于4m，大门上应有企业标识。

2）施工现场的围挡必须沿工地四周连续设置，不得有缺口。并且围挡要坚固、平稳、严密、整洁、美观。

3）围挡高度。市区主要路段不宜低于2.5m；一般路段不低于1.8m。

4）围挡材料应选用砌体、金属板材等硬质材料，禁止使用彩条布、竹笆、安全网等易变形材料。

5）建设工程外侧周边使用密目式安全网进行防护。

2. 现场封闭管理

1）施工现场出入口设专职门卫人员，加强对现场材料、构件、设备的进出监督管理。

2）为加强对出入现场人员的管理，施工人员应佩戴工作卡以示证明。

3）根据工程的性质和特点，出入大门口的形式，各企业各地区可按各自的实际情况确定。

3. 施工场地布置

1）施工现场大门内必须设置明显的五牌一图（即工程概况牌、安全生产制度牌、文明施工制度牌、环境保护制度牌、消防保卫制度牌及施工现场平面布置图），标明工程项目名称、建设单位、设计单位、施工单位、监理单位、工程概况及开工、竣工日期等。

2）对于文明施工、环境保护和易发生伤亡事故（或危险）处，应设置明显的、符合国家标准要求的安全警示标志牌。

3）设置施工现场安全“五标志”，即：指令标志（佩戴安全帽、系安全带），禁止标志（禁止通行、禁止抛物等），警告标志（当心落物、小心坠落等），电力安全标志（禁止合闸、当心有电等）和提示标志（安全通道、火警、盗警、急救中心电话等）。

4）现场主要运输通道尽量采用循环方式设置或有车辆调头的位置，保证道路通畅。

5）现场道路有条件的可采用混凝土路面，无条件的可采用其他硬化路面。现场地面也应进行硬化处理，以免现场扬尘，雨后泥泞。

6）施工现场必须有良好的排水设施，保证排水通畅。

7）现场内的施工区、办公区和生活区要分开设置，保持安全距离，并设标志牌。办公区和生活区应根据实际条件进行绿化。

8）各类临时设施必须根据施工总平面图布置，而且要整齐、美观。办公和生活用的临时设施宜采用轻体保温或隔热的活动房，既可多次周转使用，降低暂设成本，又可达到整洁美观的效果。

9）施工现场临时用电线路的布置，必须符合安装规范和安全操作规程的要求，严格按施工组织设计进行架设，严禁任意拉线接电。而且必须设有保证施工要求的夜间照明。

10）工程施工的废水、泥浆应经流水槽或管道流到工地集水池统一沉淀处理，不得随意排放和污染施工区域以外的河道、路面。

4．现场材料、工具堆放

1）施工现场的材料、构件、工具必须按施工平面图规定的位置堆放，不得侵占场内道路及安全防护等设施。

2）各种材料、构件堆放应按品种、分规格整齐堆放，并设置明显标牌。

3）施工作业区的垃圾不得长期堆放，要随时清理，做到每天工完场清。

4）易燃易爆物品不能混放，要有集中存放的库房。班组使用的零散易燃易爆物品，必须按有关规定存放。

5）楼梯间、休息平台、阳台邻边等地方不得堆放物料。

5．施工现场安全防护布置

根据建设部门有关建筑工程安全防护的有关规定，项目经理部必须做好施工现场安全防护工作。

1）施工邻边、洞口交叉、高处作业及楼板、屋面、阳台等邻边防护，必须采用密目式安全立网全封闭，作业层要另加防护栏杆和18cm高的踢脚板。

2）通道口设防护棚，防护棚应为不小于5cm厚的木板或两道相距50cm的竹笆，两侧应沿栏杆架用密目式安全网封闭。

3）预留洞口用木板全封闭防护，对于短边超过1.5m长的洞口，除封闭外四周还应设有防护栏杆。

4）电梯井口设置定型化、工具化、标准化的防护门，在电梯井内每隔两层（不大于10m）设置一道安全平网。

5）楼梯边设1.2m高的定型化、工具化、标准化的防护栏杆，18cm高的踢脚板。

6）垂直方向交叉作业，应设置防护隔离棚或其他设施防护。

7）高空作业施工，必须有悬挂安全带的悬索或其他设施，有操作平台，有上下的梯子或其他形式的通道。

6．施工现场防火布置

1）施工现场应根据工程实际情况，订立消防制度或消防措施。

2）按照不同作业条件和消防有关规定，合理配备消防器材，符合消防要求。消防器材设置点要有明显标志，夜间设置红色警示灯，消防器材应垫高设置，周围2m内不准乱放物品。

3）当建筑施工高度超过30m（或当地规定）时，为防止单纯依靠消防器材灭火不能满足要求，应配备有足够的消防水源和自救的用水量。扑救电气火灾不得用水，应使用干粉灭火器。

4）在容易发生火灾的区域施工或储存、使用易燃易爆器材时，必须采取特殊的消防安全

措施。

5）现场动火，必须经有关部门批准，设专人管理。五级风及以上禁止使用明火。

6）坚决执行现场防火“五不走”的规定，即：交接班不交代不走、用火设备火源不熄灭不走、用电设备不拉闸不走、可燃物不清干净不走、发现险情不报告不走。

7．施工现场临时用电布置

（1）施工现场临时用电配电线路。

1）按照 TN-S 系统要求配备五芯电缆、四芯电缆和三芯电缆。

2）按要求架设临时用电线路的电杆、横担、瓷夹、瓷瓶等，或电缆埋地的地沟。

3）对靠近施工现场的外电线路，设置木质、塑料等绝缘体的防护设施。

（2）配电箱、开关箱。

1）按三级配电要求，配备总配电箱、分配电箱、开关箱、三类标准电箱。开关箱应符合一机、一箱、一闸、一漏。三类电箱中的各类电器应是合格品。

2）按两级保护的要求，选取符合容量要求和质量合格的总配电箱和开关箱中的漏电保护器。

3）接地保护装置。施工现场保护零线的重复接地应不少于三处。

8．施工现场生活设施布置

1）职工生活设施要符合卫生、安全、通风、照明等要求。

2）职工的膳食、饮水供应等应符合卫生要求。炊事员必须有卫生防疫部门颁发的体检合格证。生熟食分别存放，炊事员要穿白工作服，食堂卫生要定期清扫检查。

3）施工现场应设置符合卫生要求的厕所，有条件的应设水冲式厕所，并有专人清扫管理。现场应保持卫生，不得随地大小便。

4）生活区应设置满足使用要求的淋浴设施和管理制度。

5）生活垃圾要及时处理，不能与施工垃圾混放，并设专人管理。

6）职工宿舍要考虑到季节性的要求，冬季应有保暖、防煤气中毒措施；夏季应有消暑、防虫叮咬措施，保证施工人员的良好睡眠。

7）宿舍内床铺及各种生活用品放置要整齐，通风良好，要符合安全疏散的要求。

8）生活设施的周围环境要保持良好的卫生条件，周围道路、院区平整，并要设置垃圾箱和污水池，不得随意乱泼乱倒。

应用案例 5-4

案例概况

某综合商务大厦建筑面积 2 万 m^2，钢筋混凝土框架结构，地上 8 层，地下 1 层，由市建筑设计院设计，东环区建筑工程公司施工。在文明施工方面，施工单位管理松懈，余土外运时，没有采取覆盖措施，造成渣土沿途遗撒；建筑垃圾未分类，更没有封闭堆放、定时清运，造成大风天气尘土飞扬；生活区生活垃圾没有及时清理，未设专人管理，散发出难闻的气味。种种不良现象不但影响了附近居民的生活，更严重损害了施工单位的形象。

问题：

针对上述案例出现的情况应如何进行施工现场场容管理，达到文明工地的要求？

案例分析

针对上述情况，施工现场的场容管理的主要工作有：①项目经理部应根据施工条件，按照施工总平面图、施工方案和施工进度计划的要求，进行所负责区域的施工平面图的规划、设计、布置、使用和管理；②施工现场的主要机械设备、脚手架、密目式安全网与围挡、模具、施工临时道路、各种管线、施工材料制品堆场及仓库、土方及建筑垃圾堆放区、变配电间、消防栓、警卫室，现场的办公、生产和临时设施等的布置，均应符合施工平面图的要求；③施工现场的施工区域应与办公、生活区划分清晰，并应采取相应的隔离防护措施。施工现场的临时用房应选址合理，并应符合安全、消防要求和国家有关规定。在建工程内严禁住人；④施工现场应设置办公室、宿舍、食堂、厕所、淋浴间、开水房、文体活动室、密闭式垃圾站及盥洗设施等临时设施，临时设施所用建筑材料应符合环保、消防要求；⑤施工现场应设置畅通的排水沟渠系统，保持场地道路的干燥坚实、泥浆和污水未经处理不得直接排放。施工现场应作硬化处理，有条件时可对施工现场进行绿化布置。

情境小结

本情境依据《建设工程项目管理规范》介绍了职业健康安全与环境管理的相关知识，重点阐述了安全管理的任务、安全技术措施和安全技术交底、现场管理及环境保护的相关要求。

安全管理部分重点阐述了我国安全管理比较成熟的各项安全生产管理制度：安全生产责任制、安全教育制度、安全检查制度、安全措施计划制度、安全监察制度、伤亡事故和职业病统计报告处理制度、三同时制度、安全预评价制度；安全技术措施相关内容：主要工程施工安全技术措施、特殊工程施工安全技术措施等；安全事故的分类及事故的处理。

建筑工程环境保护部分重点强调了施工现场的污染源、施工现场环保的措施、文明施工相关规定等。

绿色建造能够加快节能降碳先进技术研发和推广应用，倡导绿色消费，推动形成绿色低碳的生产方式和生活方式。要求学生在学习本情境过程中，应注意理论联系实际；通过解析多个案例，初步掌握理论知识，再通过有效地完成项目实践，提高实践动手能力。

习　题

一、单项选择题

1. 工程施工现场设置的钢制大门高度不宜低于（　　）m。

A. 3.0　　B. 4.0　　C. 4.5　　D. 5.0

2. 存在于以中心事物为主体的外部周边事物的客体称为环境。在环境科学领域里的中心事物是（　　）。

A. 自然环境　　B. 人类环境　　C. 社会环境　　D. 生态环境

3. 安全控制方针中“安全第一，预防为主”的“安全第一”是充分体现了（　　）的理念。

A. 安全生产，安全施工

B. 以人为本

C. 保证人员健康安全和财产免受损失

D. 以人为本但也要考虑到其他因素

4. 安全技术施工措施计划的实施不包括（　　）。

A. 安全生产责任制　　B. 安全教育

C. 防护及预防教育　　D. 安全技术交底

5. 安全性检查的类型有（　　）。

A. 日常性检查、专业性检查、季节性检查、节假日前后检查和不定期检查

B. 日常性检查、专业性检查、季节性检查、节假日后检查和定期检查

C. 日常性检查、非专业性检查、节假日前后检查和不定期检查

D. 日常性检查、非专业性检查、季节性检查、节假日前检查和不定期检查

6. 安全检查的主要内容包括（　　）。

A. 查思想、查管理、查作风、查整改、查事故处理、查隐患

B. 查思想、查作风、查整改、查管理

C. 查思想、查管理、查整改、查事故处理

D. 查管理、查思想、查整改、查事故处理、查隐患

7. 项目经理部安全检查的主要规定有（　　）。

A. 检查应现场抽样、现场观察和现场检测

B. 对检查结果不用进行系统分析

C. 检查设备或器具，检查人员，并明确检查的方法及要求

D. 根据情况调查确定安全检查的内容

8. 按照事故的原因进行分类可分为（　　）。

A. 物体打击，车辆伤害、机械伤害、爆炸伤害、触电等

B. 淹溺、灼烫、火灾、高处坠落以及电烧伤

C. 坍塌以及火灾烧伤等

D. 放炮，爆炸烧伤，烫伤以及爆炸引起的物体打击

9. 按事故后果的严重程度可分为（　　）。

A. 轻伤事故、重伤事故、死亡事故、特大伤亡事故、超大伤亡事故

B. 死亡事故、重伤事故、重大伤亡事故、超大多伤亡事故

C. 轻伤事故、重伤事故、死亡事故、重大伤亡事故以及急性中毒事故

D. 微伤事故、轻伤事故、死亡事故、重大伤亡事故、急性中毒事故等

10. 下列不属于绿色建造的基本原则的是（　　）。

A. 和谐原则　　B. 舒适原则

C. 经济高效原则　　D. 自然至上原则

11. 安全事故的处理程序是（　　）。

A. 报告安全事故，调查对事故责任者进行处理，编写事故报告并上报

B. 报告安全事故，处理安全事故，调查安全事故，对责任者进行处理，编写报告并上报

C. 报告安全事故，调查安全事故，处理安全事故，对责任者进行处理，编写报告并上报

D. 报告安全事故，处理安全事故，调查安全事故，对责任者进行处理

12. 水污染的主要来源不包括（　　）。

A. 工业污染源　　B. 农业污染源

C. 大气污染源　　D. 生活污染源

13. 噪声按照振动性质可分为（　　）。

A. 气体动力噪声、工业噪声、电磁性噪声

B. 气体动力噪声、机械噪声、电磁性噪声

C. 机械噪声、电磁性噪声、建筑施工噪声

D. 机械噪声、气体动力噪声、工业噪声

14. 施工现场临时围挡高度不宜低于（　　）。

A. 1.8m　　B. 2.5m

C. 3.2m　　D. 2.7m

15. 产品生产过程的（　　）决定了职工职业健康安全与环境管理的协调性。

A. 连续性和合作性　　B. 连续性与安全性

C. 连续性与分工性　　D. 安全性与分工性

二、多项选择题

1. 建筑工程项目环境管理的目的是（　　）。

A. 保护生态环境，使社会的经济发展与人类的生存环境相协调

B. 控制作业现场的各种粉尘、废水、废气、固体废弃物以及噪声、振动对环境的污染和危害

C. 避免和预防各种不利因素对环境管理造成的影响

D. 考虑能源节约和避免资源的浪费

E. 职业健康安全与环境管理的目的

2. 建筑产品受不同外部环境因素影响多，主要表现在（　　）。

A. 露天作业多　　B. 气候条件变化的影响

C. 工程地质和水文条件的变化　　D. 地理条件和地域资源的影响

E. 酸雨频繁，使土壤酸化，建筑和材料设备遭腐蚀

3. 建筑工程职业健康安全与环境管理的特点（　　）。

A. 复杂性、多样性、协调性　　B. 不符合性、时代性

C. 经济性、持续性、不符合性　　D. 可靠性、时代性、经济性

E. 连续性、分工性

4. 在施工安全控制的基本要求中，其中有一项为对查出的安全隐患要做到“五定”，（　　）。

A. 定整改责任人，定整改措施

B. 定整改完成时间，定整改完成人，定整改验收人

C. 定整改检验员，定整改完成人

D. 定整改验收人，定整改监督人

E. 以上全部正确

5. 施工安全技术措施计划的实施包含（　　）。

A. 安全生产责任制　　B. 安全教育

C. 安全技术交底　　D. 预防教育

E. 建立经常性的安全教育考核制度，考核成绩要记入员工档案

6. 安全技术交底主要内容包括（　　）。

A. 本工程项目的施工作业特点和危险点

B. 针对危险点的具体预防措施

C. 应注意的施工事项

D. 相应的安全操作规程和标准

E. 发生事故后应及时采取的避难和急救措施

7. 职业伤害事故分为（　　　）。
   A. 物体打击、车辆伤害、机械伤害、触电、淹溺
   B. 起重伤害、灼烫、火灾、坍塌、火药爆炸
   C. 高处坠落、冒顶片帮、透水、放炮、瓦斯爆炸
   D. 锅炉爆炸、容器爆炸、其他爆炸，中毒和窒息、其他伤害等
   E. 物体打击属刑事伤害
8. 建设工程安全事故处理原则为（　　　）。
   A. 事故原因不清楚不放过
   B. 事故责任者和员工没有受到教育不放过
   C. 事故责任者没有处理不放过
   D. 没有制订防范措施也不放过
   E. 事故主要责任人不开除不放过
9. 文明施工主要包括（　　　）工作。
   A. 规范施工现场的场容，保持作业环境的整洁卫生
   B. 科学组织施工，使生产有序进行
   C. 减少施工对周围居民和环境的影响
   D. 保证职工的安全和身体健康
   E. 保护和改善施工环境
10. 施工现场噪声的控制措施有（　　　）。
   A. 声源控制及传播途径的控制　　B. 接收者的防护
   C. 严格控制人为噪声　　D. 控制强噪声作业的时间
   E. 坚决杜绝强噪声源

三、思考题

1. 事故按伤害程度如何分类?
2. 施工噪声的主要类型有哪些?
3. 昼间浇筑混凝土，振捣器产生的噪声有何规定?
4. 施工现场固体废物的治理方法有哪些?
5. 什么是三级安全教育?
6. 施工现场中的“四口”“五临边”是什么?
7. 什么是“三同时”制度?
8. 安全检查制度的内容有哪些?
9. 安全事故处理“四不放过”原则是什么?
10. 文明施工工作的主要内容有哪些?
11. 结合本情境所学内容，谈谈你对建筑节能、绿色建筑和低碳经济等概念的理解。

四、实训题

实训题（一）

目的：通过本题掌握安全事故的分类及分部分项安全交底的要求和内容。

资料：某市造纸厂将进行大规模扩建施工，某公司承担了建筑物的拆除作业，并将其中一个三层厂房的拆除工程分包给没有拆除资质的包工头王某。某日施工人员在未先拆除上层墙之前，就对底层和二层承重墙进行拆除，致使墙向一侧坍塌，将正在进行拆除作业的6名施工人员埋在废墟中，造成3人死亡、2人重伤、1人轻伤的安全事故。

经调查，王某带来的拆除人员都是临时召集在一起的老乡，并没有经过任何培训。拆除作业前，没有人对其进行技术交底和安全交底，并且事故当天也无人到场监督指挥。

要求：分析这起事故为哪种等级的安全生产事故？依据是什么？分部、分项工程安全技术交底的要求和主要内容是什么？

实训题（二）

目的：通过本题掌握施工现场围挡设置要求及“五牌一图”相关知识。

资料：某大学新建图书馆工程，框架结构，由于该工程为市级重点工程，地理位置在主干道附近，社会影响力大，引起建设单位重视。为此项目部进行了现场平面规划，设置了围挡，制定了“五牌一图”。

要求：根据上述资料分析本工程施工现场设置围挡应满足哪些要求？“五牌一图”的内容应包括哪些？

情境六 建筑工程项目风险管理

学习目标

1. 了解：风险预警和监控相关内容，风险管理和项目管理的关系。

2. 熟悉：风险及风险管理的基本概念，风险管理的重点，风险发生可能性和大小的度量，风险管理计划内容。

3. 掌握：风险识别和评估的方法、程序，风险因素的识别，常用的风险应对策略，工程保险的种类。

引例

背景资料：

我国某工程联合体（某央企工程公司和省工程公司），承建非洲某公路项目。项目业主是非洲某国政府工程和能源部，出资方为非洲开发银行和该国政府，项目监理是英国监理公司。

项目所在地土地全部为私有，土地征用程序及纠纷问题极其复杂，地主阻工的事件经常发生，当地工会组织活动活跃；当地天气条件恶劣，可施工日很少，一年只有三分之一的可施工日；该国政府对环保有特殊规定，任何取土采砂场和采石场的使用都必须事先进行相关环保评估并最终获得批准方可使用，而申办手续耗时极长。

在项目实施之前，业主委托英国监理公司起草合同。该公司非常熟悉当地情况，将合同中几乎所有可能存在的对业主不利的情况全部转嫁给了承包商，包括雨季计算公式、料场情况、征地情况。中方公司在招投标前期，对招标文件、施工现场的熟悉和研究不到位，对项目风险的认识不足。

该施工项目组主要由国内某省工程公司人员组成。项目初期，设备、人员配置不到位，部分设备选型错误，道路工程师严重不足甚至缺位。项目实施四年间，中方竟三次调换

办事处总经理和现场项目经理。由于中方内部管理不善，没有建立质量管理保证体系，现场人员素质不能满足项目的需要，现场的组织管理沿用国内模式，不适合该国的实际情况，对项目质量也产生了一定的影响。

由于种种原因，合同于2005年7月到期后，该项目实物工程量只完成了35%。

问题：

1. 该项目存在的风险因素（环境、主体以及管理过程等）有哪些？
2. 通过哪些方法可以识别风险？
3. 如何来分析评估该项目的风险？
4. 就该项目而言，施工项目组可以采取的避险措施有哪些？

任务一　建筑工程项目风险识别

一、建筑工程项目风险管理概述

我国古代哲学家老子曾说过：“祸兮福之所倚，福兮祸之所伏。”这句话深刻地揭示了“福与祸”或者可以理解为是“收益与风险”之间的辩证关系。风险潜藏与各种关系、各类事物中，所有的建筑项目都包含风险，风险可以被防范、管理、消减、分担及转移，但不可以被轻视甚至忽视。

（一）建筑工程项目风险基本概念

1．建筑工程项目风险

风险是与损失有关的不确定性；风险是某一事故或紧急情况发生的可能性与损失后果之间的差异。风险特点：①由某种不希望看到的事故或紧急情况发生的可能性和造成的损失两个要素构成；②风险是在一定条件下，一定时间内，某一事故或紧急情况其预期结果与实际结果之间存在差异。基于这种考虑，风险可以被认为是一种必然会导致不良后果的不确定性，或者说是一种损失的不确定性，不会产生不良后果的不确定性不被称为风险。

建筑工程项目风险是造成建筑项目达不到预期目标的不确定性，或是指那些影响建设项目目标实现的消极的不确定性。建筑工程项目的目标是一个十分复杂的系统，项目本身具有实施的一次性使其比其他经济活动的不确定性大得多，风险的不可预测性也大得多。

建筑工程项目风险会造成项目实施的失控现象，如工期延长、成本增加、计划修改等，最终导致工程经济效益降低。现代工程项目规模大、技术新颖、持续时间长、涉及单位多、与环境接口复杂，可以说在项目过程中危机四伏。

风险的属性

2．风险的基本性质

1）风险的客观性和必然性。一是表现在它的存在不是以人的意志为转移的。二是表现在它是无处不在，无时不有的，它存在人类社会的发展过程中。

2）风险的不确定性。即风险的程度有多大，风险何时何地可能转变为现实均是不肯定的。一方面不可能准确地预测风险的发生；另一方面，风险的不确定性并不代表风险就完全不可预测。风险活动或事件的发生时间、地点、起因及其后果都具有不确定性，但可以依据历史数据和经验对此作出一定程度上的分析和预测。

风险的类型

3）风险的不利性。风险一旦产生，就会使风险主体产生挫折、失败甚至损失，这对风险主体是极为不利的。

4）风险的可变性。风险因素的变化导致风险的性质或后果在一定条件下是可以转化的，也有可能消除风险因素。风险的可变性体现在：①风险性质的变化；②风险量的变化；③某些风险在一定空间和时间范围内被消除；④新的风险产生。

5）风险的相对性。相对性是针对风险管理主体而言的，在相同的风险情况下，不同的风险主体对风险的承受能力是不同的。也就是说风险对于主体是相对的，风险大小是相对的。

6）风险同利益的对称性。对称性是指对风险主体来说风险和利益是必然同时存在的。即风险是利益的代价，利益是风险的回报。

特别提示

损失是指非故意的、非预期的经济价值的减少，可分为直接损失和间接损失，通常以货币单位衡量。相对损失的划分，更重要的是找出已经发生的和可能发生的损失，即使难以定量分析，也要定性分析。

不确定性就是对于一个特定的事件或活动，决策者不能确知最终会产生什么样的后果。不确定性与风险的概念紧密相连，严格说二者有实质性区别。不确定性是存在于客观事物与人们认识与估计之间的一种差距，它表明特定事件或活动的后果可能与预计的不同，可能比预计的好，也可能比预计的坏。

风险因素、风险事件、损失与风险之间的关系

3．风险因素

风险因素是指能够引起或增加风险事件发生的机会或影响损失的严重程度的因素，是造成损失的内在或间接原因。

4．风险事件

风险事件即风险事故，是指直接导致损失发生的偶发事件或直接原因，是损失的媒介物，即风险只有通过风险事故的发生才能导致损失。

特别提示

就某一事件来说，如果它是造成损失的直接原因，那么它就是风险事故；而在其他条件下，如果它是造成损失的间接原因，它便成为风险因素。

（二）建筑工程项目风险管理

1．建筑工程风险管理

风险管理是指如何在一个肯定有风险的环境里对潜在的意外损失进行辨识、评估，并根据具体情况采取相应的措施把风险减至最低的管理过程。即在主观上尽可能做到有备无患，或在客观上无法避免时也能寻求切实可行的补救措施，从而减少意外损失或化解风险为我所用。理想的风险管理是一连串排好优先次序的过程，使当中的可以引致最大损失及最可能发生的事情优先处理、而相对风险较低的事情压后处理。

建筑工程项目风险管理是指参与工程项目的各方，包括发包方、承包方和勘察、设计、监理单位等在工程项目的策划、设计、施工以及竣工后投入使用等各阶段采取的辨识、评估、处理项目风险的措施和方法。

2．建筑工程风险管理的重点

风险管理可以在项目生命周期的任何一个阶段进行。对同一工程项目来说各相关主体利益的不同，其风险管理的侧重点会有所不同；对不同的项目来说，考虑的风险因素和应对策略也有所差异。但是，力争以最小代价达到项目实现的目标是共同的。当然，如果需要实现一些特殊的目标或是目标出现了新的变化时，就更加突出了风险管理的重要性。建筑工程项目重点应考虑的风险管理如下。

1）重要的时间节点、对象和环节。

2）实施中出现新情况，产生重大变更时。

3）特别的形象进度目标必须实现时。

4）创新项目或引入技术上或组织上的新事物。

5）大规模项目。

6）“三边”工程。

7）涉及敏感问题（生态、移民、拆迁、宗教）的项目。

8）不平等协议的项目。

3．建筑工程风险管理的过程

风险管理是伴随在建筑工程项目管理过程中的，已成为项目管理的一大职能，该过程包括以下四个方面：

（1）风险识别。确定可能影响项目的风险的种类，识别影响目标实现的风险事件，加以归类整理，决定如何采取和计划一个项目的风险管理活动。

（2）风险评估。将项目风险发生的条件、概率及风险事件对项目的影响进行分析，并评估它们对项目目标的影响，按它们对项目目标的影响程度的大小进行排列。

（3）风险响应。针对不同的风险事件，确定风险对策的最佳组合，编制风险应对计划，制订一些程序和技术手段，用来提高实现项目目标的概率和减少风险的威胁。

（4）风险控制。在工程实施过程中对于风险对策的执行情况进行不断的检查，并评估其执行效果，保证对策措施的应用和有效性，监控残余风险，识别新的风险，更新风险计划。

4．风险管理与项目管理

风险管理普遍被认为是项目管理理论体系的一部分，它贯穿于项目管理整个过程中，项目管理中许多好的习惯做法都可以看作是风险管理。例如，在项目计划的编制、各种资源的调配以及工程的变更等程序中都包括了对风险的应对策略。二者之间的关系如下：

（1）风险管理与项目管理目标一致。通过风险管理降低项目的风险成本，从而降低项目的总成本，特别是在项目的前期阶段，由于不确定因素较多，在这一环节推行风险管理对提高项目计划的准确性和可行性有极大帮助。

（2）风险管理为项目范围管理提供依据。如，一个项目之所以被批准并付诸实施，是由于市场和社会对项目的产品有需求。风险管理通过风险分析，对这种需求进行预测，指出市场和社会需求的可能变动范围，并计算出项目的盈亏大小，为项目的财务可行性研究提供了重要依据。风险管理正是通过风险分析来识别、估计和评价这些不确定性，向项目范围管理提供依据。

（3）风险管理的标的服务于项目管理的标的。风险管理的标的是风险，着重于不确定性的未来；而项目管理的标的是各种有限的资源，着重于各种资源配置的现实效果。如，项目计划的制订考虑的是项目的未来，未来充满着不确定因素，风险管理的职能之一是减少项目整个过程中的不确定性。

二、建筑工程项目风险识别

（一）建筑工程项目风险识别的概念及依据

1．建筑工程项目风险识别

风险识别是风险管理的第一步，只有在正确识别出所面临的风险的基础上，人们才能够主动选择适当有效的方法进行处理。风险识别是项目管理人员在收集资料和调查研究之后，运用各种方法对潜在的及存在的各种风险进行系统的归类和识别，确定建筑工程项目实施过程中各种可能风险，并将它们作为管理对象的风险管理活动。通常首先罗列对整个工程建设有影响的风险，然后再考虑对本组织有重大影响的风险，以作为全面风险管理的对象。风险识别不是一次性的，而应当贯穿于项目始终。随着项目的进展，不确定性逐渐减少，风险识别的内容也会逐渐减少，重点也会有所不同。

2．风险识别的依据

为了能够正确识别项目风险因素，要从项目相关资料来分析研究。一般来说项目风险识别的依据包括以下内容：

（1）风险管理计划。风险管理计划是规划和设计如何进行项目风险管理的活动过程。风险管理计划一般是通过召开计划编制会议来制订的，包括一些风险管理的行动方案和方法。在计划中应该对整个项目生命周期内的风险识别、风险评估及风险应对等方面进行详细的描述。

（2）项目计划。项目目标、任务、范围、进度、质量、造价及资源等涉及项目进行过程的计划和方案都是进行项目风险识别的依据。

（3）风险分类。明确合理的风险分类可以避免在风险识别时的误判和遗漏，有利于突出重要因素，发现对项目目标实现有严重影响的风险源。

（4）历史资料。其包括以往的相关或相似项目的档案资料（如项目最终报告或项目风险应对计划等），其他公开资料（即商业数据库、学术研究、行业标准及其他公开发表的研究成果等）都是风险识别的重要信息和依据。

（二）建筑工程项目风险因素分析

风险因素分析是确定一个项目的风险范围，即有哪些风险存在，将这些风险因素逐一列出，以作为全面风险管理的对象。建筑工程项目不同阶段的目标设计、项目的技术设计、环境调查的深度均不同。但，不管哪个阶段首先都是将对项目的目标系统（总目标、子目标及操作目标）有影响的各种风险因素罗列出来，做项目风险目录表，再采用系统方法进行分析。罗列风险因素通常要从多角度、多方面进行，形成对项目系统风险的多方位的透视。通常可以从以下几个角度进行风险因素分析。

1．按建筑工程项目系统要素分析

（1）项目环境风险因素。

1）政治风险。如政局不稳定，战争、动乱、政变的可能性；国家的对外关系；政府信用和政府廉洁程度；政策及其稳定性；经济的开放程度；国有化的可能性；民众意见及意识形态的变化等。

2）经济风险。经济政策变化，产业结构调整，银根紧缩；工程承包市场、材料供应市场、劳动力市场的变动；物价上涨，通货膨胀速度加快；原材料进口风险，金融风险，外汇汇率的变化等。

3）法律风险。如法律不健全，有法不依、执法不严，法律内容的变化，法律对项目的干预；工程中对相关法律未能全面、正确理解可能有触犯法律的行为等。

4）自然灾害和意外事故风险。不可预测的地质条件，如泥石流、河塘、垃圾场、流砂、泉眼等；反常的恶劣的雨雪天气，冰冻天气；恶劣的现场条件，周边存在对项目的干扰源；工程项目的建设可能造成对自然环境的破坏；不良的运输条件可能造成供应的中断等。

5）社会风险。如宗教信仰的影响和冲击、社会治安的不稳定性、社会的禁忌、劳动者的文化素质、社会风气等。

（2）项目系统结构风险。它是以项目结构图（WBS）上项目单元作为分析对象，即各个层次的项目单元，直到工作包。在项目实施以及运行过程中这些工程活动可能遇到的各种障碍、异常情况，如技术问题，人工、材料、机械、费用消耗的增加。

（3）项目技术系统的风险。

1）项目的生产工艺、流程可能有问题，新技术不稳定，对将来生产和运营产生影响。

2）施工工艺可能出现的问题。

（4）项目的行为主体产生的风险。它是从项目组织角度进行分析，具体如下：

1）业主和投资者。

① 业主支付能力差，组织的经营状况恶化，资信不好，企业倒闭，抽逃资金或改变投资方向及项目目标。

② 业主违约、苛求、刁难并不赔偿，错误的行为和指令，非程序地干预工程。

③ 业主不能完成合同义务，如不及时供应约定的设备、材料，不及时交付场地，不及时支付工程款。

2）承包商（分包商、供应商）。

①技术能力和管理能力不足，没有适合的项目经理和技术人员，不能积极地履行合同，由于管理和技术方面的失误，造成工程中断。

②没有得力的措施来保证进度、安全和质量要求。

③财务状况恶化，无力采购和支付工资，企业处于破产境地。

④ 工作人员罢工或抗议；错误理解业主意图和招标文件，实施方案错误，报价失误，计划失误。

⑤设计单位设计错误，工程技术系统之间不协调、设计文件不完备、不能及时交付图样，或无力完成设计工作。

3）项目管理者（如监理工程师）。

①项目管理者的管理能力、组织能力、工作热情和积极性、职业道德、公正性差。

②项目管理者的管理风格，可能会导致错误地执行合同，苛刻要求。

③在工程中起草错误的招标文件、合同条件，下达错误指令。

4）其他方面。

①中介人的资信、可靠性差；政府机关工作人员、城市公共供应部门（如水、电等部门）的干预、苛求和个人需求。

②项目周边或涉及的居民或单位的干预、抗议或苛刻的要求等。

2. 按建筑工程项目管理过程要素分析

1）高层战略风险。如指导方针、战略思想可能有错误而造成项目目标设计错误。

2）环境调查和预测的风险。

3）决策风险，如错误的选择、投标决策、报价等。

4）项目策划风险。

5）技术设计风险。

6）计划风险。包括对目标文件（任务书、合同、招标文件）的理解错误，合同条款不准确、不严密、错误、二义性，过于苛刻的单方面约束性的、不完备的条款，方案错误、报价（预算）错误、施工组织措施错误。

7）实施控制中的风险。例如，合同风险、供应风险、新技术新工艺风险以及分包层次太多，造成的风险。

8）运营管理风险。如准备不足，无法正常营运，销售渠道不畅，宣传不力等。

3. 按风险对目标的影响分析

1）工期风险。即造成局部或整体工程的工期延长，不能按时投入使用。

2）费用风险。包括财务风险、成本超支、投资追加、报价风险、收入减少、投资回收期延长或无法收回、回报率降低。

3）质量风险。包括材料、工艺、工程不能通过验收，工程试生产不合格，经过评价工程质量未达标准。

4）生产能力风险。项目建成后达不到设计生产能力（由于设计、设备问题，或生产用原材料、能源、水、电供应原因造成）。

5）市场风险。工程建成后产品未达到预期的市场销售额，没有销路，没有竞争力。

6）信誉风险。即造成对企业形象、职业责任、企业信誉的损害。

7）安全隐患。人身伤亡、安全、健康以及工程或设备的损坏。

8）法律责任。即可能被起诉或承担相应法律或合同的处罚。

（三）项目风险识别方法

建筑工程风险识别的方法有：专家调查法、财务报表法、流程图法、初始清单法、经验数据法和风险调查法等。其中前三种方法为风险识别的一般方法，后三种方法为建筑工程风险识别的具体方法。

1. 专家调查法

专家调查法有会议和问卷调查两种方式，各有利弊。风险管理者应对专家发表的意见加以归纳分类、整理分析。

2. 财务报表法

要对财务报表中所列的各项会计科目作深入的分析研究，需要结合工程财务报表的特点来识别建设工程风险。

3. 流程图法

将生产活动按步骤组成流程图，将每一个步骤中潜在的风险列出，可使决策者得到清晰的总体印象，但识别结果较为粗略。

4. 初始清单法（核查表法）

反映普遍情况的初始清单源自两个途径：一是保险公司或风险管理学会公布的潜在损失一览表（我国尚没有）；二是基于WBS，针对具体的分部分项工程，列举典型的风险事件。在初始清单的基础上，结合具体项目进一步识别风险，或作出必要的补充和修正。

5. 经验数据法（统计资料法）

根据已建各类建设工程与风险有关的统计资料来识别拟建建设工程的风险。

6. 风险调查法

在以上方法的基础上，从具体项目的特点入手，作进一步的风险鉴别和确认，或发现以前未能发现的风险。

（四）项目风险识别程序

1. 收集数据或信息

风险管理需要大量地占有信息，要对项目的系统环境有十分深入的了解，并要进行预测。不熟悉情况，不掌握数据是不可能进行有效的风险管理的。

风险识别是要确定具体项目的风险，必须掌握该项目和项目环境的特征数据，如本项目相关的数据资料、设计与施工文件，以了解该项目系统的复杂性、规模、工艺的成熟程度。

2. 确定风险因素

通过对工程、工程环境、已建类似工程等调查、研究、座谈、查阅资料等手段进行分析，列出风险因素一览表，再经过归纳、整理列出正式风险清单，并建立项目风险的结构体系。

3. 编制项目风险识别报告

编制项目风险识别报告是在风险清单的基础上，补充文字说明，作为风险管理的基础。风险识别报告通常包括已识别风险、潜在的项目风险、项目风险的征兆。

任务二　建筑工程项目风险评估

风险评估

风险评估是对风险的规律性进行研究和量化分析。风险识别仅是从定性的角度去了解和认识风险因素，要把握风险必须从识别风险因素的基础上对其进行进一步分析评估，从而解决风险发生的可能性及其后果大小的问题。风险评估包括定性和定量风险评估，实际运用中往往是两种方法结合使用。

一、风险的度量

1. 风险因素发生的概率

风险发生的不确定性有其自身的规律，通常可以用概率表示。既然被视为风险，则它一定在必然事件（概率 =1）和不可能事件（概率 =0）之间。人们经常用风险发生的概率来表示风险发生的可能性。风险发生的概率需要利用已有数据资料和相关专业方法进行估计。

2. 风险损失量的估计

风险损失的大小是不太容易确定的，有的风险造成的损失较小，有的风险造成的损失很大，甚至可能引起整个工程的中断或报废。风险损失量的估计包括下列内容：

1）工期损失的估计。

2）费用损失的估计。

3）对工程的质量、功能、使用效果等方面影响的估计。

由于风险对项目目标的干扰常常表现在对工程实施过程的干扰上，所以风险损失量估计，一般分析过程如下：

1）考虑正常状况（没有发生该风险）下的工期、费用、收益。

2）将风险加入这种状态，分析实施过程、劳动效率、消耗、各个活动有什么变化。

3）两者的差异则为风险损失量。

3. 风险等级评定

干扰项目的风险因素很多，涉及各个方面，我们并不是要对所有的风险都十分重视，否则将大大提高管理费用，干扰正常的决策。所以应根据风险因素发生的概率和损失量，确定风险程度，进行分级评估。

（1）风险位能。对于一个具体的风险，它如果发生，则损失为 RH，损失发生的可能性为 Ew，则风险的期望值 Rw 为：

$$Rw=RH\times Ew \tag{6-1}$$

如，一种自然环境风险如果发生，则损失达 30 万元，而发生的可能性为 0.1，则损失的期望值 Rw=30×0.1=3 万元

在这里引用物理学中位能的概念，损失期望值高的，则风险位能高。可以在二维坐标上作等位能线（即损失期望值相等的线）（图 6-1），则具体项目中的任何一个风险可以在图上找到一个表示它位能的点。

（2）风险分类。不同位能的风险可分为不同的类别。

A 类：即风险发生的可能性很大，同时一旦发生损失也很大。这类风险常常是风险管理的重点。

B 类：如果发生则损失很大，但发生的可能性较小的风险。

C 类：发生的可能性较大，但损失很小的风险。

D类：发生的可能性和损失都很小的风险。

若某事件经过风险评估，它处于风险区A，则应采取措施，降低其概率，使它位移至风险区B；或采取措施降低其损失量，使它位移至风险区C。风险区B和C的事件则应采取措施，使其位移至风险区D。

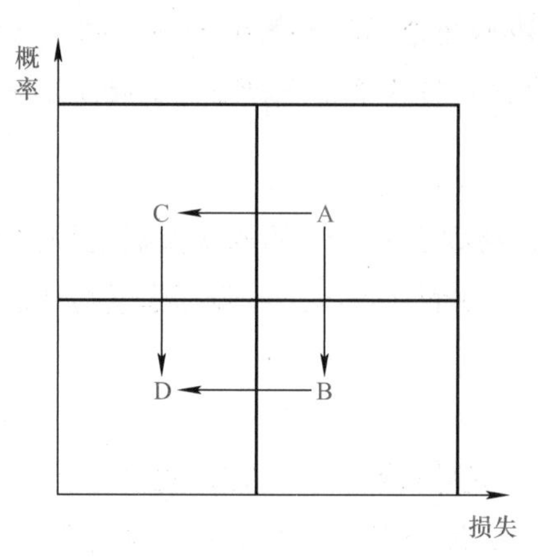

图6-1　风险量

（3）风险等级。在《建设工程项目管理规范》相关条文中，也可以用其他形式的分类来表示风险等级，如1级、2级、3级、4级等，其意义是相同的，风险等级评估见表6-1。

表6-1　风险等级评估表

可能性	后果		
	轻度损失	中度损失	重大损失
很大	3	4	5
中等	2	3	4
极小	1	2	3

注：表中1为可忽略风险；2为可容许风险；3为中度风险；4为重大风险；5为不容许风险

按表6-1的风险等级划分，图6-1中的各风险区的风险等级如下：

风险区A——5等风险；风险区B——3等风险；

风险区C——3等风险；风险区D——1等风险。

二、风险评估分析步骤

1. 收集信息

风险评估分析时必须收集的信息主要有：承包商类似工程的经验和积累的数据；与工程有关的资料、文件等；对上述两来源的主观分析结果。

2. 信息整理加工

根据收集的信息和主观分析整理，列出项目所面临的风险，并将发生的概率和损失的后果列成一个表格，风险因素、发生概率、损失后果、风险程度一一对应，见表 6-2。

表 6-2　风险量计算表

风 险 因 素	发生概率 P（%）	损失后果 C/ 万元	风险程度 R/ 万元
物价上涨	10	50	5
地质处理	20	100	20
恶劣天气	10	30	3
工期拖延罚款	20	50	10
合　计	—	—	38

3．风险程度评价

风险程度是风险发生的概率和风险发生的损失严重性的综合结果。其表达式为：

$$R=\sum_{i=1}^{n}R_i=\sum_{i=1}^{n}P_i\times C_i \qquad (6\text{-}2)$$

式中　R——风险程度；

R_i——单一风险因素引起的风险程度；

P_i——单一风险发生的概率；

C_i——单一风险发生的损失后果。

4．风险评估报告

风险评估分析结果必须用文字、图表的形式作为风险评估报告，进行表达说明，作为风险管理的文档。评估分析结果不仅作为风险评估的成果，而且应作为人们风险管理的基本依据。

风险评估报告中所用表的内容可以按照分析的对象进行编制，例如以项目单元（工作包）作为对象进行编制，见表 6-3。

表 6-3　风险评估报告表（一）

风险编号	风险名称	风险的影响范围	原因导致发生的边界条件	损失		可能性	损失期望	预防措施	评价等级A、B、C
				工期	费用				
	通货膨胀影响								

对以下两类风险，也可以按风险的结构进行分析研究，见表 6-4。

1）在项目目标设计和可行性研究中分析的风险。

2）对项目总体产生影响的风险，例如通货膨胀影响、产品销路不畅、法律变化、合同风险等。

表 6-4　风险评估报告表（二）

工作包号	风险名称	风险会产生的影响	原因	损失		可能性	损失期望	预防措施	评价等级A、B、C
				工期	费用				

三、风险评估方法

风险评估的方法很多，其中最简单的思路是在所有项目风险中找出最严重者，将其与评价标准相比较，高于标准则拒绝，即放弃该项目或其方案；低于标准则接受，即实施该项目或其方案。基本方法有综合评分法、层次分析法、模糊分析法、进度计划评审法、决策树及敏感性分析法等。

1. 综合评分法

综合评分法也称为主观评分法或调查打分法，是一种最常用、最简单，易于应用的风险评价方法。这种方法分三步进行：首先，识别和评价对象相关的风险因素、风险事件或发生风险的环节；其次，列出风险因素或风险事件的重要性进行评价；最后，综合整体的风险水平。

应用案例

案例概况

某公司拟对海外某国家的水电工程投标。在投标前，项目经理组织有关人员对投标风险进行评价，并采用了综合评分法，经识别建设过程可能发生的风险事件见表6-5。并请有经验的专家对每一风险进行评价赋值。根据该公司的经验，采用这种方法评价投标风险的风险标准为0.8左右。

案例解析

评价步骤如下：第一步，识别可能发生的各种风险事件。第二步，由专家们对可能出现的风险因素或风险事件的重要性进行评价，给出风险事件的权重，反映某一风险因素对投标风险的影响程度。第三步，确定每一风险事件发生的可能性，并分5个等级表示。第四步，将每一风险事件的权重与风险事件可能性的分值相乘，求出该风险事件的得分；再将每一风险事件的得分累加，得到投资风险总分，即为投标风险评价的结果。第五步，将投标风险评价结果和评价标准进行比较。

表6-5　投标风险综合评价表

可能的风险事件	权重 W	风险事件发生的可能性 C					$W \times C$
		很大（1.0）	比较大（0.8）	中等（0.6）	不大（0.4）	较小（0.2）	
政局不稳	0.05			√			0.03
物价上涨	0.15		√				0.12
业主支付能力	0.10			√			0.06
技术难度	0.20					√	0.04
工期紧迫	0.15			√			0.09
材料供应	0.15		√				0.12
汇率变化	0.10			√			0.06
无后续项目	0.10				√		0.04
$\Sigma W \times C$							0.56

显然，本投标项目的评价结果小于该标准，是可以接受的。因此，这个工程标是可以去参加投标的。

2．层次分析法

层次分析法的基本思路是：评价者将复杂的风险问题分解为若干层次和若干要素，并在同一层次各要素间简单进行比较、判断和计算，得到不同方案风险水平，为选择方案提供决策依据。层次分析法既可以用于评价工程项目投标风险、报价风险等单项风险水平，又可以用于评价工程项目不同方案等综合风险水平。

3．模糊分析法

模糊评价法是利用模糊集理论评价工程项目风险的一种方法。工程项目风险很大一部分难以用完全定量地精确数据加以描述，这种不能定量的或精确的特性就是模糊性。在工程项目风险评价中，常用“风险大”或“风险小”等词汇来描述，这种描述虽没有给出具体的风险率和可能的损失，但人们对该工程项目风险的状况有了基本的了解，并可考虑适当的风险应对措施。

4．PERT（进度计划评审法）

PERT 是一种进度计划的评审技术，它是以网络图为基础的计划模型，其基本思想是用图来表示组成待执行项目的各种活动之间的顺序关系。在 PERT 网络计划中，某些活动或全部工序的持续时间不能准确确定。这种评审技术适用于不可预知因素较多的，过去未曾做过的新项目或复杂项目，或研制新产品的工作中。如，工程项目施工过程中，根据施工的工艺要求和施工组织要求，各施工活动的逻辑关系是不允许改变的，但完成工程项目的工期是确定的，因此工程项目施工进度存在着风险，这种风险可以用 PERT 分析评价。

任务三　建筑工程项目风险响应

风险响应是指针对项目风险而采取的相应对策。常用的风险对策包括风险规避、风险减轻、风险自留、风险转移及其组合等策略。在实施中应将风险对策的决策进一步落实到具体的风险管理计划中。如制订预防计划、应急计划，又如决定购买保险时选择保险公司、确定保险范围、保险费等。

风险规避

一、风险规避

风险规避是指承包商设法远离、躲避可能发生的风险的行为和环境，从而达到避免风险发生的可能性。

1．风险规避方法

在建筑工程项目风险管理中，风险规避的具体方法有：终止法、工程法、程序法和教育法。

1）终止法是通过终止项目或项目计划的实施来避免风险的发生。

2）工程法是一种有形的风险规避的方法，以工程技术为手段，消除物质性风险的威胁。

3）程序法是无形的风险规避的方法，要求用标准化、制度化、规范化的方式从事工程项目活动，以避免可能引发的风险或不必要的损失。

4）教育法。工程项目风险管理的实践表明，项目管理人员和操作人员的行为不当是引起风险的重要因素之一，应对其加强相应的教育。

2．风险规避具体做法

（1）拒绝承担风险。

1）对某些存在致命风险的工程拒绝投标。

2）利用合同保护自己，不承担应该由业主承担的风险。

3）不接受实力差、信誉不佳的分包商和材料、设备供应商，即使是业主或者有实权的其他任何人的推荐。

4）不委托道德水平低下或其他综合素质不高的中介组织或个人。

（2）承担小风险回避大风险。这在建筑工程项目决策时要注意，放弃明显导致亏损的项目。对于风险超过自己的承受能力，成功把握不大的项目，不参与投标，不参与合资。甚至有时在工程进行时不得不采取中断项目的措施来回避更大的风险。

（3）为了避免风险而损失一定的较小利益。因为利益可以计算，但风险损失难以估计，在特定情况下，可采用此种做法。如，建筑材料市场有些材料价格波动较大，承包商与供应商提前订立购销合同并付一定数量的定金，从而避免因涨价带来的风险。

二、风险减轻

建筑工程项目风险减轻，又称为风险缓解，是通过技术、管理、组织等手段，使工程项目风险的发生概率或后果降低到可以接受的程度。也就是说风险减轻主要考虑两个方面：一是减少风险事件发生的概率；二是控制风险事件发生后可能的损失。风险缓解不是消除风险，不是避免风险，而是减轻风险。

对于不是十分明确的风险，要将其减轻，困难是非常大的，在制订缓解风险措施前，必须将风险缓解的程度具体化，即要确定风险缓解后的可接受水平，如，风险降低要达到什么目标；风险损失应控制在什么标准之内。

分散风险是风险减轻的一种有效方式，是指通过增加风险承担者，将风险各部分分配给不同的参与方，以达到减轻总体风险的目的。风险应分配给最有能力控制风险的并有最好的控制动机的一方，如果拟分担风险一方不具备这样的条件，就没必要让他们来分担，否则反而会增大风险。如，在工程项目中，为了能在投标竞争中取胜，一些承包商往往组成联合体投标来分散风险。

三、风险自留

风险自留是指有关项目参与方自己承担风险带来的损失，并做好相应的准备工作。在工程项目风险管理中，许多风险的发生概率很小，其他应对策略难以发挥效果，项目参与方不得不承担这些风险。另外，承担一定的风险才能较好地获得收益。

需要注意的是，风险自留是一种建立在风险评估基础上的财务技术，主要依靠项目参与主体自己的财力去弥补财务上的损失。因此，在对风险作出较准确的评估后，量力而行，采取适当的财务准备主动承担风险。除此之外，至少要符合以下条件之一：

1）自留费用低于保险公司所收取的费用。

2）企业的期望损失低于保险人的估计。

3）企业有较多的风险单位，且企业有能力准确地预测其损失。

4）企业的最大潜在损失或最大期望损失较小。

5）短期内企业有承受最大潜在损失或最大期望损失的经济能力。

6）风险管理目标可以承受年度损失的重大差异。

7）费用和损失支付分布于很长的时间里，因而导致很大的机会成本。

8）投资机会很好。

9）内部服务或非保险人服务优良。

如果实际情况与以上条件相反，则应放弃风险自留的决策。

四、风险转移

风险转移是指承包商在不能回避风险的情况下，将自身面临的风险转移给其他主体来承担。风险转移是进行风险管理的一个十分重要的手段，当有些风险无法回避、必须直面，而自身的能力有限时，风险转移不失为一种十分有效的选择。风险转移是通过某种方式将某风险的结果连同对风险应对的权利和责任转移给他人。这里需要注意的是，某些业主看来较大的风险可能在其他业主看来是较小的风险或者不是风险，甚至可能从中受益。工程项目风险转移分为非保险转移和保险转移两种方式。

1．非保险转移

风险转移——非保险转移

非保险转移又称为合同转移，就是通过签订合同的方式将工程险转移给非保险人的对方当事人，一般包括以下三种情况：

（1）保证担保。担保是合同的当事人为了使合同能够得到全面履行，根据法律、行政法规的规定，经双方协商一致而采取的一种具有法律效力的保护措施。我国《中华人民共和国担保法》规定的担保方式有五种：保证、抵押、质押、留置和定金。

工程担保是指担保人（一般为银行、担保公司、保险公司以及其他金融机构、商业团体或个人）应工程合同一方（申请人）的要求向另一方（债权人）作出的书面承诺。

工程保证担保包括多种形式，应用最多同时最具实效的有四种：投标保证担保；履约保证担保；付款保证担保；其他保证担保形式。在工程项目实施过程中有两种情况是经常出现的：①是在招投标过程中投标人未能按招标人的意思进行投标或是在签订合同后不履行或未能全部履行合同义务，招标人为了避免投标人上述行为带来风险，可在投标开始或施工开始前要求投标人或中标人提供担保公司或银行出具的投标担保或履约担保。②是在项目开工建设后，由于发包人的工程预付款或工程进度款不到位，给承包商带来一定风险，承包商可以要求发包人提供付款担保。

（2）工程分包。工程分包是指从事工程总承包的单位将所承包的建筑工程的一部分依法发包给具有相应资质的承包单位的行为。工程分包是工程建设过程中不可避免的承包方式。在合同履行过程中，对某些特殊的项目，作为总承包单位在该领域内的技术和经验不足，自身承担风险较大，分包给具备资质的专业分包商，从工程管理和风险管理角度来说都是不错的选择。承包商在项目中投入资源少，一旦遇到风险，便可以进退自如。

（3）合同条件。合同条件是多样的，正确的采取合同计价方式，可以达到风险转移的目的。工程施工合同中常用的有总价合同、单价合同和成本加酬金合同三种。不同的合同类型适用于不同条件的工程项目。如，在较大型复杂的工程项目中，工期长、技术复杂、设计深度不够，实施过程中发生各种不可预见因素较多，如果采用单价合同，工程总价会随着工程量的变化而变化，业主将承担较大的风险；如果采用固定总价合同，工程总价就和工程量的变化无关，该部分的风险就由业主完全转移给承包商承担。这样合同计价方式的改变就达到了风险转移的目的。

2. 保险转移

风险转移——保险转移

（1）保险的定义。保险是指投保人根据合同约定，向保险人支付保险费，保险人对于合同约定的可能发生的事故因其发生所造成的财产损失承担赔偿保险金的责任，或者当被保险人死亡、伤残、疾病或者达到合同约定的年龄、期限时承担给付保险金责任的商业保险行为。可见保险最基本的职能就是转移风险、补偿损失，而且这种风险的转移是有偿的。

工程保险是指以各种工程项目为主要承保对象的一种财产保险。它的责任范围由两部分组成，一是针对工程项目的物质损失部分，包括工程标的有形财产的损失和相关费用的损失；二是针对被保险人在施工过程中因可能产生的第三者责任而承担经济赔偿责任导致的损失。

（2）工程项目保险种类。工程项目保险种类较多，常按下列两种办法分类：

1）按保障范围分类：建筑工程一切险、安装工程一切险、人身保险、保证保险、职业责任保险。

2）按实施形式分类：自愿保险（在自愿的原则上，投保人与保险人订立保险合同，构成保险关系）、强制保险（也称法定保险，是国家保险法令的效力作用下构成的被保险人与保险人的权利和义务关系）。

（3）建筑工程一切险。建筑工程一切险是对工程项目提供全面保险的险种。它的承保范围包括，公路、桥梁、电站、港口、宾馆、住宅等工业建筑、民用建筑的土木建筑工程项目。即对施工期间的工程本身、施工机械、建筑设备所遭受的损失，以及因施工给第三者造成的人身、财产伤害承担赔偿责任（建筑工程一切险的附加险、第三者责任险）。

建筑工程保险的被保险人大致包括以下几个方面：

1）工程所有人，即建筑工程的最后所有者。

2）工程承包人，即负责建筑工程项目施工的单位，它又可以分为总承包商和分包商。

3）技术顾问，即由工程所有人聘请的建筑师、设计师、工程师和其他专业技术顾问等。

4）其他关系方，如贷款银行或其他债权人。当存在多个被保险人时，一般由一方出面投保支付保费。

建筑工程一切险的保险期包括从开工到完工的全过程，由投保人根据需要确定。保险责任开始的标志为：工程破土动工之日或被保险项目运到工地时。终止的标志为：保单规定的终止日期；工程完毕移交给工程所有人时；工程所有人开始使用时；三者以发生时间在先的为准。

建筑工程一切险的保险率视工程风险程度而定，一般为合同总价的 0.2% ～ 0.6%。

（4）安装工程一切险。安装工程一切险是指以各种大型机器、设备的安装工程项目为保险标的的工程保险，保险人承保安装期间因自然灾害或意外事故造成的物质损失及有关法律赔偿责任。

安装工程保险的适用范围亦包括安装工程项目的所有人、承包人、分承包人、供货人、制造商等，即上述各方均可成为安装工程保险的投保人，但实际情形往往是一方投保，其他各方可以通过交叉责任条款获得相应的保险保障。

安装工程一切险适用于以安装工程为主体的工程项目。土建部分不足总价 20% 的，按安装工程一切险投保；超过 50% 的，按建筑工程一切险投保；在 20% ～ 50% 之间的，按附带安装工程险的建筑工程一切险投保，亦附第三者责任险。

五、风险管理计划

1. 风险管理计划内容

项目风险对策应形成以项目风险管理计划为代表的书面文件。风险管理计划的编制应该确保在相关的运行活动开展以前实施，并且与各种项目策划工作同步进行。它的内容包括：

1）风险管理目标。

2）风险管理范围。

3）可使用的风险管理方法、工具以及数据来源。

4）风险分类和风险排序要求。

5）风险管理的职责和权限。

6）风险跟踪的要求。

7）相应的资源预算。

2. 风险管理计划划分

风险管理计划可分为专项计划、综合计划和专项措施等。专项计划是指专门针对某一项风险制订的风险管理计划；综合计划是指项目中所有不可接受风险的整体管理计划；专项措施是指将某种风险管理措施纳入其他项目管理文件中，如新技术的应用中风险管理措施可编入项目设计或施工方案，与施工措施融为一体。

从操作上讲，项目风险管理计划是否需要形成专门的单独文件，应根据风险评估的结果进行确定。一般，A类风险可单独编制风险管理计划，B类和C类可放在施工文件有关专项措施里，D类可接受不必编制。

任务四　建筑工程项目风险控制

建筑工程项目风险控制是指在建筑工程进展过程中应收集和分析与风险相关的各种信息，预测可能发生的风险，对其进行监控并提出预警。风险控制的前提是制订并正确地实施风险管理计划。通常情况下对风险的控制，一是建立完善的项目风险预警系统，尽早发出预警信号；二是时刻监控风险的发展与变化情况。

一、风险预警

建筑工程项目实施过程中会遇到各种风险，要做好风险管理就要建立完善的项目风险预警系统，通过跟踪项目风险因素的变动趋势，测评风险所处状态，尽早地发出预警信号，为决策者控制风险争取更多的时间，尽早采取有效措施防范和化解项目风险。

捕捉项目风险前奏信号，可通过以下几个途径：

1）天气预测警报。

2）股票信息。

3）各种市场行情、价格动态。

4）政治形势和外交动态。

5）各投资者和企业的状况报告。

6）对工期和进度的跟踪、成本的跟踪分析、合同监督、各种质量监控报告、现场情况报告等手段，了解工程风险。

7）在工程的实施状况报告中应包括风险状况报告。

二、风险监控

风险监控的过程是一个不断认识项目风险特征、不断出现新的风险并不断修订风险管理计划和行为的过程。

1. 风险监控的内容

1）评估风险控制行动产生的效果。

2）及时发现和度量新的风险因素。

3）跟踪、评估残余风险的变化和程度。

4）监控潜在风险的发展及项目风险发生的征兆。

5）提供启动风险应变计划的时机和依据。

2. 风险监控的方法

（1）风险审计。专人检查监控机制是否得到执行，并定期作风险审核。例如在大的阶段点重新识别风险并进行分析，对没有预计到的风险制订新的应对计划。

（2）偏差分析。与基准计划比较，分析成本和时间上的偏差。例如，未能按期完工、超出预算等都是潜在的问题。

（3）技术指标。比较原定技术指标和实际技术指标差异。例如，测试未能达到性能要求，缺陷数大大超过预期等。

三、风险应急计划

建筑工程项目实施过程中必然会遇到大量未曾预料到的风险因素，或风险因素的后果比预料的更严重，事先编制的计划不能奏效，所以，必须重新研究应对措施，即编制附加的风险应急计划。项目风险应急计划应当清楚地说明当发生风险事件时要采取的措施，以便可以快速有效地对这些事件做出响应。当然，为了使应急计划得以顺利实施一定要准备一笔应急费用。

1. 风险应急计划的编制程序

1）成立预案编制小组。

2）制订编制计划。

3）现场调查，收集资料。

4）识别和评价环境因素或危险源。

5）评估控制目标、能力及资源。

6）编制应急预案文件。

7）应急预案评估。

8）发布应急预案。

2．风险应急计划内容

1）应急预案的目标。

2）参考文献。

3）适用范围。

4）组织情况说明。

5）风险定义及其控制目标。

6）组织职能（职责）。

7）应急工作流程及其控制。

8）培训。

9）演练计划。

10）演练总结报告。

情境小结

本情境依据《建设工程项目管理规范》，结合建筑行业发展的需求，从项目风险管理的概念入手，在了解风险管理基本性质的基础上，着重介绍了工程项目风险的识别、评估、响应及监控等管理过程。

就工程项目而言，收集、整理相关信息，确定风险范围，罗列、识别风险因素；对项目存在的风险因素进行量化分析，作出相应的风险评估；制定风险应对策略，依据具体情况及时实施更新相应措施，编制风险管理计划。在施工进展过程预测可能发生的风险，建立风险预警系统，监控风险发展与变化情况。

在整个学习过程中，扎实理论知识，通过思考、分析工程项目中的风险问题，加强风险意识，提高分析能力和逻辑思维能力。

习　题

一、单项选择题

1．对建设工程项目管理而言，风险是指可能出现的影响项目（　　）的不确定因素。

A．团队建设　　B．风险控制　　C．目标实现　　D．组织协调

2．不要把所有的鸡蛋放在一个篮子里，反映了工程风险管理的（　　）。

A．集合理论　　B．客观概率理论

C．主观概率理论　　D．组合理论

3. 风险识别是要确定在工程项目实施中（　　），这些风险可能会对工程项目产生什么影响，并将这些风险及其特性归档。

A. 存在哪些风险　　B. 这些风险大小排序

C. 如何应对风险　　D. 风险发生的概率

4. 下列关于风险管理工作流程排序，正确的是（　　）。

A. 风险评估——风险识别——风险响应——风险控制

B. 风险识别——风险评估——风险响应——风险控制

C. 风险识别——风险评估——风险控制——风险响应

D. 风险评估——风险识别——风险控制——风险响应

5. 终止法、工程法、程序法和教育法是（　　）风险的具体方法。

A. 规避　　B. 转移

C. 缓解　　D. 自留和利用

6. 对大型工程，为了在投标竞争中取胜，一些承包商往往组成联合体投标，以发挥各自的优势，增加竞争实力。该方法是（　　）策略。

A. 规避风险　　B. 转移风险

C. 自留和利用风险　　D. 分散风险

7. 评价者将复杂的风险问题分解为若干层次和若干要素，并在同一层次的各要素之间简单地进行比较、判断和计算，得到不同方案风险的水平，从而为方案的选择提供决策依据，这种方法是风险评价的（　　）。

A. 综合评价法　　B. 层次分析法

C. 模糊评价法　　D. 评审技术法

8. 在水源保护区内，建设某些特殊的工程项目，可能给该地区的水源造成污染，因此，在进行城市规划时，就不允许建设可能造成水源污染的项目。该方法是风险应对的（　　）策略。

A. 分散风险　　B. 转移风险　　C. 利用风险　　D. 风险规避

9. 在事件风险量的区域划分中，风险事件一旦发生，会造成重大损失，但发生的概率却极小的区域是（　　）。

A. 风险区 A　　B. 风险区 B

C. 风险区 C　　D. 风险区 D

10. 某施工企业与某建设单位以固定总价合同形式签订了某钢筋混凝土排架结构单层厂房的施工合同，材料价格上涨导致成本增加的风险，属于（　　）风险。

A. 组织　　B. 工程环境

C. 经济与管理　　D. 技术风险

11. 背景同上题，如果估计价格上涨的风险发生可能性很大，且风险发生造成的损失属于中度损失，则此种风险的等级应评为（　　）。

A. 2　　B. 3　　C. 4　　D. 5

12. 若某事件经过风险评估，位于事件风险两区域图中的风险区A，则应（　　）。

A. 采取措施，降低其损失量，使它移位至风险区C

B. 采取措施，降低其发生概率，使它移位至风险区D

C. 采取措施，降低其损失量，使它移位至风险区B

D. 采取措施，降低其发生概率，使它移位至风险区C

13. 灵活巧妙运用合同条件、合同语言应对风险，不需成本，但受国家法律和标准化合同文本限制，存在一定的盲目性，可能会支付较高费用是风险（　　）策略。

A. 规避　　B. 转移

C. 缓解　　D. 自留和利用

14. 属于风险评估工作的是（　　）。

A. 分析存在哪些风险因素　　B. 进行投保或担保

C. 对识别出的风险进行监控　　D. 分析各种风险的损失量

15. 某市政公司将某桥梁工程进行招标，甲建筑公司中标承包建造，乙设计院为该工程的监理公司，甲建筑公司为该工程投保了建筑工程一切险，为此正确的说法为（　　）。

A. 市政公司、甲建筑公司、乙设计院都是这桥梁建筑工程一切险的被保险人

B. 市政公司、甲建筑公司是建筑工程一切险的被保险人，乙设计院不是

C. 甲建筑公司是建筑工程一切险的被保险人，市政公司、乙设计院都不是

D. 市政公司是建筑工程一切险的被保险人，其他单位不是

二、多项选择题

1. 风险识别的依据包括（　　）。

A. 风险管理计划　　B. 项目计划　　C. 风险种类

D. 风险管理政策　　E. 历史信息

2. 工程项目风险管理的目标（　　）。

A. 使项目获得成功　　B. 为项目实施创造安全的环境

C. 降低成本，保证质量　　D. 保证项目处于自由状态

E. 使效益稳定，树立信誉，应付变故

3. 工程项目风险管理的范围（　　）。

A. 确定和评估风险，识别潜在损失因素及估算大小

B. 制订风险的财务对策

C. 采取预防措施；制订保护措施，提出保护方案

D. 落实施工组织设计的组织措施

E. 管理索赔及有关风险管理的预算

4. 工程项目风险管理的重点要素为（　　）。

A. 风险管理的重要时间节点

B. 可行性研究阶段

C. 产生重大变更时

D. 创新项目或技术上、组织上的新事物

5. 建筑工程一切险的被保险人一般包括（　　）。

A. 业主或项目管理机构、总承包商、分包商

B. 为业主或项目管理机构聘用的监理工程师

C. 贷款银行或投资人

D. 建设行政主管部门

E. 项目利益相关的所有单位

6. 风险识别过程包括（　　）。

A. 收集资料　　B. 分析不确定性

C. 识别风险事件，编制风险识别报告　　D. 风险转移

E. 风险的监控

7. 定量风险分析的成果包括（　　）。

A. 已量化的风险优先清单　　B. 项目的概率分析

C. 实现费用和时间目标的概率　　D. 定量风险分析结果中的趋势

E. 风险应对计划

8. 纯风险具有的特点有（　　）。

A. 只会造成损失而不会带来额外收益

B. 可能造成损失，也可能创造额外收益

C. 一般可重复出现，人们更能成功地预测其发生的概率

D. 重复出现的概率小，预测的准确性相对较差

E. 相对容易采取防范措施

9. 风险的基本性质有（　　）。

A. 不确定性　　B. 可变性　　C. 有利性

D. 必然性　　E. 相对性

10. 工程承包单位在进行风险管理时，为了降低风险与风险回避可以采用多种风险管理方法和措施。然而，无论采用何种风险管理方法，都应当符合的要求有（　　）。

A. 公众利益　　B. 人身安全　　C. 环境保护

D. 盈利水平　　E. 相关法规

三、思考题

1. 什么是风险？风险管理与信息管理的关系是什么？

2. 在风险评估中，风险是如何度量的？

3. 什么是工程保险，它主要的种类有哪些？

4. 工程项目的担保方式有哪些？

5. 风险自留和风险转移有什么区别？

四、实训题

目的：熟悉掌握风险评价方法中的综合评估法，提高分析判断能力。

资料：某建筑职业技术学院拟进行校址迁建，学院组织专家及相关人员对该项目整体风险水平进行评价，并采用了综合评分法，经识别建设过程可能发生的风险事件有费用、工期、质量、组织、技术五方面，请有经验的专家对每一建设过程的风险赋分值，并假设每一风险的分值为0～9级（0表示无风险，9表示最大风险），设定采用该方法评价的工程项目整体风险的标准为0.6。

各风险所赋分值

建设过程	风险类别					
	费用风险	工期风险	质量风险	组织风险	技术风险	合　计
可行性研究	5	6	3	8	7	
工程设计	4	5	7	2	8	
工程招标	6	3	2	3	8	
工程施工	9	7	5	2	2	
工程试运行	2	2	3	1	4	
合　计						

要求：

1. 求各类风险的评价值。

2. 求各建设过程的评价值。

3. 求风险的总分值及本项目的最大风险之和。

4. 具体说明该迁建项目是否可以实施。

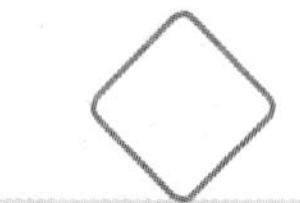

情境七 建筑工程项目合同管理

学习目标

1. 了解：民法典合同编及其相关法律的基本理论，建筑工程项目合同管理组织的设置。

2. 熟悉：建筑工程项目合同的特点及作用，建筑工程项目合同变更管理的基本要求。

3. 掌握：建筑工程项目合同实施管理的方法；能够进行合同分析，并以合同分析的成果为基准，对整个合同实施过程进行全面监督、检查、对比和纠正。使合同能符合日常工程管理的需要。掌握索赔管理工作的基本思路、能够在索赔工作中提取索赔的依据与证据。

引例

背景资料：

某工程项目业主与某施工单位签订了施工承包合同，并与某监理单位签订了委托监理合同。合同签订后，三方均根据需要建立了相应的组织机构。在工程实施过程中遇到了以下的一些情况，对于这些问题应当如何对待与处理。

问题：

1. 在施工合同专用条款中约定的开工日之前4天，施工单位派人口头通知监理工程师，以施工机械因故未能到场为由要求申请延期开工。监理工程师以其口头通知无效为由不予理睬。试问承包方与监理方的做法是否恰当，工期是否应予以延长？

2. 在投标期间承包方未在标书中提出分包要求。中标后，在合同约定开工日之前10天承包方以地质条件复杂为由，书面申请将基础工程施工分包给某专业基础工程施工公司，并提交了分包商资质材料，此外，还以工期紧张为理由，书面要求将主体工程的一部分分包给某个一级工程承包公司。试问对此问题应如何处理？有关法规对分包有何主要的规定？

3. 如果在招标阶段，业主在招标文件中指定要求将基础工程分包给业主推荐的某基础承包企业。施工单位中标后，与业主推荐的基础承包企业签订了分包合同。在施工中，由于分包单位的失误，质量不符合要求，因返工而延误了工期并造成一定的损失，总承包单位以分包单位是业主方指定的为由，为此总包不承担责任，而应由业主方承担责任。试问，承包单位的做法是否正确?

4. 如果在基础施工前，业主未能按期提供相应的图纸，使施工延误了一周。承包方为此提出了延长工期一周及补偿相应经济损失的要求，监理工程师对此是否应予以同意?

任务一 建筑工程项目合同管理概述

一、建筑工程项目合同的概念

1. 合同

合同又称契约，是指具有平等民事主体资格的当事人（包括自然人和法人），为了达到一定目的，经过自愿、平等协商一致设立、变更或终止民事权利义务关系而达成的协议。从合同的定义来看，合同具有下列法律上的特征：

（1）合同是一种法律行为。合同的订立必须是合同双方当事人意思的表示，只有双方的意思表示一致时，合同方能成立。任何一方不履行或者不完全履行合同，都要承担经济上或者法律上的责任。

（2）双方当事人在合同中具有平等的地位。双方当事人应当以平等的民事主体地位来协商制订合同，任何一方不得把自己的意志强加于另一方，任何单位机构不得非法干预，这是当事人自由表达意志的前提，也是合同双方权利、义务相互对等的基础。

（3）合同关系是一种法律关系。这种法律关系不是一般的道德关系，合同制度是一项重要的民事法律制度，它具有强制的性质，不履行合同要受到国家法律的制裁。

综上所述，合同是双方当事人依照法律的规定而达成的协议。合同一旦成立，即具有法律约束力，在合同双方当事人之间产生权利和义务的法律关系，也正是通过这种权利和义务的约束，促使签订合同的双方当事人认真全面地履行合同。

2. 建筑工程项目合同

建筑工程项目合同是指项目业主与承包商为完成建筑工程项目建设任务而明确双方权利义务的协议，合同订立生效后双方应当严格履行。建筑工程项目合同也是一种双务、有偿合同，当事人双方在合同中都有各自的权利和义务，在享有权利的同时必须履行义务。

3. 建筑工程项目合同管理

建筑工程项目合同管理，是指对建筑工程项目建设有关的各类合同，从合同条件的拟订、协商、订立、履行和合同纠纷处理情况的检查和分析等环节的科学管理工作，以期通过合同管理实现建筑工程项目的目标，维护合同当事人双方的合法权益。建筑工程项目合同管理是随着建筑工程项目的建设过程而推进实施的，是一个全过程的动态管理。

二、建筑工程项目合同的特点

建筑工程项目合同除了具有一般合同所具有的特征以外，自身尚有如下的特点：

（1）严格的法规性。基本建设是国民经济的重要组成部分，在工程项目合同的签订和履行过程中要符合国家有关法规的要求，严格遵守国家的法律法规。

（2）工程项目的特殊性。建筑工程项目合同标的物是建筑工程项目。建筑工程具有固定性的特点，由此决定了生产的流动性；建筑工程项目大都结构复杂，建筑产品形体庞大，消耗资源多，投资大；建筑产品具有单件性，同时受自然条件的影响大，不确定因素多。这决定了建筑工程项目合同标的物有别于其他经济合同的标的物。

（3）合同主体的特殊性。对于建筑工程项目合同的承包方，除了特殊工程外，都要通过招标投标择优选择承包方，由承包方和发包方签订合同，共同合作完成工程项目的建设任务。

（4）国家严格的监督。在合同执行过程中，要接受国家有关部门的监督，国家行业主管部门应直接参加竣工验收检查。

三、建筑工程项目合同的作用

合同作为建筑工程项目运作的基础和工具，在工程项目的实施过程中具有重要作用。合同管理不仅对承包商，而且对业主以及其他相关方都是十分重要的。

1）合同分配着工程任务，项目目标和计划的落实是通过合同来实现的。它详细地、具体地描述着工程任务相关的各种问题。例如：

①责任人，即由谁来完成任务并对最终成果负责。

②工程任务的规模、范围、质量、工作量及各种功能要求。

③工期，即时间的要求。

④价格，包括工程总价格，各分项工程的单价和合价及付款方式等。

⑤完不成合同任务的责任等。

2）合同确定了项目的组织关系。它规定着项目参加者各方面的经济责权利关系和工作的分配情况，确定工程项目的各种管理职能和程序，所以它直接影响着项目组织和管理系统的形态和运作。

3）合同作为工程项目任务委托和承接的法律依据，是工程建设过程中双方的最高行为准则。工程实施过程中的一切活动都是为了履行合同，都必须按合同办事，双方的行为主要靠合同来约束。所以合同是工程项目各参加者之间经济关系的调节手段。

4）合同将工程所涉及的生产、材料和设备供应，运输，各专业设计和施工的分工协作关系联系起来，协调并统一工程各参加者的行为。所以合同和它的法律约束力是工程施工和管理的要求和保证，同时它又是强有力的项目控制手段。

5）合同是工程建设过程中双方争执解决的依据。合同对争执的解决有两个决定性作用：

① 争执的判定以合同作为法律依据，即以合同条文判定争执的性质，谁对争执负责，应负什么样的责任等。

② 争执的解决方法和解决程序由合同规定。

四、建筑工程项目合同管理的重要性及要求

建筑工程项目合同管理是指对合同的签订、履行、变更和解除进行监督检查，对合同履行过程中发生的争议或纠纷进行处理，以确保合同依法订立和全面履行。建筑工程项目合同管理贯穿于合同签订、履行直至归档的全过程。

1. 建筑工程项目合同管理的重要性

建筑工程项目合同管理的目标是通过合同的签订、合同实施控制等工作，全面完成合同责任，保证建筑工程项目目标和企业目标的实现。在现代建筑工程项目管理中合同管理具有十分重要的地位，已成为与进度管理、质量管理、成本管理、安全管理、信息管理等并列的一大管理职能。这主要是由于以下几方面的原因：

1）在现代工程项目中合同已越来越复杂。具体表现在：

① 在工程中相关的合同有几十份、几百份，甚至几千份，它们之间有着复杂的关系。

② 合同，特别是承包合同的构成文件比较多，包括合同条件、协议书、投标书、图纸、规范、工程量表等。

③ 合同条款越来越复杂。

④ 合同生命期长，实施过程复杂，受外部影响的因素比较多。

⑤ 合同过程中争执多，索赔多。

2）由于合同将工期、成本、质量目标统一起来，划分各方面的责任和权利，所以在项目管理中合同管理居于核心地位。没有合同管理，则项目管理目标不明，形不成系统。

3）严格的合同管理是国际工程管理惯例。主要体现在：符合国际惯例的招标投标制度，建设工程监理制度、国际通用的 FIDIC 合同条件等，这些都与合同管理有关。

2. 建筑工程项目合同管理的要求

1）任何工程项目都有一个完整的合同体系。承包商的合同管理工作应包括对与发包人签订的承包合同，以及对为完成承包合同所签订的分包合同、材料和设备采购合同、劳务供应合同、加工合同等的管理。

2）合同管理是建筑工程项目管理的核心，是综合性的、全面的、高层次的、高度准确、严密、精细的管理工作。合同管理程序应贯穿于建筑工程项目管理的全过程，与范围管理、工程招标投标、质量管理、进度管理、成本管理、信息管理、沟通管理、风险管理紧密相连。

3）在投标报价、合同谈判、合同控制和处理索赔问题时，合同管理要处理好与业主、承包商、分包商以及其他相关各方的经济关系，应服从项目的实施战略和企业的经营战略。

五、建筑工程合同管理组织

建筑工程合同管理组织

合同管理任务必须由一定的组织机构和人员来完成。要提高合同管理水平，必须使合同管理工作实现专门化和专业化，业主和承包商应设立专门机构或人员负责合同管理工作。对不同的组织和工程项目组织形式，合同管理组织的形式不一样，通常有如下几种情况：

1）工程承包企业或相关的组织设置合同管理部门，专门负责企业所有工程合同的总体的管理工作。

2）对于大型的工程项目，设立项目的合同管理小组，专门负责与该项目有关的合同管理工作。

3）对于一般的项目，较小的工程，可设合同管理员。他在项目经理领导下进行施工现场的合同管理工作。

4）面对处于分包地位，且承担的工作量不大，工程不复杂的承包商，工地上可不设专门的合同管理人员，而将合同管理任务分解下达给各职能人员，由项目经理作总体协调。

六、建筑工程项目合同管理工作过程

建筑工程项目合同管理的目标是通过合同的策划与评审、签订、合同实施控制等工作，全面完成合同责任，保证建筑工程项目目标和企业目标的实现。合同管理过程主要包括：

1．合同策划和合同评审

在工程项目的招标投标阶段的初期，业主的主要工作是合同策划；而承包商的主要合同管理工作是合同评审。

（1）合同策划。在项目批准立项后，业主的合同管理工作主要是合同策划，其目的就是通过合同运作项目，保证项目目标的实现，主要内容有：工程项目的合同体系策划、合同种类的选择、招标方式的选择、合同条件的选择、合同风险策划、重要的合同条款的确定等。

（2）合同评审。对承包商来说合同评审的目的主要是确定合同是否符合国家法律法规的规定，双方对合同规定的内容理解是否一致，确认自己在技术、质量、价格等方面的履约能力是否满足顾客的要求并对合同的合法性以及完备性等相关内容进行确认。

2．合同签订

合同一旦签订就意味着双方权利和义务关系在法律上得到的认定。在合同签订时可根据需要对合同条款进行二次审查，尤其是对于《专有条款》中的内容更要引起注意。

3. 合同实施计划

合同签订后，承包商就必须对合同履行作出具体安排，制订合同实施计划。其突出内容有：合同实施的总体策略、合同实施总体安排、工程分包策划、合同实施保证体系。

4. 合同实施控制

在项目实施过程中通过合同控制确保承包商的工作满足合同要求，包括对各种合同的执行进行监督、跟踪、诊断、工程的变更管理和索赔管理等。

5. 合同后评价

项目结束阶段后对采购和合同管理工作进行总结和评价，以提高以后新项目的采购和合同管理水平。

任务二 建筑工程项目合同实施管理

一、合同交底工作

在合同实施前，必须对项目管理人员和各工程小组负责人进行“合同交底”，把合同责任具体地落实到各责任人和合同实施的具体工作上。合同交底的主要内容有：

1）合同的主要内容。主要介绍：承包商的主要合同责任、工程范围和权利；业主的主要责任和权利；合同价格、计价方法、补偿条件；工期要求和补偿条件；工程中的一些问题的处理方法和过程，如工程变更、付款程序、工程的验收方法、工程的质量控制程序等；争执的解决；双方的违约责任等。

2）在投标和合同签订过程中的情况。

3）合同履行时应注意的问题、可能的风险和建议等。

4）合同要求与相关方期望、法律规定、社会责任等的相关注意事项。

合同实施监督

二、合同实施监督

承包商合同实施监督的目的是保证按照合同完成自己的合同责任。其主要的工作有：

（1）合同管理人员与项目的其他职能人员一起落实合同实施计划，为各工程小组、分包商的工作提供必要的保证。如施工现场的安排、人工、材料、机械等计划的落实，工序间搭接关系的安排和其他一些必要的准备工作。

（2）在合同范围内协调业主、工程师、项目管理各职能人员、所属的各工程小组和分包商之间的工作关系，解决合同实施中出现的问题，如合同责任界面之间的争执，工程活动在时间上和空间上的不协调等。

合同责任界面争执在工程实施中很常见的，承包商与业主、与项目的其他承包商、与材料和设备供应商、与分包商，以及承包商的分包商之间，工程小组与分包商之间常常互相推卸合同中未明确划定的工程活动的责任。这会引起内部和外部的争执，对此合同管理人员必须做判定和调解工作。

（3）对各工程小组和分包商进行工作指导，作经常性的合同解释，使各工程小组都有全局观念。对工程中发现的问题提出意见、建议或警告。

（4）会同项目管理的有关职能人员检查、监督各工程小组和分包商的合同实施情况，保证自己全面履行合同责任。在工程施工过程中，承包商有责任自我监督，发现问题，及时自我改正缺陷，其工作内容如下：

1）审查、监督完全按照合同所确定的工程范围施工，不漏项，也不多余。无论对单价合同，还是总价合同，没有工程师的指令，漏项和超过合同范围完成工作，都得不到相应的付款。

2）承包商及时开工，并以应有的进度施工，保证工程进度符合合同和工程师批准的详细的进度计划的要求。通常，承包商不仅对竣工时间承担责任，而且应该及时开工，以正常的进度开展工作。

3）按合同要求，采购材料和设备。承包商的工程如果超过合同规定的质量要求是白费的，只能得到合同所规定的付款。承包商对工程质量的义务，不仅要按照合同要求使用材料、设备和工艺，而且要保证它们适合业主所要求的工程使用目的。

承包商应会同业主及工程师等对工程所用材料和设备开箱检查或作验收，看是否符合图纸和技术规范等的质量要求。进行隐蔽工程和已完工程的检查验收，负责验收文件的起草和验收的组织工作。承包商有责任采用可靠、技术性良好、符合专业要求、安全稳定的方法完成工程施工。

4）在按照合同规定由工程师检查前，应首先自我检查核对，对未完成的工程，或有缺陷的工程限期采取补救措施。

5）承包商对业主提供的设计文件、材料、设备、指令进行监督和检查。

① 承包商对业主提供的设计文件（图纸、规范）的准确性和充分性不承担责任，但如果业主提供的规范和图纸中有明显的错误，或不可用的，承包商有告知的义务，应作出事前警告。只有当这些错误是专业性的，不易发现的，或时间太紧，承包商没有机会提出警告，或曾经提出过警告，业主没有理睬，承包商才能免责。

② 对于因业主的变更指令而作出的调整工程实施措施，如可能引起工程成本、进度、使用功能等方面的问题和缺陷，承包商同样有预警责任。

③ 应监督业主按照合同规定的时间、数量、质量要求及时提供材料和设备。如果业主不按时提供，承包商有责任事先提出需求通知。如果业主提供的材料和设备质量、数量存在

问题，应及时向业主提出申诉。

（5）会同造价工程师对向业主提出的工程款账单和分包商提交来的收款账单进行审查和确认。

（6）合同管理工作一经进入施工现场后，合同的任何变更，都应由合同管理人员负责提出。对向分包商的任何指令，向业主的任何文字答复、请示，都须经合同管理人员审查并记录在案。承包商与业主、与总（分）包商的任何争议的协商和解决都必须有合同管理人员的参与，并对解决结果进行合同和法律方面的审查、分析和评价。这样不仅能保证工程施工一直处于严格的合同控制中。而且使承包商的各项工作更有预见性，能够及早地预计行为的法律后果。

由于工程实施中的许多文件（如业主和工程师的指令、会谈纪要、备忘录、修正案、附加协议等）也应完备，没有缺陷、错误、矛盾和二义性，它们也应接受合同审查。在实际工程中这方面问题也特别多。

（7）承包商对环境的监控责任。对施工现场遇到的异常情况必须作出记录，如在施工中发现影响施工的地下障碍物，如发现古墓、古建筑遗址、钱币等文物及化石或其他有考古、地质研究等价值的物品时，承包商应立即保护好现场并及时以书面形式通知工程师。

承包商对后期可能出现的影响工程施工，造成合同价格上升，工期延长的环境情况进行预警，并及时通知业主。业主应及时对此进行评估，并将决定反馈给承包商。

合同跟踪

三、合同跟踪

1．合同跟踪的作用

在工程实施过程中，由于实际情况千变万化，导致合同实施条件与计划内容相偏离。如果不采取措施，这种偏差常常由小到大、逐渐积累。合同跟踪可以不断地找出偏离，不断地调整合同实施，使之与总目标一致。这是合同控制的主要手段。合同跟踪的作用有：

1）通过合同实施情况分析，找出偏离，以便及时采取措施，调整合同实施过程，达到合同总目标，所以合同跟踪是调整决策的前导工作。

2）在整个工程过程中，能使项目管理人员清楚地了解合同实施情况，对合同实施现状、趋向和结果有一个清醒的认识，这是非常重要的。有些管理混乱、管理水平低的工程常常只有到工程结束时才能发现实际损失，可这时已无法挽回。

特别提示

我国某承包公司在国外承包一项工程，合同签订时预计该工程能盈利30万美元：开工时，发现合同有些条款不利，估计能持平，即可以不盈不亏。待工程进行了几个月，发现合同极为不利，预计要亏损几十万美元；待工期达到一半，再作详细核算，才发现合同非常不利，是个陷阱，预计到工程结束，至少亏损1000万美元以上。到这时才采取措施，损失已非常惨重。在这个工程中如果能及早对合同进行分析、跟踪、对比，发现问题并及早采取措施，则可以把握主动权，避免或减少损失。

2. 合同跟踪的依据

1）合同和合同分析的结果，如各种计划、方案、合同变更文件等，它们是比较的基础，是合同实施的目标和依据。

2）各种实际的工程文件，如原始记录、各种工程报表、报告、验收结果等。

3）工程管理人员每天对现场情况的直观了解，如通过施工现场的巡视、谈话、召集小组会议、检查工程质量等。这是最直观的感性认识，通常可以比通过报表、报告更快地发现问题，更能透彻地了解问题，有助于迅速采取措施减少损失。

这就要求合同管理人员在工程过程中一直立足于现场，对合同可能的风险应及时予以监控。

3. 合同跟踪的对象

合同跟踪的对象，通常有如下几个层次：

1）对具体的合同实施工作进行跟踪，对照合同实施工作表的具体内容，分析该工作的实际完成情况。具体如下：

① 工作质量是否符合合同要求，如工作的精度、材料质量是否符合合同要求，工作过程中有无其他问题。

② 工程范围是否符合要求，有无合同规定以外的工作。

③ 是否在预定期限内完成工作，工期有无延长，延长的原因是什么。

④ 成本与计划相比有无增加或减少。

经过上面的分析可以得到偏离的原因和责任，同时从这里可以发现索赔机会。

2）对工程小组或分包商的工程和工作进行跟踪。一个工程小组或分包商可能承担许多专业相同、工艺相近的工程内容，所以必须对它们实施的情况进行检查分析。在实际工程中常常因为某一工程小组或分包商的工作质量不高或进度拖延而影响整个工程施工，合同管理人员在这方面应给他们提供帮助。例如协调他们之间的工作；对工程缺陷提出意见、建议或警告；责成他们在一定时间内提高质量、加快工程进度等。

作为分包合同的发包商，总承包商必须对分包合同的实施进行有效的控制，这是总承包商合同管理的重要任务之一。

3）对业主和工程师的工作进行跟踪。业主和工程师是承包商的主要合同伙伴，对他们的工作进行监督和跟踪是十分重要的。

4）对工程总体进行跟踪。对工程总体的实施状况进行跟踪，把握工程整体实施情况。

四、合同实施诊断

合同诊断和调整措施

在合同跟踪的基础上可以进行合同诊断。合同诊断是对合同执行情况的评价、判断和趋向分析、预测。它包括如下内容：

（1）合同实施差异的原因分析。通过对不同监督和跟踪对象的计划和实际的对比分析，不仅可以得到差异，而且可以探索引起这个差异的原因。原因分析可以采用鱼刺图，因果关系分析图（表），成本量差、价差分析等方法定性地或定量地进行。

例如，引起计划和实际成本偏离的原因可能有：

1）整个工程加速或延缓。

2）工程施工次序被打乱。

3）工程费用支出增加，如材料费、人工费上升。

4）增加新的附加工程，以及工程量增加。

5）工作效率低下，资源消耗增加等。

进一步分析，还可以发现更具体的原因，如引起工作效率低下的原因可能有：

1）内部干扰：施工组织不周全，夜间加班或人员调遣频繁；机械效率低，操作人员不熟悉新技术，违反操作规程，缺少培训；经济责任不落实，工人劳动积极性不高等。

2）外部干扰：图纸出错；设计修改频繁；气候条件差；场地狭窄，现场混乱，施工条件，如水，电、道路等受到影响。

在分析引起计划和实际成本偏离的原因的基础上，进一步可以分析出各个原因的影响量大小。

（2）合同差异责任分析。分析引起这些差异的原因，由谁引起，该由谁承担责任（这常常是索赔的理由）。一般只要原因分析详细，有根有据，则责任分析自然清楚。责任分析必须以合同为依据，按合同规定落实双方的责任。

（3）合同实施趋向预测。分别考虑不采取调控措施和采取调控措施，以及采取不同的调控措施情况下，合同的最终执行结果。承包商有义务对工程可能的风险、问题和缺陷提出预警。

1）最终的工程状况，包括总工期的延误。总成本的超支，质量标准，所能达到的生产能力（或功能要求）等。

2）承包商将承担什么样的后果，如被罚款、被清算，甚至被起诉，对承包商资质信誉、企业形象、经营战略的影响等。

3）最终的工程经济效益水平。

综合上述各方面，即可以对合同执行情况作出综合评价和判断。合同诊断最好由合同管理人员组织，有关专业人员参加。在合同实施的各关键过程中予以运作，项目经理应直接领导这种工作，并尽快采取需要的改进措施。

五、调整措施的选择

广义地说，对合同实施过程中出现的问题可采取如下四类措施进行处理：

1）技术措施，如变更技术方案，采用新的、更高效率的施工方案。

2）组织和管理措施，如增加人员投入、重新进行计划或调整计划、派遣得力的管理人员、暂时停工、按照合同指令加速。在施工中经常修订进度计划对承包商来说是有利的。

3）经济措施，如改变投资计划、增加投入、对工作人员进行经济奖励等。

4）合同措施，例如按照合同进行惩罚、进行合同变更、签订新的附加协议、备忘录、进行索赔等。这一措施是承包商的首选措施，该措施主要由承包商的合同管理机构来实施。

任务三　建筑工程项目合同变更与索赔管理

一、建筑工程项目合同变更管理

1．合同变更范围

合同变更是合同实施调整措施的综合体现。合同变更的范围很广，一般在合同签订后所有工程范围、进度，工程质量要求，合同条款内容，合同双方责权利关系的变化等都可以被看作为合同变更。

1）涉及合同条款的变更，合同条件和合同协议书所定义的双方责权利关系，或一些重大问题的变更。这是狭义的合同变更，以前人们定义合同变更即为这一类。

2）工程变更，指在工程施工过程中，工程师或业主代表在合同约定范围内对工程范围、质量、数量、性质、施工次序和实施方案等作出变更，这是最常见和最多的合同变更。

3）合同主体的变更，如由于特殊原因造成合同责任和利益的转让，或合同主体的变化。

2．合同变更的处理要求

（1）尽可能快地作出变更指令。在实际工作中，变更决策时间过长和变更程序太慢会造成很大的损失，例如：

①施工停止，承包商等待变更指令或变更会谈决议，等待变更为业主责任，通常可提出索赔。

②变更指令不能迅速作出，而现场继续施工，造成更大的返工损失。

因此，对管理人员而言不仅要求提前发现变更需求，而且要求变更程序简单和快捷。

（2）迅速、全面、系统地落实变更指令。变更指令作出后，承包商应迅速、全面、系统地落实变更指令；全面修改相关的各种文件，例如图纸、规范、施工计划、采购计划等，使它们一直反映和包容最新的变更。在相关的各工程小组和分包商的工作中落实变更指令，并提出相应的措施，对新出现问题作解释和对策，同时又要协调好各方面工作。

（3）保存原始设计图纸、设计变更资料、业主书面指令、变更后发生的采购合同、发票以及实物或现场照片。

（4）对合同变更的影响作进一步分析。合同变更是索赔机会，应在合同规定的索赔有效期内完成对它的索赔处理。在合同变更过程中就应记录、收集、整理所涉及的各种文件，如图纸、各种计划、技术说明、规范和业主的变更指令，以作为进一步分析的依据和索赔的证据。在实际工作中，合同变更必须与提出索赔同步进行。对重大的变更，应先进行索赔谈判，待达成一致后，再实施变更。在这里赔偿协议是关于合同变更的处理结果，也作为合同的一部分。

（5）合同变更的评审。在对合同变更的相关因素和条件进行分析后，应该及时进行变更内容的评审，评审包括：合理性、合法性、可能出现的问题及措施等。

由于合同变更对工程施工过程的影响大，会造成工期的拖延和费用的增加，容易引起双方的争执。所以合同双方都应十分慎重地对待合同变更问题。按照国际工程统计，工程变更是索赔的主要起因。

3．合同变更程序和申请

合同变更应有一个正规的程序，应有一整套申请、审查、批准手续。

（1）对重大的合同变更，由双方签署变更协议确定。合同双方经过会谈，对变更所涉及的问题，如变更措施、变更的工作安排、变更所涉及的工期和费用索赔的处理等，达成一致。然后双方签署备忘录、修正案等变更协议。

在合同实施过程中，工程参与各方参加定期会议（一般每周一次），商讨研究新出现的问题，讨论对新问题的解决办法。例如业主希望工程提前竣工，要求承包商采取加速措施，则可以对加速所采取的措施和费用补偿等进行具体地评审、协商和安排，在合同双方达成一致后签署赶工协议。

有时对于重大问题，需多次会议协商，并签署变更协议。双方签署的合同变更协议与合同一样有法律约束力，而且法律效力优先于合同文本。所以，对它也应与对待合同一样，进行认真研究，审查分析，及时答复。

（2）业主或工程师行使合同赋予的权力，发出工程变更指令。在实际工程中，这种变更在数量上极多。工程合同通常要明确规定工程变更的程序。

在合同分析中常常需作出工程变更程序图。对承包商来说最理想的变更程序是，在变更执行前，合同双方已就工程变更中涉及的费用增加和工期延误的补偿协商达成一致。

但按该程序实施变更，时间太长，合同双方对于费用和工期补偿谈判常常会有反复和争执，这会影响变更的实施和整个工程施工进度。所以在一般工程中，特别在国际工程中较少采用这种程序。

在国际工程中，承包合同通常都赋予业主（或工程师）以直接指令变更工程的权力。承包商在接到指令后必须执行，而合同价格和工期的调整由工程师和承包商在与业主协商后确定。

（3）工程变更申请。在工程项目管理中，工程变更通常要经过一定的手续，如申请、审查、批准、通知（指令）等。

二、建筑工程项目索赔与反索赔

施工索赔的意义

（一）索赔的概念

索赔是指在合同的实施过程中，合同一方因对方不履行或未能正确履行合同所规定的义务而受到损失，向对方提出赔偿要求。

但在承包工程中，对承包商来说，索赔的范围更为广泛。一般只要不是承包商自身责任，而由于外界干扰造成工期延长和成本增加，都有可能提出索赔。这包括两种情况：

1）业主违约，未履行合同责任。如未按合同规定及时交付设计图造成工程拖延，未及时支付工程款，承包商可提出赔偿要求。

2）业主未违反合同，而由于其他原因，如业主行使合同赋予的权力指令变更工程；工程环境出现事先未能预料的情况或变化，如恶劣的气候条件，与地勘报告不同的地质情况，国家法令的修改，物价上涨，汇率变化等。由此造成的损失，承包商可提出补偿要求。

这两者在用词上有些差别，但处理过程和处理方法相同。所以，从管理的角度可将它们同归为索赔。在实际工程中，索赔是双向的。业主向承包商也可能有索赔要求，一般称为反索赔。但通常业主索赔数量较小，而且处理方便。业主可通过冲账、扣拨工程款、没收履约保函、扣保留金等实现对承包商的索赔。而最常见、最有代表性、处理比较困难的是承包商向业主的索赔，所以人们通常将它作为索赔管理的重点和主要对象。

（二）索赔要求

在承包工程中，索赔要求通常有两个：

（1）合同工期的延长。承包合同中都有关于工期拖延的违约条款。如果工程拖期是由承包商管理不善造成的，则他必须承担责任，接受合同规定的处罚。而对外界干扰引起的工期拖延，承包商可以通过索赔，取得业主对合同工期延长的认可，则在这个范围内可免去他的合同处罚。

（2）费用补偿。由于非承包商自身责任造成工程成本增加，使承包商增加额外费用，蒙受经济损失，他可以根据合同规定提出费用索赔要求。如果该要求得到业主的认可，业主应向他追加支付这笔费用以补偿损失。这样，实质上承包商通过索赔提高了合同价格，常常不仅可以弥补损失，而且能增加工程利润。

（三）索赔的起因

与其他行业相比，建筑业是一个索赔多发的行业。这是由建筑产品、建筑生产过程、建筑产品市场经营方式决定的。合同确定的工期和价格是相对于投标时的合同条件、工程环境和实施方案，即“合同状态”。由于上述这些内部的和外部的干扰因素引起“合同状态”中某些因素的变化，打破了“合同状态”，造成工期延长和额外费用的增加，由于这些增量没有包括在原合同工期和价格中，或承包商不能通过合同价格获得补偿，则产生索赔要求。

在现代承包工程中，特别在国际承包工程中，索赔经常发生，而且索赔额很大。这主要是由如下几方面原因造成的：

1）现代承包工程的特点是工程量大、投资多、结构复杂、技术和质量要求高、工期长。工程本身和工程的环境有许多不确定性，它们在工程实施中会有很大变化。最常见的有：地质条件的变化，建筑市场和建材市场的变化，货币的贬值，城建和环保部门对工程新的建议、要求或干涉，自然条件的变化等。它们形成对工程实施的内外部干扰，直接影响工程设计和计划，进而影响工期和成本。

2）承包合同在工程开始前签订，是基于对未来情况预测的基础上。对如此复杂的工程和环境，合同不可能对所有的问题作出预见和规定，对所有的工程作出准确的说明。工程承包合同条件越来越复杂，合同中难免有考虑不周的条款、缺陷和不足之处。如措辞不当、说明不清楚、有二义性，技术设计也可能有许多错误。这会导致在合同实施中双方对责任、义务和权利的争执。而这一切往往都与工期、成本、价格相联系。

3）业主要求的变化导致大量的工程变更。如建筑的功能、形式、质量标准、实施方式和过程、工程量、工程质量的变化，业主管理的疏忽、未履行或未正确履行他的合同责任。而合同工期和价格是以业主招标文件确定的要求为依据，同时以业主不干扰承包商实施过程、业主圆满履行他的合同责任为前提的。

4）工程参加单位多，各方面技术和经济关系错综复杂，互相联系又互相影响。各方面技术和经济责任的界面常常很难明确分清。在实际工作中，管理上的失误是不可避免的。但一方失误不仅会造成自己的损失，而且会殃及其他合作者，影响整个工程的实施。当然，在总体上，应按合同原则平等对待各方利益，坚持“谁过失、谁赔偿”。索赔是受损失者的正当权利。

5）合同双方对合同理解的差异造成工程实施中行为的失调，造成工程管理失误。由于合同文件十分复杂、数量多、分析困难，再加上双方的立场、角度不同，会造成对合同权利和义务的范围、界限的划定理解不一致，造成合同争执。

在国际承包工程中，由于合同双方来自不同的国度，使用不同的语言，适应不同的法律参照系，有不同的工程习惯。双方对合同责任理解的差异是引起索赔的主要原因之一。

（四）索赔管理

索赔管理作为工程项目管理的一部分，是工程项目管理水平的综合体现。它与项目管理的其他职能有密切的联系，要做好索赔工作必须明确以下几方面内容：

1. 索赔意识

在市场经济环境中承包商必须重视索赔问题，必须有索赔意识。索赔意识主要体现在如下三方面：

（1）法律意识。索赔是法律赋予承包商的正当权利，是保护自己正当权益的手段。强化索赔意识，实质上强化了承包商的法律意识。这不仅可以加强承包商的自我保护意识，提

高自我保护能力，而且还能提高承包商履约的自觉性，自觉地防止自己侵害他人利益。这样合同双方有一个好的合作气氛、有利于合同总目标的实现。

（2）市场经济意识。在市场经济环境中，承包企业以追求经济效益为目标，索赔是在合同规定的范围内，合理合法地追求经济效益的手段。通过索赔可提高合同价格，减少损失。不讲索赔，放弃索赔机会，是不讲经济效益的表现。

（3）工程管理意识。索赔工作涉及工程项目管理的各个方面，要取得索赔的成功，必须提高整个工程项目的管理水平，进一步健全和完善管理机制。在工程管理中，必须有专人负责索赔管理工作，将索赔管理贯穿于工程项目全过程、工程实施的各个环节和各个阶段。所以，搞好索赔能带动施工企业管理和工程项目管理整体水平的提高。

承包商有索赔意识，才能重视索赔，敢于索赔，善于索赔。在现代工程中，索赔的作用不仅仅是争取经济上的补偿以弥补损失，还包括：

1）防止损失的发生。即通过有效的索赔管理避免干扰事件的发生，避免自己的违约行为。

2）加深对合同的理解。因为对合同条款的解释通常都是通过合同案例进行的，而这些合同案例必然又都是索赔案例。

3）有助于提高整个项目管理水平和企业素质。索赔管理是项目管理中高层次的管理工作，重视索赔管理会带动整个项目管理水平和企业素质的提高。

2．索赔管理的任务

在承包工程项目管理中，索赔管理的任务是索赔和反索赔。索赔和反索赔是矛和盾的关系，进攻和防守的关系。有索赔，必有反索赔。在业主和承包商、总包和分包、联营成员之间都可能有索赔和反索赔。在工程项目管理中它们又有不同的任务。

（1）索赔的任务。索赔的作用是对自己已经受到的损失进行追索，其任务有：

1）预测索赔机会。虽然干扰事件产生于工程施工中，但它的根由却在招标文件、合同、设计、计划中，所以，在招标文件分析、合同谈判（包括在工程实施中双方召开变更会议、签署补充协议等）中，承包商应对干扰事件有充分的考虑和防范，并预测索赔的可能。预测索赔机会又是合同风险分析和对策的内容之一。对于一个具体的承包合同，具体的工程和工程环境，干扰事件的发生有一定的规律性。承包商对它必须有充分的估计和准备，在报价、合同谈判、作实施方案和计划中考虑它的影响。

2）在合同实施中寻找和发现索赔机会。在任何一个工程中，干扰事件是不可避免的，问题是承包商能否及时发现并抓住索赔机会。承包商应对索赔机会有敏锐的感觉，可以通过对合同实施过程进行监督、跟踪、分析和诊断，以寻找和发现索赔机会。

3）处理索赔事件，解决索赔争执。一经发现索赔机会，则应迅速作出反应，进入索赔处理过程。在这个过程中有大量、具体、细致的索赔管理工作和业务，包括：向工程师和业主提出索赔意向；事态调查、寻找索赔理由和证据、分析干扰事件的影响、计算索赔值、起草索赔报告；向业主提出索赔报告，通过谈判、调解，或仲裁最终解决索赔争执，使自己的损失得到合理补偿。

（2）反索赔的任务。

1）反驳对方不合理的索赔要求。对对方（业主、总包或分包）已提出的索赔要求进行反驳，规避自己对已产生的干扰事件的合同责任，否定或部分否定对方的索赔要求，使自己不受或少受损失。

2）防止对方提出索赔。通过有效的合同管理，使自己完全按合同办事，处于不被索赔的地位，即着眼于避免损失和争执的发生。

在工程实施过程中，合同双方都在进行合同管理，都在寻求索赔机会。所以，如果承包商不能进行有效的索赔管理，不仅容易丧失索赔机会，使自己的损失得不到补偿，而且可能反被对方索赔，蒙受更大的损失，这样的经验教训是很多的。

索赔与合同管理的关系

3．索赔与合同管理的关系

合同是索赔的依据，索赔就是针对不符合或违反合同的事件，并以合同条文作为最终判定的标准。索赔是合同管理的继续，是解决双方合同争执的独特方法。所以，人们常常将索赔称为合同索赔。

1）签订一个有利的合同是索赔成功的前提。索赔以合同条文作为理由和根据，所以索赔的成败、索赔额的大小及解决结果常常取决于合同的完善程度和表达方式。

合同有利，则承包商在工程中处于有利地位，无论进行索赔或反索赔都能得心应手，有理有利。

合同不利，如责权利不平衡条款，单方面约束性条款太多，风险大，合同中没有索赔条款，或索赔权受到严格的限制，使承包商常常处于不利地位，往往只能被动“挨打”，对损失防不胜防。这里的损失已产生于合同签订过程中，而合同执行过程中利用索赔（反索赔）进行补救的余地已经很小。这常常连一些索赔专家和法律专家也无能为力。所以为了签订一个有利的合同而做出的各种努力是最有力的索赔管理。

在工程项目的投标、议价和合同签订过程中，承包商应仔细研究工程所在国（地）的法律、政策、规定及合同条件，特别是关于合同工程范围、义务、付款、价格调整、工程变更、违约责任、业主风险、索赔时限和争端解决等条款，必须在合同中明确当事人各方的权利和义务，以便为将来可能的索赔提供合法的依据和基础。

2）在合同分析、合同监督和跟踪中发现索赔机会。在合同签订前和合同实施前，通过对合同的审查和分析可以预测和发现潜在的索赔机会。其中应对合同变更、价格补偿，工期索赔的条件、可能性、程序等条款予以特别注意和研究。

在合同实施过程中，合同管理人员进行合同监督和跟踪，首先保证承包商全面执行合同、不违约。并且监督和跟踪对方合同完成情况，定期将工程实施情况与合同分析的结果相对照，一经发现两者之间不符合，或在合同实施中出现有争议的问题，就应作进一步的分析，进行

索赔处理。这些索赔机会是索赔的起点。所以索赔的依据在于日常工作的积累，在于对合同执行的全面控制。

3）合同变更直接作为索赔事件。对于因业主的变更指令、合同双方对新的特殊问题的协议、会议纪要、修正案等而引起合同变更，合同管理者不仅要落实这些变更，调整合同实施计划，修改原合同规定的责权利关系，而且要进一步分析合同变更造成的影响。合同变更如果引起工期拖延和费用增加就可能导致索赔。

4）合同管理提供索赔所需要的证据。在合同管理中要处理大量的合同资料和工程资料，它们又可作为索赔的证据。

5）处理索赔事件。日常单项索赔事件由合同管理人员负责处理。由他们进行干扰事件分析、影响分析、收集证据、准备索赔报告、参加索赔谈判。对重大的一揽子索赔必须成立专门的索赔小组负责具体工作，合同管理人员在小组中起着主导作用。

在国际工程中，索赔已被看作是一项正常的合同管理业务。索赔实质上又是对合同双方责权利关系的重新分配和定义的要求，它的解决结果也作为合同的一部分。

应用案例

案例概况

某工程项目业主与施工单位已签订施工合同。在合同履行中陆续遇到一些问题需要进行处理，若你作为一名监理工程师，对遇到的下列问题，应提出怎样的处理意见？

1. 在施工招标文件中，按工期定额计算，工期为550天。但在施工合同中，开工日期为2007年12月15日，竣工日期为2009年7月20日，日历天数为581天，请问该项目的工期目标应为多少天，为什么？

2. 施工合同规定，业主给施工单位供应图纸7套，施工单位在施工中要求业主再提供3套图纸，增加的施工图纸的费用应由谁来支付？

3. 在基槽开挖土方完成后，施工单位未对基槽四周进行围栏防护，业主代表进入施工现场不慎掉入基坑摔伤，由此发生的医疗费用应由谁来支付，为什么？

4. 在结构施工中，施工单位需要在夜间浇筑混凝土，经业主同意并办理了有关手续。按地方政府有关规定，在晚上11点以后一般不得施工，若有特殊情况，需要给附近居民补贴，此项费用由谁来承担？

5. 在结构施工中，由于业主供电线路事故原因，造成施工现场连续停电3天，停电后施工单位为了减少损失，经过调剂，工人尽量安排其他生产工作。但现场一台塔式起重机、两台混凝土搅拌机停止工作，施工单位按规定时间就停工情况和经济损失提出索赔报告，要求索赔工期和费用，监理工程师应如何批复？

案例解析

1. 按照合同文件的解释顺序，协议条款与招标文件在内容上有矛盾时，应以协议条款为准。故该项目的工期目标应为581天。

2. 合同规定业主供应图纸7套，施工单位再要3套图纸，超出合同规定，故增加的图纸费用由施工单位支付。

3. 在基槽开挖土方完成后，在四周未对基槽设置围栏，按合同文件规定是施工单位的责任。未设围栏而发生人员摔伤事故，所发生的医疗费用应由施工单位支付。

4. 夜间施工经业主同意，并办理了有关手续，应由业主承担有关费用。

5. 由于施工单位以外的原因造成的停电，在一周内超过8个小时，施工单位又按规定提出索赔。监理工程师应批复工期顺延。由于工人已安排进行其他生产工作的，监理工程师应批复因改换工作引起的生产效率降低的费用。造成施工机械停止工作，监理工程师视情况可批复机械设备租赁费或折旧费的补偿。

情境小结

本情境介绍了建筑工程合同管理的相关基础知识、合同实施管理、合同变更、索赔管理等内容。通过对本章的学习，应对合同的概念、类型、订立、履行、变更等内容有所了解，应重点掌握合同实施管理的内容。

合同是当事人双方设立、变更和终止民事权利和义务关系的协议，作为一种法律手段在具体问题中对签订合同的双方实行必要的约束。合同作为工程项目运作的基础和工具，在工程项目的实施过程中具有重要作用。合同管理是建筑工程项目管理的核心，是综合性的、全面的、高层次的、高度准确、严密、精细管理工作。其目标是通过合同的签订、合同实施控制等工作，全面完成合同责任，保证建筑工程项目目标和企业目标的实现。在现代工程项目管理中合同管理具有十分重要的地位，已成为与进度管理、质量管理、成本（投资）管理、安全管理、信息管理等并列的一大管理职能。合同管理程序应贯穿于建筑工程项目管理的全过程，与工程招标投标、质量管理、进度管理、成本管理、信息管理、沟通管理、风险管理紧密相连。

学生在学习过程中，应注意理论联系实际，结合案例，初步掌握理论知识，再通过工程实践完成合同管理的相关内容，提高实践动手能力。

一、单项选择题

1. 建筑工程合同实施控制的作用是（　　）。

A. 通过合同实施情况分析，找出偏离，以便及时采取措施，调整合同实施过程，达到合同总目标

B. 分析合同执行差异的原因

C. 分析合同差异的责任

D. 问题的处理

2. 下列不属于合同诊断的内容是（　　）。

A. 技术措施　　B. 问题的处理

C. 分析合同差异责任　　D. 分析合同执行差异的责任

3. 常见的建设工程索赔中因合同文件引起的索赔不包含（　　）。

A. 有关合同文件的组成问题引起的索赔

B. 关于合同文件的内容不明，或不详问题引起的索赔

C. 关于合同文件有效性引起的索赔

D. 因图纸或工程量表中的错误而引起的索赔

4. 建筑工程项目管理的核心是（　　）。

A. 质量控制　　B. 合同管理　　C. 信息管理　　D. 投资控制

5. 在工程项目招投标阶段的初期，业主在合同管理方面的主要任务是（　　）。

A. 合同策划　　B. 合同评审

C. 建立合同管理组织　　D. 制订合同实施计划

6. 施工中遇到有价值的地下文物后，承包商应立即停止施工并采取有效保护措施，对打乱施工计划的后果责任是（　　）。

A. 承包商承担保护费用，工期不予顺延

B. 承包商承担保护费用，工期予以顺延

C. 业主承担保护措施费用，工期不予顺延

D. 业主承担保护措施费用，工期予以顺延

7. 施工合同示范文本中，“工期”指的是（　　）。

A. 合同条件依据的“定额工期”　　B. 协议条款约定的“合同工期”

C. 施工合同履行的“施工工期”　　D. 招标文件中的“计划工期”

8. 对于承包商而言，合同诊断工作应由（　　）直接领导。

A. 企业法人　　B. 技术负责人

C. 项目经理　　D. 合同管理人员

9. 承包商签订合同后，将合同的一部分分包给第三方承担时，（　　）。

A. 应征得业主同意　　B. 可不经过业主同意

C. 自行决定后通知业主　　D. 自行决定后通知监理工程师

10. 在工程实施过程中，按实际完成的工程量和原填单价计价的合同是（　　）。

A. 固定总价合同　　B. 工程量清单合同

C. 单价一览表合同　　D. 可调价格合同

11. 对于有分包的工程项目，（　　）应该对分包合同的实施进行有效监控。

A. 业主　B. 总承包商　C. 监理工程师　D. 分包商

12. 下列原因不能引起承包商索赔的有（　　）。

A. 承包商因等待变更指令而暂时停工

B. 业主对工程要求变动，导致大量变更

C. 其他项目参与者的失误，影响自身工程进展

D. 因降雨致使基坑灌坑，影响工程进展

13. 工程分包是针对（　　）而言。

A. 总承包　B. 专业工程分包　C. 劳务作业分包　D. 转包

14. 下列不属于工程问题的调整措施的是（　　）。

A. 问题的处理　B. 技术措施　C. 经济措施　D. 合同措施

15. 以下关于索赔的说法不正确的是（　　）。

A. 索赔是相互的　B. 索赔是双向的

C. 发包人不可以向承包人索赔　D. 承包人可以向发包人索赔

二、多项选择题

1. 进行合同分析是基于（　　）原因。

A. 合同条文繁杂，内涵意义深刻，法律语言不容易理解

B. 同在一个工程中，往往几份、十几份甚至几十份合同交织在一起，有十分复杂的关系

C. 工程小组、项目管理职能人员等所涉及的活动和问题不是合同文件的全部，而仅为合同的部分内容，如何理解合同对合同的实施将会产生重大影响

D. 合同中存在问题和风险，包括合同审查时已经发现的风险和还可能隐藏着的尚未发现的风险

E. 合同分析在不同的时期，为了不同的目的，有不同的内容

2. 合同控制依据的内容包括（　　）。

A. 合同和合同分析的结果，如各种计划、方案、洽商变更文件等，它们是比较的基础，是合同实施的目标和依据

B. 各种实际的工程文件，如原始记录、各种工作报表、报告、验收结果、计量结果等

C. 对于合同执行差异的原因，对合同实施控制

D. 工程管理人员每天对现场情况的书面记录

3. 下列可引起固定总价合同价款变动的是（　　）。

A. 工程量变化　B. 自然灾害

C. 材料价格波动　D. 设计有重大修改

E. 劳务工资上涨

4. 合同在工程项目中的作用包括（　　）。

A. 分配工程任务　　B. 确定组织关系

C. 形成法律依据　　D. 协调参与者的行为

E. 为解决争议提供依据

5. 建筑工程施工分包合同的当事人是（　　）。

A. 发包人　　B. 监理单位　　C. 承包人

D. 工程师　　E. 分包单位

6. 承包商提出施工索赔时，应提供的依据包括（　　）。

A. 所引用的合同条款内容　　B. 政府公告资料

C. 施工进度计划和批准的财务报告　　D. 事件发生的现场周期记录资料

E. 承包商受到损害的照片

7. 下列对索赔的理解，正确的是（　　）。

A. 合同双方均有权索赔　　B. 是客观存在的

C. 是单方行为　　D. 前提是经济损失或权利损害

E. 必须经对方确认

8. 在工程实施过程中（　　）可以行使合同赋予的权利，发出工程变更指令。

A. 业主　　B. 工程师

C. 设计人员　　D. 监理工程师代表

E. 项目经理

9. 属于合同中书面形式的是（　　）。

A. 合同书　　B. 补充协议　　C. 信件　　D. 数据电文

E. 合同变更协议

10. 工程项目合同管理工作的过程包括（　　）。

A. 合同策划和评审　　B. 合同签订

C. 合同实施计划　　D. 合同实施控制

E. 合同后评价

三、思考题

1. 建筑工程项目合同管理的重要性体现在哪些方面?
2. 合同在工程项目中的作用是什么?
3. 合同实施监督的主要工作有哪些?
4. 引起索赔的原因有哪些?
5. 索赔管理的任务是什么?

四、实训题

目的：通过实训，进一步加深对本模块知识的理解程度，加强理论联系实际的能力。

资料：一个日处理15万吨水的处理厂项目，由世界银行提供贷款。合同金额为200万美元，工期为29个月，合同条件以FIDIC第4版为蓝本。合同要求在河岸边修建一个泵站，承包商在进行泵站的基础开挖时，遇到了业主的勘测资料并未指明的流砂和风化岩层，为此，业主以书面形式通知施工单位停工10天，并同意合同工期顺延10天。为确保继续施工，要求工人、施工机械等不要撤离施工现场，但在通知中未涉及由此造成施工单位停工损失如何处理。施工单位认为对其损失过大，应索赔。

要求：试根据所学知识独立解决下列问题。

1. 施工单位的索赔能否成立，索赔证据是什么?
2. 由此引起的损失费用项目有哪些?
3. 如果提出索赔要求，应向业主提供哪些索赔文件?

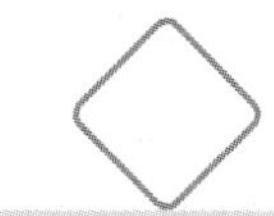

情境八 建筑工程项目信息管理

学习目标

1. 了解：建筑工程项目信息管理体系的形成，建筑工程文档管理的基本知识，文档管理的基本要求。

2. 熟悉：Microsoft Office Project 的基本操作。

3. 掌握：信息的概念、特征、建筑工程项目信息的分类，信息管理计划的编制，过程信息管理，Microsoft Office Project 的基础知识。

引例

背景资料：

随着国际建筑市场的发展，工程项目的规模越来越大，功能越来越复杂，专业分工越来越细，参与的单位和人员构成也越来越庞杂，从而使得工程项目管理的信息量剧增，在这种情况下完全依靠传统的人工方式或机械处理方式，将越来越不适应现代工程项目管理工作的要求。

问题：

1. 在此形势下为了提高建筑工程项目信息管理的现代化水平，项目经理部应采取哪些应对措施？

2. 建筑工程项目管理者应该具备哪些方面的项目管理信息的基础知识？

3. 在现代化的今天，建筑工程项目管理者应该具备哪些计算机的基本操作技能来提高工程项目的管理效率？

任务一 建筑工程项目信息管理基础知识

一、信息概述

1. 信息的基本概念

根据《质量管理体系基础和术语》（GB/T 19000—2016）的定义，“信息是有意义的数据”。

信息是一个抽象的概念,它是现实世界中事物的状态、运动方式和相互关系的表现形式,是自然界、人类社会和人类思维活动中普遍存在的一切物质和事物的属性。目前对信息的定义还没有统一的说法，可以这样认为，信息是对数据处理而产生的、按一定的规则组织在一起的数据的集合,其具有超出原数据本身价值以外的附加价值。数据处理是指从大量的、杂乱无章的甚至是难以理解的数据中，提炼、抽取人们所需要的有价值、有意义的数据（信息），借以作为决策的依据。因此，所有的信息都是数据，数据只有经过提炼、抽象等加工处理之后，具有使用价值时才能成为信息。数据是反映客观的记录符号，信息则是潜在于数据中的意义。

另一种关于信息的说法是，信息是按照用户的需要、经过加工处理的、对客观世界产生影响的数据。如对企业所有的职工情况进行汇总统计，就可以得到企业的文化素质、年龄结构等情况。又如，对混凝土抗压强度数据进行统计处理，就可得到有关混凝土浇筑质量的信息，这些信息可为项目管理人员进行施工质量控制提供依据。数据是信息的存在形式，是信息的载体，随着介质的不同而改变。信息以数据为载体而表现，同一信息可以有不同的数据表示方式，但其意义不变。为了处理（尤其是计算机处理）方便，经常用数字表示信息，如各种材料代码。

2．信息的特征

（1）信息是可以识别的。人们通过感观可直观识别，也可通过各种探测手段间接识别信息。如混凝土强度、月进度报表等不同的信息源有不同的识别方法。

（2）信息是可以转换的。它可以从一种形式转换成另一种形式。如物质信息可以转换成语言、文字、图像、图表等信息形式，也可转换为计算的代码、电信号信息。反之，代码和电信号也可以转换为语言、文字、图像、图表等信息。

（3）信息是可以存贮的。人的大脑可以存贮信息，称为记忆；计算机可存贮信息，并可借助于内存贮器和外存贮器两部分来实现。

（4）信息是可以处理的。人用大脑处理信息，即思维活动；用计算机处理信息，可通过计算机软件实现。

（5）信息是可以传递的。人之间的信息传递用语言、表情、动作来实现；工程项目管理中的信息传递通过文字、图表和各种文件、指令、报告等形式来实现；电子数据管理技术的发展，在同一计算机系统内可使信息资源充分共享。

（6）信息是可以再生的。人们收集到的信息通过处理可以用语言、文字、图像等形式再生。信息经计算机处理后可以显示、打印、绘图等形式再生。

（7）信息具有有效性和无效性。通常人们只对与自己工作有关的信息表示关心，至于别的信息可以不去识别它们。换句话说，在自己工作范围内的信息是有效的、有价值的，而不在自己工作范围内的信息是无效的、无价值的。当然这并不意味着在一个人看来无价值的信息对另一个人来说也是无价值的，相反，也许是十分有价值的。

3．信息的使用条件

简单来说，就信息本身而言，只有符合下列条件时才能使用：①正确的信息（适合该目的）；②时间符合要求；③格式符合要求；④价格适当。

二、建筑工程项目信息的分类

由于建筑工程项目管理中的信息面广量大，为了便于管理和应用，有必要将种类繁多的大量信息进行分类。

1．按建筑工程项目管理的任务划分

（1）成本（投资）控制信息。如项目的成本计划、施工任务单、限额领料单、施工定额、对外分包经济合同、成本统计报表、原材料价格、机械设备台班费、人工费、运杂费等。

（2）质量控制信息。如国家或地方政府部门颁布的有关质量政策、法令、法规和标准等，质量目标的分解图表、质量控制的工作流程和工作制度、质量管理体系的组成、质量抽样检查的数据、各种材料设备的合格证、质量证明书、检测报告等。

（3）进度控制信息。如项目进度计划、进度控制的工作流程和工作制度、进度目标的分解图表、材料和设备的到货计划、各分项分部工程的进度计划、进度记录等。

（4）合同管理信息。如合同文件、补充协议、变更记录、工程签证、往来函件、会议纪要、书面指令及通知、验收报告等。

2．按建筑工程项目管理的工作流程划分

（1）计划信息。如要完成的各项指标、上级组织的有关计划、项目管理实施规划等。

（2）执行信息。如计划交底、指示、命令等。

（3）检查信息。如工程的实际进度，成本、质量等的实施状况。

（4）处置信息。如各项调整措施、意见、改进的办法和方案等。

3．按建筑工程项目管理的信息来源划分

（1）内部信息。内部信息取自工程项目本身，如工程概况、项目的成本目标、质量目标和进度目标、施工方案、施工进度、施工完成的各项技术经济指标、资料管理制度、项目经理部的组织等。

（2）外部信息。来自工程项目外部其他单位及外部环境的信息称为外部信息。如国家有关的政策及法规、国内及国际市场上原材料及设备价格、物价指数、类似工程的进度计划等。

4．按建筑工程项目信息的稳定程度划分

（1）固定信息。固定信息是指在一定的时间内相对稳定的信息，分为标准信息（如各种定额和标准）、计划信息、查询信息（如各项施工现场管理制度）三种。

（2）动态信息。动态信息是指在不断变化的信息。如质量、成本、进度的统计信息，反映在某一时刻项目的实际进展及计划完成的信息等。再如原材料消耗量，机械台班数、人工工日数等，也属于动态信息。

5．按其他标准划分

1）按建筑工程项目管理的工作对象，即项目的构成，如子项目 1 和子项目 2 等对信息进行分类。

2）按建筑工程项目实施的工作过程，即按设计前准备、设计、招投标、施工、动用前准备等对信息进行分类。

3）按信息的内容属性，即按组织类、经济类、技术类、管理类、法规类等对信息进行分类等。

通过按照一定标准对建筑工程项目管理中的信息予以分类，有助于根据建筑工程项目管理的不同要求，提供适当的信息，从而保障各项管理工作的顺利进行。

三、建筑工程项目信息管理

1．信息管理

信息管理是指在整个管理过程中，人们收集、传输、存储、加工使用信息的总称。信息管理的一般过程包括信息收集、信息传输、信息加工和信息储存。

信息收集就是对原始信息的获取。

信息传输是信息在时间和空间上的转移，因为信息只有及时准确地送到需要者的手中才能发挥作用。

信息加工包括信息形式的变换和信息内容的处理。信息的形式变换是指在信息传输过程中，通过变换载体，使信息准确地传输给接收者。信息的内容处理是指对原始信息进行加工整理，深入揭示信息的内容。经过信息内容的处理，输入的信息才能变成所需要的信息，才能被适时有效地利用。信息送到使用者手中，有的并非使用完后就无用了，有的还需留做事后的参考和保留，这就是信息储存。通过信息的储存可以从中揭示出规律性的东西，也可以重复使用。例如一个项目的建设过程，在施工方投标过程中、承包合同洽谈过程中、施工准备工作中、施工过程中、验收过程中，以及在保修期工作中都会形成大量的各种信息。形成的这些信息不但在施工方内部各部门间流转，其中许多信息还必须提供给政府建设主管部门、业主方、设计方、相关的施工合作方和供货方等，还有许多有价值的信息应有序地保存，可供其他项目施工借鉴。上述过程包含了由谁（哪个工作岗位或工作部门等）、在何时、向谁（哪个项目主管和参与单位的工作岗位或工作部门等）、以什么方式、提供什么信息等属于信息传输的组织和控制，这就是信息管理的内涵。

信息管理不能简单理解为仅对产生的信息进行归档和一般的信息领域的行政事务管理。为充分发挥信息资源的作用和提高信息管理的水平，施工单位和其项目管理部门都应设置专

门的工作部门（或专门的人员）负责信息管理。

最后必须强调的是：信息管理的最终目的是信息的使用。它是信息管理活动的目的，同时也是检验信息工作成效的主要途径。

2. 建筑工程项目信息管理

建筑工程项目的信息管理是通过对各个系统、各项工作和各种数据的管理，使项目的信息能方便和有效地获取、存储（存档是存储的一项工作）、处理和交流。

上述“各项工作”可视为建筑工程项目管理子系统中的安全生产管理、绿色建造与环境管理、成本管理、进度管理、质量管理、合同管理、信息管理等。

上述“数据”并不仅指数字，在信息管理中，数据作为一个专门术语，它包括数字、文字、图像和声音。在建筑工程项目信息管理中，各种报表、成本分析的有关数字、进度分析的有关数字、质量分析的有关数字、各种来往的文件、设计图、施工摄影和摄像资料和录音资料等都属于信息管理中的数据的范畴。

所以针对一个建筑工程项目进行必要信息管理的目的是通过有效的项目信息传输的组织和控制为一个项目建设提供增值服务。

四、建筑工程项目信息管理计划

（一）建筑工程项目信息管理体系

项目信息管理体系是指项目管理组织（项目部）的信息管理系统，即项目管理组织为实施所承担项目的信息管理和目标控制，以现有的项目组织架构为基础，通过信息管理目标的确定和分解、信息管理计划的制订和实施、信息管理的任务分工和管理职能分工、所需人员和资源的配置及信息处理平台的建立和维护，以及信息管理制度和信息管理工作流程的建立和运行，形成具有为各项管理工作提供信息支持和保证能力的工作系统。

建筑工程项目信息管理体系的建立应与组织的信息管理体系协调一致。项目信息管理体系并非独立于项目管理组织以外的专门的组织系统，它是一种为各项管理工作提供信息支持和保证的制度性和程序性的文件体系。组织应全面规划项目信息管理体系，使信息能够共享，又能减少重复的工作量。项目经理部应根据项目实际情况和实际需要，在各工作部门中设立专职或兼职的信息管理员，也可在项目经理部中单设信息管理员，在组织信息管理部门的指导下开展工作。

信息管理员应由熟悉工程管理业务流程并经必要培训、考核合格的人员担任，对承担工程资料管理工作的信息管理员应取得有关部门颁发的上岗证书。规模较大的项目，可单独设立项目信息管理部门。需要说明的是，项目经理部中各工作部门的管理工作都与信息管理相关，都要承担一定的信息管理任务，而项目信息管理部门则是专门从事信息管理的，其主要工作任务通常包括：

1）编制信息管理计划，督促其执行。在实施过程中，定期检查信息管理计划的落实情况、实施效果以及信息的有效性、信息成本等方面，并根据实际情况和需要对信息管理计划进行修改、补充和再落实，不断改进信息管理工作。

2）建立和维护计算机信息处理平台。

3）协调项目管理班子中其他部门的信息收集、处理及有关报表和报告的编制等。

4）管理工程档案资料，等等。

（二）建筑工程项目信息管理计划

信息管理计划的制订是项目信息管理的一项重要内容，应以项目管理实施规划中的有关内容为依据，并可参照组织信息管理手册中的有关内容。

信息管理计划一般包括信息需求分析、信息的分类及编码、信息管理任务分工和职能分工、信息管理工作流程、信息处理要求及方式、各种报表和报告的内容和格式、各项信息管理制度（包括信息收集制度、文档管理制度等）等主要内容。

1．信息需求分析

信息需求分析是要识别组织各层次以及项目有关人员的信息需求，例如确定谁需要什么样的信息、何时需要及如何提供信息等。信息需求分析应能明确项目有关人员成功实施项目所必要的信息，避免因事无巨细而造成信息过载。信息需求分析的内容不仅应包括信息的类型、格式、内容、详细程度、传递要求、传递复杂性等，还应进行信息价值分析，即综合分析信息的成本和收益。在确定项目信息需求时，一般需考虑下列代表性信息：

1）项目组织结构图。

2）项目组织分工及人员职责和报告关系。

3）项目涉及的专业、部门等。

4）参与项目的人数及地点。

5）项目组织内部对信息的要求。

6）项目组织外部（如合同方）对信息的要求。

7）项目相关人员的有关信息。

2．信息管理工作流程

信息管理工作流程反映了建筑工程项目上各有关单位及人员之间的关系。显然，信息流程畅通，将给工程项目信息管理工作带来很大的方便和好处。相反，信息流程混乱，信息管理工作是无法进行的。为了保证工程项目管理工作的顺利进行，必须使信息在项目管理的上下级之间、有关单位之间和外部环境之间流动，这称为“信息流”。需要指出的是，信息流不是信息，而是信息流通的渠道。在工程项目管理中，通常接触到的信息流有以下几个方面：

（1）管理系统的纵向信息流。包括由上层下达到基层，或由基层反映到上层的各种信息，既可以是命令、指示、通知等，也可以是报表、原始记录数据、统计资料和情况报告等。

（2）管理系统的横向信息流。包括同一层次、各工作部门之间的信息关系。有了横向信息，各部门之间就能做到分工协作，共同完成目标。许多事例表明，在工程项目管理中往往由于横向信息不通畅而造成进度拖延。例如，材料供应部门不了解工程部门的安排，造成供应工作与施工需要脱节。类似的情况经常发生，因此加强横向信息交流十分重要。

（3）外部系统的信息流。包括同项目外其他有关单位及外部环境之间的信息关系。

上述三种信息流都应有明晰的流线，并都要保持畅通。否则，工程项目管理人员将无法得到必要的信息，就会失去控制的基础、决策的依据和协调的媒介。

五、建筑工程项目信息过程管理

建筑工程项目信息过程管理包括信息的采集、传输、存储、应用和评价过程。

1. 信息采集方式

在建筑工程项目建设过程中，所发生并经过收集和整理的信息、资料，内容和数量相当多。在建筑工程项目管理的过程中，可能随时需要使用其中的某些资料，这些原始资料的时效性和可靠性会直接影响管理工作的质量，所以要能够快捷、准确的收集到项目相关的信息和资料。信息采集的方式一般有人工采集和自动采集两种方式。

（1）人工采集方式。人工采集方式是一种最原始的信息采集方式。它对信息单纯依靠人力进行手工处理。例如，在信息收集上，是依靠人的填写来收集原始数据；在信息的加工上，靠人采用笔、纸、算盘、计算器等来进行分类、比较和计算；在信息的存储上，靠人通过档案来保存和存储资料；在信息的输出上，靠人来编制报表、文件，并靠人用电话、信函等发出通知、报表和文件。人工采集方式对于一般工程量不大、工程项目管理内容比较单一、信息量较少、固定信息较多的场合下是可以适用的。随着科技的进步，又有了利用机械或简单的电动机械、工具辅助进行数据加工和信息处理的一种方式。例如，用条码识别仪器对进场建筑材料、构配件的有关数据进行自动采集，利用可编程计算器等进行数据加工；用中、英文打字机进行报表、文件的打印等。机械处理方式同手工处理方式相比而言，由于利用了机械、电动工具，加快了数据处理的速度，提高了信息处理的效率，所以在一般场合下，应用比较广泛。

在建筑工程项目管理中，特别是进行工程项目目标控制时，需要对工程上发生的大量动态信息及时进行快速、准确的处理，此时，仅靠手工处理方式或机械处理方式将无法满足管理工作的要求，必须借助于计算机这一现代化工具来完成。计算机不仅可以接收、存储大量的信息资料，而且可以按照人们事先编制好的程序（如电子表格软件、项目管理软件等），自动、快速地对信息进行深度处理和综合加工，并能够输出多种满足不同管理层次需要的处理结果，同时也可以根据需要对信息进行快速检索和传输。

（2）自动采集方式。由于人工采集方式针对异常的数据没有定时或及时跟踪，会出现数据更新不及时、信息遗漏等问题，进而影响整体的管理和工作效率。随着物联网技术的发展成熟，物联网与建筑的结合越来越紧密。基于物联网技术的智慧工地建设，大大提升了建筑施工现场管理水平，实现了工程管理中各类数据资源的最大集成和应用。如全国智慧工地大数据云服务平台的推出，劳务实名制考勤系统、扬尘噪声可视化远程监管系统、高支模监测预警系统、塔机安全监控管理系统、工程可视化系统都可以实现信息自动采集，并通过物联网与各管理系统集成，实现现场数据的及时获取、共享和优化管理，解决了人工信息采集的信息滞后和遗漏问题。

2．信息传输和存储

项目相关的信息除了要及时、准确、全面地收集，还应该采用安全、可靠、经济、合理的方式及载体进行传输和存储，为项目建设涉及的各方对信息的查询、统计分析和科学决策提供帮助。

信息的传输可以通过移动终端、计算机终端以及物联网技术实现数据的可靠传送，同时也要重视信息传输的安全问题，可采用防火墙、入侵检测、上网行为检测等技术提高信息安全水平。

信息的存储分为纸质存储和电子化存储。纸质存储不易丢失和篡改，安全性比较高；电子存储不易失真，环保经济，共享性高。采取哪种方式，除了考虑管理的需求，还要满足国家、行业对信息管理的要求，如建筑工程实施中的各类工程档案资料，组卷归档要符合《建设工程文件归档规范》（GB/T 50328—2014）《建设工程资料管理规程》（JGJ/T 185—2009）等文件的要求。

在信息的电子化存储方面，应建立相应的数据库，对信息进行存储，项目竣工后应保存和移交完整的项目信息资料。

3．信息应用和评价

建筑工程项目信息管理是项目管理工作中重要的组成，项目信息的应用应该为建筑工程项目管理的各环节提供可靠的依据，更好地满足项目的计划、组织、领导、控制、协调等管理的职能需求。

项目相关方通过有效的方式获得项目最新动态信息，实时掌握项目的进展，通过对项目历史信息和实时信息的比较分析，针对偏差进行调整和优化配置相应资源，实现项目过程管理的强化。在项目的实施中，可以应用各种信息技术，如建筑信息模型、大数据技术、物联网技术、智能化技术等，对信息进行有效整合，快速准确地提供相关图表，为分析决策提供依据。

信息应用评价是定期检查分析项目信息应用是否达到预期效果，各项资源配置是否充分并有效，在信息应用方面有哪些不足，如何持续改进信息管理工作。

任务二　计算机在建筑工程项目管理中的运用

一、建筑工程项目资料的文档管理

在建筑工程项目上，许多信息是以资料文档为载体进行收集、加工、传输、存储、检索、输出和反馈的，因此工程资料文档管理是项目信息管理的重要组成部分。建筑工程项目资料应随工程进度及时收集、整理，并应按专业归类，认真书写，字迹清楚，项目齐全、准确、真实，无未了事项，所用表格应统一规范。在采用计算机辅助信息管理时，对工程资料文档的管理应采用资料数据打印输出加手写签名和全部数据采用计算机数据库管理并行的方式进行，格式应符合有关规范标准的规定。对规模较大的工程项目，可通过选购市面上合适的计算机工程资料管理系统来进行工程资料的管理，实现资料管理标准化、规范化和科学化。

1. 建筑工程项目文档资料的形式

通常文件和资料是集中处理、保存和提供的。在项目建设过程中文档可能有三种形式：

（1）企业保存的关于项目的资料。这是在企业文档系统中，例如项目经理提交给企业的各种报告、报表，是上层系统需要的信息。

（2）项目集中的文档。这是关于全项目的相关文件，必须有专门的地方并由专门人员负责。

（3）各部门专用的文档。它仅保存本部门专门的资料。

2. 建筑工程项目文档资料的编制要求

对需要作为建筑工程项目档案保存的资料文档，其管理应符合现行的《建设工程文件归档规范》（GB/T 50328—2014）等国家标准、规范、规程和相关文件的规定。这里将有关的建筑工程项目档案编制要求摘录如下，供参考：

1）归档的工程文件一般应为原件。

2）工程文件的内容及其深度必须符合国家有关工程勘察、设计、施工、监理等方面的技术规范、标准和规程。

3）工程文件的内容必须真实、准确，与工程实际相符合。

4）工程文件应采用耐久性强的书写材料，如碳素墨水、蓝黑墨水，不得使用易褪色的书写材料。

5）工程文件应字迹清楚、图样清晰、图表整洁，签字盖章手续完备。

6）工程文件中文字材料幅面尺寸规格宜为 A4 幅面，图纸宜采用国家标准图幅。

7）工程文件的纸张应采用能够长期保存的韧力大、耐久性强的纸张。图纸一般采用蓝晒图，竣工图应是新蓝图。计算机出图必须清晰，不得使用计算机所出图纸的复印件。

8）所有竣工图均应加盖竣工图章。

9）利用施工图改绘竣工图，必须标明变更修改依据；凡施工图结构、工艺、平面布置等有重大改变，或变更部分超过图面1/3的，应当重新绘制竣工图。

10）不同幅面的工程图纸，应统一折叠成A4幅面，图标栏露在外面。

11）工程档案资料的照片（含底片）及声像档案，要求图像清晰、声音清楚，文字说明或内容准确。

12）工程文件应采用打印的形式，并使用档案规定用笔，手工签字，在不能够使用原件时，应在复印件或抄件上加盖公章并注明原件保存处。

二、Microsoft Office Project 在建筑工程项目管理中的应用

在建筑工程项目管理过程中，存在大量的信息，如进度信息、质量信息、成本信息等，这些信息如果通过使用计算机上的管理类软件及其他辅助工具进行处理，一方面可以将管理人员从繁琐的手工抄写中解放出来，把更多的时间和精力放到决策上去；另一方面，由于计算机能够综合考虑大量的数据和信息，又使得管理人员的决策趋于科学化。

项目管理软件一般是综合多种功能的，以网络计划技术为基础，能够实现进度、成本的同步控制以及资源的有效管理。国际上比较著名的项目管理软件有PI“ilTlaVei’a ProiPlanner（P3）、Microsoft Project等，国内也有许多公司开发了类似产品。目前，项目管理软件广泛应用于各种规模的工程项目信息管理中。

（一）Microsoft Office Project 简介

Microsoft Office Project是Microsoft Office System中用于项目管理的专门工具和解决方案。Microsoft Office Project包括两个版本，Microsoft Office Project Standard（标准版）和Microsoft Office Project Professional（专业版）。

Microsoft Office Project Standard是Microsoft Office System的独立桌面应用。无论在何处项目经理都可以依靠Project Standard来计划和管理他们的项目。在Project Standard的帮助下，项目经理可以高效地组织和跟踪任务以及信息资源，从而项目能够满足时间和预算要求。Project Standard是Microsoft Office System的一个组成部分，可以与Microsoft Office的其他相关办公软件建立无缝连接。所以可以帮助项目经理更好、更方便地进行项目的管理。

（二）Microsoft Office Project 对项目管理阶段的辅助

1. Microsoft Office Project 相关基础知识

（1）项目信息的种类。Project数据库中的信息主要有以下三类，理解这三类的信息对于查阅项目信息是至关重要的。

1）任务信息。当开始输入项目信息时，通常要输入任务和任务相关的信息，如工期、期限和任务的依赖关系，这些均属于任务信息。

2）资源信息。任务信息后，输入资源名称和相关信息，如标准费率、工作时间日历，这些则属于资源信息。

3）分配信息。一旦任务分配了资源，就创建了资源分配，它是任务与资源的结合。与工作分配有关的信息包括工时量、成本等，都属于分配信息。

除上述三类信息外，项目信息还有三类，即任务随时间分布，资源随时间分布和分配随时间分布。

（2）视图。Project 中内置了 20 多个视图，一些视图与任务相关，另一些与资源相关，还有一些则与分配相关。有些是电子表格，有些是图形，还有一些则是组合视图。

1）甘特图视图。甘特图视图是一种特定类型的组合视图，广泛地应用于项目管理中。甘特图左侧以工作表的形式显示任务信息，右侧以图形的形式显示任务工期、开始和完成时间以及人物相关性。

2）网络图视图。网络图视图以独立的方框或节点显示每一任务以及相关的任务信息。几个方框之间的连线则代表各个任务之间的相关性。网络图也是项目流程图。网络图也被称为 PERT（计划评估和审核技术）图。Project 提供三种网络图视图，即关系图、描述性网络图和网络图。

3）日历视图。日历视图是以月为单位的日历格式显示某一特定周或几周内的任务和工期。

4）资源图表视图。资源图表视图显示一个资源或一次显示一组资源的分配、成本或工时等的信息。

5）工作表视图。工作表视图是一种电子表格形式的视图，分为行和列，每个单独的域都包含在一个单元格中。

6）使用状况视图。使用状况视图是一种组合视图，其左侧是工作表视图，右侧是时间表。

7）窗体视图。窗体视图是一种专门的视图，它包括文本框和窗格、输入和查阅信息的方式与对话框相似。

通常情况下 Project 的系统默认使用的视图是甘特图视图，在这里可以输入任务、工期和任务相关性。所使用的第二个视图就是资源工作表，在这里可以输入资源信息。随着项目计划的不断发展，需求也变得越来越复杂，这是就会还需要一些其他视图。

2. Microsoft Office Project 基本操作程序

项目管理是一个复杂的过程，从制订项目的范围、建立项目日程模型和跟踪及沟通项目进展，一直到项目的收尾，Microsoft Office Project 都能够提供辅助。一般情况下 Project 把一个项目划分为三个阶段进行管理，即项目启动和计划阶段、实施和控制阶段和项目收尾阶段。分阶段介绍如下：

在项目启动和计划阶段，Microsoft Office Project 可以帮助完成以下工作。

（1）创建项目阶段、里程碑和任务列表。Microsoft Office Project 把任务列表作为项目数据的基础，在不同阶段内组织任务或在汇总任务内组织子任务，把项目细分成可管理的部分。这部分需要注意的是：

开始创建新的项目文件时，必须首先确定是由项目开始时间还是完成时间来创建项目的进度。确定后，只需打开 Project 并从中选择是由模板、根据现有的项目、还是从空白项目来创建新项目。

（2）估计任务工期。Microsoft Office Project 提供了一些估计任务工期的方法并使用这些工期来创建任务的日程表，工期的输入及其相关的任务设置主要是在该项目的“项目信息”对话框中完成。

（3）建立任务逻辑关系。在很多情况下，任务之间存在逻辑关系，如上一个任务不结束，新的任务就无法开始。Microsoft Office Project 使用这些任务之间的关系创建项目的时间进度表。工期与任务的联系同样也会显示在项目的甘特图或网络视图中。

在这个部分需要注意的是：

Project 中共有四种依赖类型，即完成—开始型（FS）、完成—完成型（FF）、开始—开始型（SS）和开始—完成型（SF）。其中“完成—开始型（FS）”是最常见的任务依赖类型。所以，在建立任务之间的相关性之前要确定 Project 系统的依赖类型。

（4）输入期限及其他日期约束：Microsoft Office Project 根据这些约束条件建立时间进度表，并在约束条件与已设定的工期或任务联系发生冲突时向项目经理发出通知。

（5）设定资源并分配给任务。Microsoft Office Project 不仅可以跟踪哪些资源分配给哪些任务，它也能根据资源的可用性对工作进行计划，并且如果某种资源被分配给太多的任务以至于资源在可用时间内不可能全部完成，Microsoft Office Project 也能够提醒项目经理。

在设定资源时，需要注意 Project 把项目中的三大类（人员、设备、材料）资源整合为两类，即工时资源和材料资源。工时资源包括人员和设备，这类资源以时间度量任务的完成情况；材料资源是可消耗的原料，这类资源以数量来度量任务的完成情况。

（6）确定资源和任务的成本。项目经理能够指定某种资源每小时或者每月的费率，也能够指定资源每次使用的成本和与任务相关的其他成本。Microsoft Office Project 计算和累加这些成本得出项目的成本。这个成本常常被作为项目预算的基础。

（7）调整计划以满足要求。为了使项目满足计划要求，项目经理可以对范围、时间进度、成本和资源做出调整。当然一些调整需要得到有关项目干系人的批准。当为使项目符合计划不可避免的做出权衡的时候，Microsoft Office Project 可以自动重新计算时间进度，直到得到所需要的结果为止。

在实施和控制阶段，Microsoft Office Project 可以帮助完成以下工作。

（1）保存基准计划。为了比较和跟踪的目的，需要保存一份基准计划。当在整个项目生命周期中更新任务进展时，可以比较当前进展和项目原始计划。这样就可以获得关于项目是否在按时间计划和预算进行的有价值的信息。在这部分首先需要注意的是“比较基准”。

Project 中的“比较基准”是经过多次调整已趋近完美的项目计划。也可以把它看作是原始计划，它代表了范围、进度和成本之间的平衡。

（2）更新实际任务进展。利用 Microsoft Office Project，可以通过输入完成百分比、完成工时、生产工时等更新任务进展。实际进展输入后，项目日程自动重新计算。

（3）比较和实际的偏差。利用保存的基准信息，Microsoft Office Project 通过各种视图展示基准和实际的，同时也展示产生的偏差。

（4）审查计划成本、实际成本和挣得值。除确定任务进展偏差之外，Microsoft Office Project 还可以比较基准成本和实际成本及当前挣得值，而挣得值又可用于更详细的分析。

（5）调整计划应对变化。即使在项目中间，也可以调整项目计划的范围、日程、成本和资源。对于每一个改变，Microsoft Office Project 都将自动重新计算日程。

（6）报告项目信息。利用 Microsoft Office Project 的数据库与计算特性，可以生成很多内置报告，如项目汇总报告、里程碑报告等。也可以修改内置报告以适合自己的需求或从零开始生成客户化报告。

在项目收尾阶段，Microsoft Office Project 可以帮助完成以下工作。

（1）获得实际任务工期。如果在整个项目中跟踪任务进展，就可以获得完整的、检验过的关于某些任务实际工期的数据。

（2）获得成功任务顺序。有时，在项目开始时不确定一个任务是否应该早些或晚些执行。利用以前项目的经验，可以确定任务顺序是否工作良好。

（3）建立项目模板。把项目计划作为下一个项目的模板。项目经理可以很容易地修改任务列表、里程碑、可交付成果、顺序、工期和任务逻辑关系以适应新项目的需求。

除此以外，Microsoft Office Project 还可以管理多个项目，甚至展示项目间的任务和资源链接。除帮助项目经理生成项目计划外，Microsoft Office Project 还帮助管理资源、成本和进行团队沟通。

情境小结

本情境依据《建设工程项目管理规范》，结合目前工程信息管理的发展，介绍了信息的概念、特征、分类、使用条件；信息管理的过程及项目信息管理计划的编制；计算机在建筑工程项目管理中的应用及工程文档管理。

为了加强现代化信息的管理，本情景介绍了计算机管理软件 Microsoft Office Project 的基本情况和 Microsoft Office Project 的基本操作。

学生在学习过程中，应注意理论联系实际；通过课堂讲授和上机操作，初步掌握理论知识，熟悉运用软件操作，通过一系列的练习及操作加强学生的动手能力，从而使学生初步具备计算机信息管理和软件项目辅助管理的能力。

习 题

一、单项选择题

1. 建筑工程项目中的工程实际进度是属于信息的（　　）。

A. 计划信息　　B. 检查信息　　C. 执行信息　　D. 处置信息

2. 不是按建筑工程项目管理的任务划分的信息是（　　）。

A. 合同管理信息　　B. 进度控制信息

C. 内部信息　　D. 质量控制信息

3. 针对一个建筑工程项目进行必要信息管理的目的是通过有效的项目信息传输的组织和控制为一个项目建设提供（　　）服务。

A. 改变施工模式　　B. 提高工程质量

C. 增值　　D. 降低施工成本

4. Project 把项目中的三大类（人员、设备、材料）资源整合为两类，即工时资源和材料资源。工时资源包括（　　）。

A. 人员　　B. 人员和设备

C. 材料　　D. 设备

5. 归档的工程文件一般为（　　）。

A. 原件和复印件　　B. 原件

C. 复印件　　D. 无要求

6. 信息收集是指（　　）。

A. 收集原始信息　　B. 收集信息

C. 收集当前信息　　D. 收集所需信息

7. Project 系统默认的视图是（　　）。

A. 网络图视图　　B. 甘特图视图

C. 资源工作表视图　　D. 日历视图

8. “定额”属于（　　）信息。

A. 标准信息　　B. 查询信息　　C. 计划信息　　D. 动态信息

9. 信息管理的最终目的（　　）。

A. 信息查询　　B. 信息储存　　C. 信息使用　　D. 信息分析

10. Microsoft Office Project（　　）进行项目管理。

A. 可以　　B. 不可以　　C. 不能单独　　D. 不能全过程

二、多项选择题

1. 信息的特征包括（　　）。

A. 可识别　　B. 可转换　　C. 可贮存

D. 可传递　　E. 有效性

2. 信息的有效使用条件有（　　）。

A. 正确的实践　　B. 适当的价格　　C. 正确的格式

D. 正确的信息　　E. 信息量

3. 成本信息属于（　　）。

A. 检查信息　　B. 执行信息　　C. 处置信息

D. 动态信息　　E. 固定信息

4. 信息管理的过程包括（　　）。

A. 收集　　B. 加工　　C. 输入

D. 整理　　E. 加工

5. 建筑工程项目信息管理计划编制时应该考虑的因素有（　　）。

A. 环境因素　　B. 历史资料　　C. 经验、教训

D. 项目的范围　　E. 信息的不对称性所带来的客观风险

6. 信息的传输可以通过（　　）实现数据的可靠传送。

A. 移动终端　　B. 外部信息流　　C. 物联网技术

D. 计算机终端　　E. 基本信息流

7. 信息处理的要求有（　　）。

A. 快捷　　B. 准确　　C. 适用

D. 经济　　E. 及时

8. 信息处理的方式包括（　　）。

A. 手工处理　　B. 机械处理　　C. 计算机处理

D. 网络处理　　E. 人工处理

9. 固定信息分为（　　）。

A. 标准信息　　B. 计划信息　　C. 查询信息

D. 原始信息　　E. 审核信息

10. Project 项目信息的种类有（　　）。

A. 资源信息　　B. 任务信息　　C. 分配信息

D. 质量信息　　E. 工期信息

三、思考题

1. 如何理解信息的含义？

2. 简述信息管理的过程。

3. 如何理解建筑工程项目信息管理?
4. 简述建筑工程项目管理计划的内容。
5. 简述信息的处理方式。
6. 建筑工程项目档案编制要求有哪些?
7. 详细叙述 Microsoft Office Project 对于项目管理的辅助操作过程。
8. 在确定项目信息需求时，一般需考虑哪些代表性信息?
9. 在项目启动和计划阶段，Microsoft Office Project 可以帮助完成哪些工作?
10. 建筑工程项目信息的各种分类标准是什么?

四、实训题

目的：通过实训熟悉并掌握 Microsoft Office Project 的基本操作程序。

资料：某单位承建一座 7000m^2 的三层办公楼项目。

1. 项目的开工日期为 2021 年 5 月 5 日;
2. 各任务的工期自由输入但要有一定标准;
3. 项目资源根据以往所学知识及对相关资料的查询来确定，要符合实际;
4. 成本及费率可以查询相关的定额或进行市场调查。

要求：利用 Microsoft Office Project 软件建立该项目，并进行初步的计划、实施和控制。

情境九 建筑工程项目收尾管理及项目管理绩效评价

学习目标

1. 了解：竣工计划的内容，管理考评及总结的内容。
2. 熟悉：决算的内容，保修的范围、期限、责任及费用承担、项目管理绩效评价。
3. 掌握：竣工验收程序、依据、条件、内容，竣工结算的依据，结算价款的支付。

引例

背景资料：

甲市祥和小区5号楼是7层混合结构住宅楼，设计采用混凝土小型砌块砌筑，墙体加构造柱。竣工验收合格后，用户入住。在用户装修时，发现墙体空心。经核实原来设计有构造柱的地方只放置了少量钢筋，而没有浇筑混凝土。最后经法定单位用红外线照相法统计发现大约有75%墙体中未按设计要求加构造柱，只在一层部分墙体中有构造柱，造成了重大的质量隐患。

问题：

1. 该混合结构住宅楼达到什么条件方可竣工验收?
2. 该工程已交付使用，施工单位是否需要对此问题承担责任？为什么?
3. 不合格的工程却竣工验收合格，还有谁需要为此负责?

任务一 建筑工程项目竣工验收及回访保修

一、建筑工程项目收尾管理概述

项目收尾阶段是建筑工程项目管理全过程的最后阶段，包括竣工收尾、验收、结算、决算、回访保修、管理考核评价等方面的内容。

项目竣工收尾是项目结束阶段管理工作的关键环节，结束阶段的工作内容多、杂、乱，搞不好就影响工期。项目经理部应编制详细的竣工收尾工作计划，采取有效措施逐项落实，保证工期。

1．项目竣工计划的内容

1）竣工项目名称。

2）竣工项目收尾具体内容。

3）竣工项目质量要求。

4）竣工项目进度计划安排。

5）竣工项目文件档案资料整理要求。

以上内容要求表格化，程序应该是项目经理部编制，项目经理审核，报上级主管部门审批。项目经理应按计划要求，组织实施竣工收尾工作，包括现场施工和资料整理两个部分，缺一不可。两部分都关系到竣工条件的形成。

2．项目竣工计划的检查

项目经理和有关管理人员应对列入计划的收尾、修补、成品保护、资料整理和场地清扫等内容认真检查，依据法律、法规和强制性标准的规定，发现偏差要及时进行调整、纠偏，做到完工一项、验证一项、消除一项。竣工计划的检查应满足以下要求：

1）全部竣工计划项目已经完成，符合竣工报验条件。

2）工程质量自检合格，各种检查记录、评定资料齐全。

3）设备安装经过试车、调试，具备单机试运行要求。

4）建筑物四周2m以内的场地达到工完、料净、场地清。

5）工程技术档案和施工管理资料收集整理齐全，装订成册，符合竣工验收规定。

二、建筑工程项目竣工验收

建筑工程项目竣工验收是指由承包人按施工合同完成了全部施工任务，施工项目具备竣工条件后，向发包人提出“竣工工程申请验收报告”，发包人组织各有关人员在约定的时间、地点进行交工验收的过程。由此可见，建筑工程项目竣工验收的交工主体应是承包人，验收主体应是发包人。

竣工验收是项目施工周期的最后一个程序，也是建设成果转入生产使用的标志。

1．项目竣工验收的依据

1）上级主管部门对该项目批准的各种文件。包括可行性研究报告、初步设计，以及与项目建设有关的各种文件。

2）工程设计文件。包括施工图纸及说明、设备技术说明书等。

3）国家颁布的各种标准和规范。包括现行的《建筑工程施工质量验收统一标准》（GB 50300—2013）、施工工艺标准、各专业技术规程等。

4）合同文件。包括施工承包的工作内容和应达到的标准，以及施工过程中的设计修改变更通知书等。

2．项目竣工验收的条件

项目竣工验收应当具备下列条件：

1）完成工程设计和合同约定的各项内容。

2）有完整的技术档案和施工管理资料。

3）有工程使用的主要建筑材料、建筑构配件和设备的进场试验报告。

4）有勘察、设计、施工、工程监理等单位分别签署的质量合格文件。

5）有承包方签署的工程保修书。

特别提示

引例中问题1可参照上面的五个条件。同学们可以思考，该住宅楼出现的问题，到底哪些条件未具备？很显然，该住宅楼质量并不符合竣工质量验收的要求，但却验收通过，那么谁应对此负责？

3．项目竣工质量验收的要求

《建筑工程施工质量验收统一标准》（GB 50300—2013）中规定，建筑工程施工质量应按下列要求进行验收：

1）建筑工程施工质量应符合《建筑工程施工质量验收统一标准》和相关专业验收规范的规定。

2）建筑工程施工应符合工程勘察、设计文件的要求。

3）参加工程施工质量验收的各方人员应具备规定的资格。

4）工程质量的验收均应在施工单位自行检查评定的基础上进行。

5）隐蔽工程在隐蔽前应由施工单位通知有关单位进行验收，并应形成验收文件。

6）涉及结构安全的试块试件以及有关材料，应按规定进行见证取样检测。

7）检验批的质量应按主控项目和一般项目验收。

8）对涉及结构安全和使用功能的重要分部工程应进行抽样检测。

9）承担见证取样检测及有关结构安全检测的单位应具有相应资质。

10）工程的观感质量应由验收人员通过现场检查，并应共同确认。

4．项目竣工验收的程序

项目完成后，承包人应按工程质量验收标准组织专业人员进行质量检查评定，实行监理的，应约请相关监理机构进行初步验收。初验合格后，承包人应向发包人提交“竣工工程申请验收报告”，约定有关项目竣工验收移交事项。

发包人应按项目竣工验收的有关规定，一次性或分阶段竣工验收。发包人对符合竣工验收条件要求的工程，组织勘察、设计、施工、监理等单位及有关方面的专家组成验收组，组织工程竣工验收。

发包人应当在工程竣工验收 7 个工作日前将验收的时间、地点及验收组名单书面通知负责监督该工程的工程质量监督机构。

工程竣工验收合格，提出《工程竣工验收报告》，有关承发包当事人和项目相关组织应签署验收意见，签名盖章。

若参与验收的五方不能形成一致意见或需要修改时，应当协商提出解决问题的方法，待整改后重新组织工程竣工验收。

建筑工程竣工验收流程如图 9-1 所示。

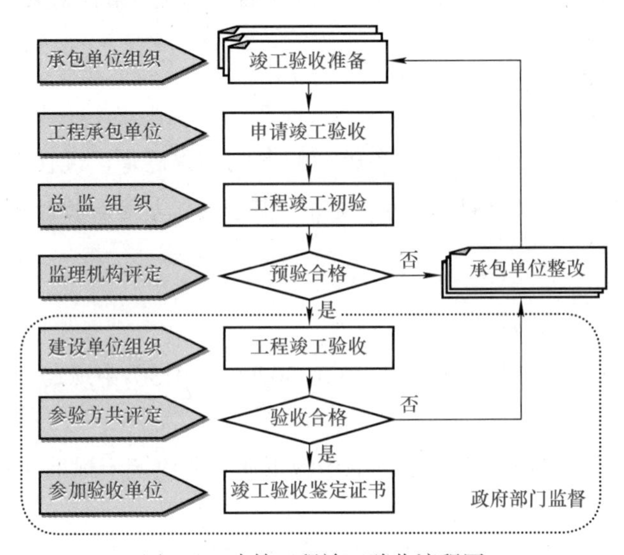

图 9-1　建筑工程竣工验收流程图

特别提示

竣工验收报告有其固定格式，限于篇幅表格省略，固定内容只需照表填写即可，竣工验收工作关键是准备竣工验收报告的附件。竣工验收报告的附件包括：

1）施工许可证。

2）施工图设计文件审查意见。

3）勘察单位对工程勘察文件的质量检查报告。

4）设计单位对工程设计文件的质量检查报告。

5）施工单位对工程施工质量检查的报告，包括工程竣工资料明细、分类目录、汇总表。

6）监理单位对工程施工质量的评估报告。

7）地基与勘察、主体结构分部工程以及单位工程质量验收记录。

8）工程有关质量检测和功能性试验资料。

9）建设行政主管部门、质量监督机构责令整改问题的整改结果。

10）验收人员签署的竣工验收原始文件。

11）竣工验收遗留问题处理结果。

12）施工单位签署的工程质量保修书。

13）法律、行政法规、规章规定必须提供的其他文件。

5. 项目竣工验收的相关规定

建设工程施工合同示范文本对项目竣工验收做了如下规定：

1）若双方约定由承包人提供竣工图的，应当在专用条款内约定提供的日期和份数。

2）发包人收到竣工验收报告后 28 天内组织有关单位验收，并在验收后 14 天内给予认可或提出修改意见，承包人按要求修改，并承担由自身原因而造成的修改费用。

3）发包人收到竣工验收报告后 28 天内不组织验收，或验收后 14 天内不提出修改意见，视为竣工验收报告已被认可。

4）发包人收到竣工验收报告后 28 天内不组织验收，从第 29 天起承担工程保管及一切意外责任。

5）发包人要求部分单位工程或工程部位甩项竣工的，双方另行签订甩项竣工协议，明确双方责任和工程价款支付方法。

6）中间交工工程的范围和竣工时间，双方在专用条款内约定。

7）工程竣工验收通过，承包人交送竣工验收报告的日期为实际竣工日期。工程按发包人要求修改后竣工验收的，实际竣工日期为承包人修改后提请发包人验收的日期。

6. 项目竣工资料的管理

工程竣工资料是记录和反映施工项目全过程工程技术与管理档案资料的总称。

《建设工程项目管理规范》规定：“竣工资料的内容应包括工程施工技术资料、工程质量保证资料、工程检验评定资料、竣工图，规定的其他应交资料。”

承包人应按竣工验收条件的规定，认真整理工程竣工资料。工程竣工资料的内容必须真实反映施工项目管理全过程的实际，资料的形成应符合其规律性和完整性，做到图、物相符、数据准确、齐全可靠、手续齐备、相互关系紧密。竣工资料的质量必须符合《科学技术档案案卷构成的一般要求》（GB/T 11822—2008）的规定。

一个建设工程由多个单位工程组成时，竣工资料应以单位工程为对象整理组卷。案卷构成应符合《科学技术档案案卷构成的一般要求》的规定。

交付竣工验收的施工项目必须有与竣工资料目录相符的分类组卷档案。承包人向发包人移交由分包人提供的竣工资料时，检查验证手续必须完备。

凡是列入归档范围的竣工资料，都必须按规定的竣工验收程序、建设工程文件归档整理规范和工程档案验收办法进行正式审定。承包人在工程承包范围内的竣工资料应按分类组卷的要求移交发包人，发包人则按照竣工备案制的规定，汇总整理全部竣工资料，向档案主管部门移交备案。

竣工资料的移交验收是施工项目竣工验收的重要内容。资料的移交应当符合国家档案局《建设项目（工程）档案验收办法》和国家标准《建设工程文件归档整理规范》的规定和各地档案管理部门的规定。承包人应当在工程竣工验收前，将施工中形成的工程竣工资料向发包人归档。移交时，承发包双方应按编制的移交清单签字、盖章后方可交接。

特别提示

建筑工程竣工图是真实地记录各种地上地下建筑物、构筑物等情况的技术文件，是工程进行交工验收、维护、改建和扩建的依据，是国家的重要技术档案。其具体要求有：

1）凡按图竣工没有变动的，由施工单位在原施工图上加盖“竣工图”标志后，作为竣工图。

2）凡在施工过程中有一般性设计变更，能在原施工图上修改并补充作为竣工图的，由施工单位在原施工图上注明修改的部分，附设计变更通知单和施工说明，加盖“竣工图”标志后，作为竣工图。

3）凡结构形式改变、施工工艺改变、平面布置改变、项目改变以及有其他重大改变，不宜在原施工图上修改、补充的，应重新绘制改变后的竣工图。

三、竣工项目回访保修

回访保修

工程质量保修制度是《中华人民共和国建筑法》确定的重要法律制度。健全、完善的建筑工程质量保修制度对于促进承包方加强质量管理，保护用户及消费者的合法权益有着重要的意义。承包人应根据合同和有关规定编制回访保修工作计划。计划包括：回访保修的主管部门和执行单位，回访时间及主要内容和方式。

1．建筑工程质量保修书

承包方在向发包方提交工程验收报告时，应当向发包方出具质量保修书。质量保修书中应当明确工程的保修范围、保修期限和保修责任等。

（1）保修范围。凡是承包方的责任或者由于施工质量不良造成的问题，都应该实行保修。建筑工程保修范围包括地基基础工程，主体结构工程，屋面防水工程，有防水要求的卫生间和外墙面的防渗漏，供热与供冷系统，电气管线、给水排水管道、设备和装修工程，以及双方约定的其他项目。

凡是由于用户使用不当而造成建筑功能不良或损坏的，不属于保修范围；凡属工业产品发生问题的，也不属于保修范围，应由发包方自行组织修理。

（2）保修期限。根据《建设工程质量管理条例》第四十条的规定，在正常使用条件下，

建设工程的最低保修期限为：

1）基础设施工程、房屋建筑的地基基础工程和主体结构工程，为设计文件规定的该工程的合理使用年限。

2）屋面防水工程、有防水要求的卫生间、房间和外墙面的防渗漏，为 5 年。

3）供热与供冷系统，为 2 个采暖期、供冷期。

4）电气管线、给水排水管道、设备安装和装修工程，为 2 年。

5）其他项目的保修期限由发包方与承包方约定。

保修义务的责任落实与损失赔偿责任的承担

对于超过合理使用年限后仍需要继续使用的建筑工程，产权所有人应委托具有相应资质等级的勘察、设计单位鉴定，并根据鉴定结果采取加固、维修等措施，重新界定使用期。

建筑工程质量保证金

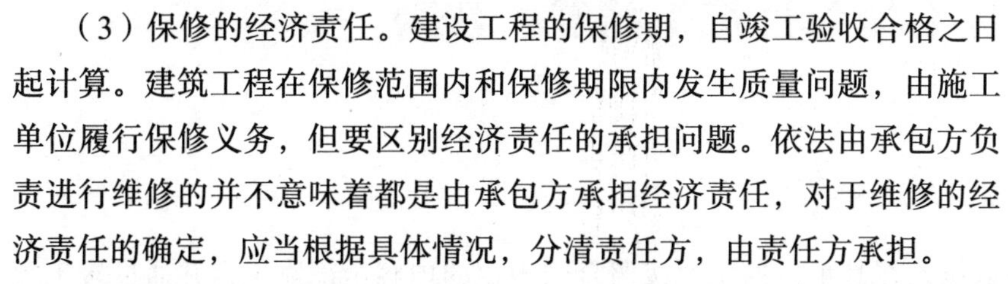

（3）保修的经济责任。建设工程的保修期，自竣工验收合格之日起计算。建筑工程在保修范围内和保修期限内发生质量问题，由施工单位履行保修义务，但要区别经济责任的承担问题。依法由承包方负责进行维修的并不意味着都是由承包方承担经济责任，对于维修的经济责任的确定，应当根据具体情况，分清责任方，由责任方承担。

1）施工单位未按国家有关规范、标准和设计要求施工造成的质量缺陷，由施工单位承担经济责任。

2）由于设计方面的原因造成的质量缺陷，由设计单位承担经济责任，其费用按有关规定通过发包方向设计单位索赔，不足部分由发包方负责。

3）因建筑材料、构配件和设备质量不合格引起的质量缺陷，属于承包方采购的或经其验收同意的，由承包方承担经济责任；属于发包方采购的，由发包方承担经济责任。

4）因使用单位使用不当造成的质量缺陷，由使用单位自行负责。

5）因地震、洪水、台风等不可抗拒造成的质量问题，施工单位、设计单位不承担经济责任。

特别提示

引例中问题 2 就可以参照有关保修的内容回答。该住宅楼出现的问题完全应由承包方负责，理由是该工程质量问题是由承包方在施工过程中未按设计要求施工造成的。所以应该由承包方设法维修解决，并承担相关费用。

2．建筑工程项目回访

回访是建筑施工企业在项目投入使用后的一定时间内，对项目建设单位或用户进行访问，以便了解项目的使用情况、质量及配套设施运行状态及用户对维修方面的要求。

（1）回访的方式。

1）季节性回访。大多数是雨季回访屋面、墙面的防水情况，冬季回访锅炉房及采暖系统的情况。

2）技术性回访。主要了解在工程施工过程中所采用的新材料、新技术、新工艺、新设备的技术性能和使用后的效果。这种回访可以定期也可以不定期。

3）保修期满前的回访。这种回访一般是在保修即将届满之前，既可以解决出现的问题，又标志着保修期即将结束，使业主单位注意建筑物的维修和使用。

（2）回访的内容。在保修期，施工单位、设备供应单位应向用户进行回访。主要内容有：听取用户对项目的使用情况和意见，查询或调查现场因自己的原因造成的问题，进行原因分析和确认，商讨进行返修的事项，填写回访卡。

任务二　建筑工程项目竣工结算、决算

一、建筑工程项目竣工结算

项目竣工结算是承包人在其承包的工程按照合同规定的内容全部完工，并通过竣工验收之后，与发包人进行最终工程价款结算的过程。项目竣工结算应由承包人编制并在约定的期限内向发包人递交项目竣工结算报告及完整的结算资料，发包人审查并经双方确认后，最终确定。

1．项目竣工结算程序

1）工程竣工验收报告经发包人认可后的28天内，承包人向发包人递交竣工结算报告及完整的结算资料，双方按照协议书约定的合同价款及专用条款约定的合同价款调整内容，进行工程竣工结算。

2）发包人收到承包人递交的竣工结算报告及结算资料后28天内进行核实，给予确认或者提出修改意见。发包人确认竣工结算报告后通知经办银行向承包人支付工程竣工结算价款。承包人收到竣工结算价款后14天内将竣工工程交付发包人。

3）发包人收到竣工结算报告及结算资料后28天内不支付工程竣工结算价款，从第29天起按承包人同期向银行贷款利率支付拖欠工程价款的利息，并承担违约责任。

4）发包人收到竣工结算报告及结算资料后28天内不支付工程竣工结算价款，承包人可以催告发包人支付结算价款。发包人在收到竣工结算报告及结算资料后56天内仍不支付的，承包人可以与发包人协议将该工程折价转让，也可以由承包人申请人民法院将该工程依法拍卖。承包人就该工程折价或者拍卖的价款优先受偿。

5）工程竣工验收报告经发包人认可后28天内，承包人未能向发包人提交竣工结算报告及完整的结算资料，造成工程竣工结算不能正常进行或工程竣工结算价款不能及时支付，发包人要求交付工程的，承包人应当交付；发包人不要求交付工程的，承包人承担保管责任。

6）发包人、承包人对工程竣工结算价款发生争议时，按有关争议的约定处理。

2．项目竣工结算编制依据

项目竣工结算由承包人编制，发包人审查或委托工程造价咨询单位进行审核，最终由发包人和承包人共同确定。其具体的编制依据如下所示：

1）合同文件。合同价款的方式，可选固定价格合同、可调价格合同、成本加酬金合同等。

2）竣工图和工程变更文件。

3）有关技术核准资料和材料代用核准资料。

4）工程计价文件、工程量清单、取费标准及有关调价规定。

5）双方确认的有关签证和工程索赔资料。

特别提示

工程变更文件包括：

（1）设计变更通知单。由原设计单位提供的变更后的施工图和设计变更通知单。

（2）施工变更记录。因施工条件、施工工艺、材料规格、品种数量不能完全满足设计要求，以及合理化建议等原因发生的施工变更，实际已执行的技术核定单。

（3）技术经济签证。在合同履约中，发包人要求承包人改变工程内容和标准，导致施工中用工数和工程量增加，改变了工程施工程序和施工时间，承包人在施工中办理的技术经济签证。

3．项目竣工结算价款的支付

建筑工程竣工价款的结算

项目竣工结算的编制方法是在原工程投标报价或合同价的基础上，根据所收集整理的各种结算资料，如设计变更、技术核定、现场签证和工程量核定单等进行直接费的增减调整计算，按取费标准的规定计算各项费用，最后汇总为工程结算造价。

对于承包人来说，只有当发包人将工程竣工结算价款支付完毕，才意味着承包人获得了工程成本和相应的利润，实现了既定的经营目标和经济效益目标。

对于项目经理部来说，只有当工程价款结算完毕，才意味着考核施工项目成本目标和决定奖罚有了可靠的依据。

工程竣工结算价款支付的一般公式：

工程竣工结算最终价款支付 = 工程预算或合同价 + 工程变更调整数额 − 预付及已结算工程价款

工程价款的结算方式，根据施工合同的约定，主要有以下几种。

1）按月结算。即实行旬末或月中预支，月终结算，竣工后清算的办法。跨年度竣工的工程，在年终进行工程盘点，办理年度结算。我国现行建设工程价款结算中。相当一部分是实行这种按月结算。

2）竣工后一次结算。即建设项目或单位工程全部建筑安装工程建设期在12个月以内，或者工程承包合同价值在100万元以下的，可实行工程价款每月月中预支，竣工后一次结算。

3）分段结算。即当年开工，当年不能竣工的单项工程或单位工程按照工程形象进度，划分不同阶段进行结算。分段结算，可以按月预支工程款。

4）承发包双方约定的其他结算方式。

二、建筑工程项目竣工决算

项目竣工决算是指所有建筑工程项目竣工后，由业主按照国家有关规定编制的反映项目实际造价和投资效果的文件。项目竣工决算是正确核定新增固定资产价值，考核分析投资效果，建立健全经济责任制的依据，也是项目竣工验收报告的重要组成部分。

1. 项目竣工决算编制的主要依据

1）项目计划任务书和有关文件。

2）项目总概算和单项工程综合概算书。

3）项目设计图纸及说明书。

4）设计交底、图纸会审资料。

5）合同文件。

6）项目竣工结算书。

7）各种设计变更、经济签证。

8）设备、材料调价文件及记录。

9）竣工档案资料。

10）相关的项目资料、财务决算及批复文件。

2. 项目竣工决算的内容

竣工决算的内容由文字说明、决算报表和项目造价分析资料表组成。

1）项目竣工财务决算说明书包括：工程概况、设计概算和基建计划的执行情况，各项技术经济指标完成情况，各项投资资金使用情况，建设成本和投资效益分析以及建设过程中的主要经验、存在问题和解决意见等。

2）项目竣工财务决算报表包括：竣工工程概况表、竣工财务决算表、交付使用财产总表和交付使用财产明细表。小型项目按上述内容合并简化为小型项目竣工决算总表和交付使用财产明细表。

3）项目造价分析资料表。

3. 项目竣工决算的编制程序

1）收集、整理有关项目竣工决算依据。

2）清理项目账务、债务和结算物资。

3）填写项目竣工决算报告。

4）编写项目竣工决算说明书。

5）报上级审查。

三、建筑工程项目管理绩效评价

项目管理绩效评价是指建筑施工企业对项目经理部的项目管理行为、项目管理效果以及项目管理目标实现的程度进行客观、公正、公平的检验和评定的过程。通过项目绩效评价可以总结经验，找出差距，制订措施，进一步提高建筑工程项目管理水平。

项目管理绩效评价的依据应是施工项目经理与承包人签订的“项目管理目标责任书”，内容应包括完成工程施工合同、经济效益、回收工程款、执行承包人各项管理制度、各种资料归档等情况，同时还必须得出项目的全面绩效评价结论。

1. 建筑工程项目绩效评价方式

项目管理绩效评价的方式很多，具体应根据项目的规模、具体特征、项目管理的方式、项目实施的时间等综合确定。

项目绩效评价可按年度进行，也可按工程进度计划划分阶段进行，还可综合以上两种方式，在按工程部位划分阶段进行，考核中插入按自然时间划分阶段进行考核。工程完工后，必须对项目管理进行全面的终结性考核。

项目终结性考核的内容应包括确认阶段性考核的结果，确认项目管理的最终结果，确认该项目经理部是否具备“解体”的条件。经绩效评价后，兑现“项目管理目标责任书”确定的奖励和处罚。项目管理绩效评价机构应在规定时间内完成项目管理绩效评价，保证项目管理绩效评价结果符合客观公正、科学、合理、公开透明的要求。

2. 建筑工程项目绩效评价指标

项目管理绩效评价应采用适合工程项目特点的评价方法，过程评价与结果评价相配套，定性评价与定量评价相结合。

1）项目质量、安全、环保、工期、成本目标完成情况。

2）供方（供应商、分包商）管理的有效程度。

3）合同履约率，相关方满意度。

4）风险预防和持续改进能力。

5）项目综合效益。

3. 建筑工程项目绩效评价过程

项目绩效评价应遵循科学的程序，对已完工程的硬件（工程实体）与软件（相关资料）

进行综合的考核与评价。一般来讲，项目绩效评价可按下列过程进行：

1）成立绩效评价机构。

2）确定绩效评价专家。

3）制定绩效评价标准。

4）形成绩效评价结果。

4. 建筑工程项目管理总结

项目绩效评价结束后，项目经理部应进行项目管理总结，全面系统地反映工程项目管理的实施效果。项目管理总结应形成文件，实事求是、概括性强、条理清晰，主要内容包括：

1）项目概况。

2）组织机构、管理体系、管理控制程序。

3）各项经济技术指标完成情况及绩效评价。

4）主要经验及问题处理。

5）其他需要提供的资料。

对项目管理中形成的所有总结及相关资料应按有关规定及时予以妥善保存，以便必要时追溯。

应用案例

案例概况

某工程，发包方与承包方签订了施工合同，与监理单位签订了监理合同。

工程完工，承包方向发包方提交了“竣工工程申请验收报告”后，发包人于2016年9月20日组织勘察、设计、施工、监理等单位竣工验收，工程竣工验收通过，各单位分别在“工程竣工验收报告”上签字盖章。发包方于2017年3月办理了工程竣工备案。因使用需要，发包方于2016年10月中旬，要求承包方按其示意图在已竣工验收的地下车库承重墙上开车库大门，该工程于2016年11月底正式投入使用。2018年2月该工程给排水管道严重漏水，经监理单位实地检查，确认系新开车库门施工时破坏了承重结构所致。发包方依工程还在保修期内，要求承包方无偿修理。建设行政主管部门对责任单位进行了处罚。

问题：

1. 工程竣工验收程序是否合适？
2. 造成严重漏水，应该由哪个单位承担责任？
3. 建设行政主管部门该对哪个单位进行处罚？
4. 承包方是否该无偿修理？

案例解析

1. 工程竣工验收程序不合适。

正确的程序应该是：承包方准备→监理单位总监组织初验→发包方组织竣工验收

2. 造成严重漏水，应该由发包方和承包方共同承担责任。

理由：在承重结构上开门属于改变原设计，应经原设计单位同意并出具设计变更或变更图后，才可以施工。发包方擅自做主，改变承重结构的原设计有过错；承包方无设计方案，改变承重结构有过错。依据《建设工程质量管理条例》第十五条规定，“涉及建筑主体和承重结构变动的装修工程，建设单位应当在施工前委托原设计单位或者具有相应资质等级的设计单位提出设计方案；没有设计方案的，不得施工。”

3. 建设行政主管部门应该处罚发包方和承包方。

理由：发包方未按时竣工验收备案，擅自改变承重结构；承包方无设计方案施工。

4. 根据保修的经济责任，建筑工程在保修范围内和保修期限内发生质量问题，由承包方履行保修义务，但要区别经济责任的承担问题。依法由承包方负责进行维修的并不意味着都是由承包方承担经济责任，对于维修的经济责任的确定，应当根据具体情况，分清责任方，由责任方承担。因此，本例中发包方不应该要求承包方无偿修理。双方应共同协商分担费用。

情境小结

收尾阶段是项目生命周期的最后阶段，没有这个阶段，项目就不能正式投入使用。如果不能做好必要的收尾工作，项目组织就不能解除所承担的义务和责任，也不能及时获取利益。因此，学习并掌握项目收尾阶段的相关内容就显得格外重要。

本情境内容依据《建设工程项目管理规范》编写，介绍了建筑工程项目收尾管理的主要内容：包括竣工收尾、验收、结算、决算、回访保修和管理绩效评价等方面。

一、单项选择题

1. 竣工决算是由（　　）编制，反映建设项目实际造价和投资效果的文件。

A. 承包方　　B. 总承包商　　C. 发包方　　D. 项目经理

2. 由不可抗力原因造成的工程保修费，由（　　）负责处理。

A. 用户　B. 政府　C. 承包方　D. 发包方

3. 竣工验收就是指建设项目建设全过程的（　　）。

A. 最后程序　B. 中间程序

C. 开始程序　D. 设计的重要环节

4. 建设单位应当在工程竣工验收（　　）工作日前将验收的时间、地点及验收组名单书面通知负责监督该工程的工程质量监督机构。

A. 7个　B. 14个　C. 28个　D. 18个

5. 收到竣工验收申请报告后，由（　　）组织对竣工资料及各专业工程的质量情况进行全面检查，对检查出的问题，应及时以书面整改通知书的形式督促施工承包单位进行整改。

A. 建设单位　B. 监理工程师

C. 工程质量监督机构　D. 监理机构

6. 《建设工程质量管理条例》第四十九条规定，建设单位应当自建设工程竣工验收合格之日起（　　）日内，将建设工程竣工验收报告和规划、公安消防、环保等部门出具的认可文件或者准许使用文件报建设行政主管部门或者其他有关部门备案。

A. 5　B. 7　C. 15　D. 14

7. 《建设工程质量管理条例》第四十条规定，在正常使用条件下，屋面防水工程、有防水要求的卫生间、房间和外墙面的防渗漏，最低保修期限为（　　）。

A. 1年　B. 2年　C. 5年　D. 设计年限

8. 建设工程竣工图由（　　）负责在原施工图上注明修改的部分，附设计变更通知单和施工说明，盖“竣工图”标志后，作为竣工图。

A. 承包方　B. 发包方　C. 设计单位　D. 监理工程师

9. 《建设工程质量管理条例》第四十条规定，在正常使用条件下，基础设施工程、房屋建筑的地基基础工程和主体结构工程，最低保修期限为（　　）。

A. 1年　B. 2年　C. 5年　D. 设计年限

10. 承包人应当在工程竣工验收前，将施工中形成的工程竣工资料向发包人归档。移交时，（　　）应按编制的移交清单签字、盖章后方可交接。

A. 发包方　B. 承包方　C. 监理机构　D. 承发包双方

11. 竣工计划应由（　　）来编制。

A. 发包方　B. 承包方　C. 项目经理部　D. 监理

12. 施工项目竣工验收的交工主体应是（　　）。

A. 发包方　B. 承包方　C. 项目经理部　D. 监理

13. 作为项目竣工验收的主要依据的工程设计文件包括（　　）。

A. 施工图纸　B. 竣工图纸　C. 标准　D. 规范

14. 建筑工程在保修范围内和保修期限内发生质量问题，由施工单位履行保修义务。若质量缺陷是发包方采购的建筑材料质量不合格引起的，由（　　）来承担经济责任。

A. 承包方　　B. 发包方　　C. 材料供应商　　D. 设计方

15. 项目竣工结算由（　　）编制。

A. 承包方　　B. 发包方　　C. 设计方　　D. 监理方

二、多项选择题

1. 发包方与承包方在签订工程施工承包合同中，根据不同行业不同的工程情况，协商制定《建筑安装工程保修书》，对工程（　　）作出具体规定。

A. 保修范围　　B. 保修时间　　C. 保修内容

D. 保险内容　　E. 履约担保内容

2. 竣工决算的内容包括（　　）。

A. 竣工财务决算说明书　　B. 竣工财务决算报表

C. 预算说明书　　D. 工程造价对比分析

E. 工程施工合同

3. 根据国务院发布的《建设工程质量管理条例》建设工程竣工验收应具备以下条件（　　）。

A. 工程设计、合同约定的全部内容已经完成

B. 技术档案和施工管理资料齐全

C. 主要建筑材料、建筑构配件设备进场试验报告完整

D. 质量合格证书已经由勘察、设计、施工、工程监理单位分别签署

E. 工程保修书已经由建设单位签署

4. 竣工资料的内容应包括（　　）。

A. 工程施工技术资料　　B. 竣工图

C. 工程质量保证资料　　D. 工程检验评定资料

E. 预算说明书

5. 《房屋建筑工程质量保修办法》规定了三种不属于保修范围的情况，下列描述正确的有（　　）。

A. 地震造成建筑物损坏　　B. 洪水浸泡造成地基不均匀沉降

C. 煤气爆炸破坏墙体　　D. 业主擅自改变房内承重结构

E. 墙体抹灰脱落

6. 建筑工程项目绩效评价指标分为（　　）。

A. 定量指标　　B. 综合指标　　C. 定性指标

D. 安全指标　　E. 工期指标

7. 建筑工程项目回访的工作方式有（　　）。

A. 季节性回访　　B. 雨季回访

C. 技术性回访　　D. 保修期满前的回访

E. 应邀回访

8. 建筑工程项目竣工结算的编制依据是（　　）。

A. 合同文件　　B. 竣工图纸和工程变更文件

C. 工程计价文件　　D. 竣工验收报告

E. 施工组织设计

9. 项目收尾阶段是项目管理全过程的最后阶段，包括（　　）。

A. 竣工收尾　　B. 竣工验收　　C. 质量评价

D. 竣工结算　　E. 竣工审计

10. 项目竣工结算程序中，发包人在收到竣工结算报告及结算资料后 56 天内仍不支付结算价款，则承包人有权（　　）。

A. 将工程直接收归己有

B. 与发包人协议将该工程折价

C. 自行将该工程卖给他人

D. 申请人民法院将该工程依法拍卖

E. 就该工程拍卖的价款优先受偿

三、思考题

1. 竣工结算与决算的区别是什么?

2. “工程验收报告”和“工程竣工验收报告”一样吗?

3. 如果发包人对结算价款有异议而拒绝付款，项目经理如何应对?

4. 项目竣工收尾的具体内容有哪些?

5. 项目管理总结有什么意义?

四、实训题

目的：通过实训掌握竣工结算价款的支付。

资料：华兴建筑公司承包某建筑工程，双方签订的与造价和工程价款结算有关的合同内容有：

1. 建筑工程预算造价 600 万元，主要材料和结构件总值占施工产值的 60%。

2. 预付备料款为工程造价的 20%。

3. 工程进度款逐月结算。

4. 工程保修金为工程造价的 5%。

5. 材料价差按有关规定上调 10%。

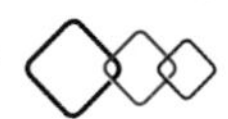

工程各月实际完成产值如下：

承包方实际完成工程量表　　（单位：万元）

月　份	二月	三月	四月	五月	六月
完成产值	50	100	150	200	100

要求：回答并计算下列问题

1. 该工程预付备料款为多少?
2. 该工程各月结算工程价款为多少?
3. 进行工程竣工结算的前提是什么?
4. 该工程竣工结算价款为多少?
5. 该工程在保修期间发生屋面漏水，发包方请另外某施工队进行修理，费用2万元，该项费用如何处理?

参 考 文 献

[1] 丛培经．工程项目管理 [M]．5 版．北京：中国建筑工业出版社，2017.

[2] 阎文周．工程项目管理实务手册 [M]．北京：中国建筑工业出版社，2001.

[3] 成虎．工程项目管理 [M]．北京：中国建筑工业出版社，2001.

[4] 一级建造师职业资格考试用书编写委员会．建设工程项目管理 [M]．北京：中国建筑工业出版社，2020.

[5] 二级建造师职业资格考试用书编写委员会．建设工程施工管理 [M]．北京：中国建筑工业出版社，2019.

[6] 刘大双，等．Microsoft Offce Project 在项目管理中的应用 [M]．北京：中国建筑工业出版社，2004.

[7] 中国建设监理协会．建筑工程信息管理 [M]．北京，中国建筑工业出版社，2018.

[8] 王卓甫，杨高升．工程项目管理原理与案例 [M]．3 版．北京：中国水利水电出版社，2014.

[9] 李世蓉，邓铁军．中国建设项目管理 [M]．武汉：武汉理工大学出版社，2002.

[10] 银花．建设工程项目管理 [M]．北京：中国建筑工业出版社，2019.

[11] 丁士召．工程项目管理 [M]．北京：高等教育出版社，2017.

[12] 李涛，刘磊．建筑工程经济 [M]．北京：高等教育出版社，2015.